中国逊克玛瑙

ZHONGGUO XUNKE MANAO

何雪梅　主编

地质出版社

·北　京·

内容提要

本书系统全面地阐述了逊克玛瑙的历史文化、地质产状、宝玉石特征、物质组成、颜色成因、结构构造、分类品名、质量评价、加工工艺和选购指南等基本性质和首饰特征，并对逊克玛瑙产业的发展历程、市场现状进行了详细梳理和说明，结合逊克玛瑙的自然美、艺术美和人文精神，进一步阐明了逊克玛瑙的文化传承和未来展望，能够帮助读者全方位了解逊克玛瑙的前世今生、宝玉石学基础知识和发展前景。

全书共分十一章，并附有逊克玛瑙首饰设计作品、国家标准、诗歌欣赏和产业发展概况简表等，内容简洁清晰，语言描述通俗易懂，版式设计生动形象、图文并茂，专业性和科普性强。该书既是玛瑙从业人员的一本非常实用的工具书，也是广大珠宝爱好者（尤其是玛瑙爱好者）和收藏家的必备锦囊。

图书在版编目（CIP）数据

中国逊克玛瑙/何雪梅主编. — 北京：地质出版社，2023.7

ISBN 978-7-116-13694-6

Ⅰ. ①中… Ⅱ. ①何… Ⅲ. ①玛瑙－介绍－中国 Ⅳ. ①TS933.21

中国国家版本馆CIP数据核字（2023）第123885号

ZHONGGUO XUNKE MANAO

责任编辑：贺秋梅
责任校对：关风云
出版发行：地质出版社
社址邮编：北京市海淀区学院路31号，100083
咨询电话：(010) 66554528（邮购部）；(010) 66554611（编辑室）
网　　址：https://www.gph.clmpg.com
传　　真：(010) 66554686
印　　刷：北京地大彩印有限公司
开　　本：889mm × 1194mm　1/16
印　　张：22.5
字　　数：420千字
版　　次：2023年7月北京第1版
印　　次：2023年7月北京第1次印刷
定　　价：488.00元
书　　号：ISBN 978-7-116-13694-6

《中国逊克玛瑙》

编委会

前　言

泱泱华夏，悠悠古国，历史传承数千年之久，文化的嬗变在碰撞中发生，也在融合中沉淀。不啻微芒，造炬成阳，玉文化不断发展壮大，作为中华文化的特殊载体，玉石无疑扮演了极为重要的角色。人言“谦谦君子，温润如玉”，玉石外表温润细腻，本质却至坚至刚，与君子道德追求之境界正相吻合。玉蕴含了中国人独有的精神气质，赏玉、爱玉、尊玉、佩玉的民族心理早已在国人心中深深扎根，玛瑙属玉，作为玉石大家族中极具特色的一员，人们对于玛瑙的热爱绵绵不息。

玛瑙，古称“赤玉”“赤琼”，在我国历史悠久，早在新石器时代就可见玛瑙制品，在之后的各个朝代中，玛瑙也是一种较为常见且名贵的饰品或工艺品，可作为身份与地位的象征，被赋予了美丽、幸福、吉祥、富贵的内涵。玛瑙分布广泛，种类丰富，自身美丽的花纹充满神秘魅力，颜色的搭配与纹路的结合自成一格，美轮美奂，令人惊叹。正因如此，许多具有地方特色的优质玛瑙在玉石市场上备受追捧，极具发展潜力的逊克玛瑙也开始崭露头角，为玛瑙市场注入了一番新的活力与生机。

逊克玛瑙产于黑龙江省北部的边陲小城——逊克县，历史文化底蕴深厚，品种类型丰富。逊克玛瑙块大、形奇、色艳，质地细腻，晶莹剔透，油润有光泽，有着不同于其他产地玛瑙的独特魅力，雕刻前后的反差感总能给人带来特别的惊喜。颜色如美酒般醇厚的逊克玛瑙在阳光的照耀下，内部仿若金丝游动，流光溢彩，为这座冰雪浪漫的小城带来了一份热烈与灿烂。近年来，逊克玛瑙与海派玉雕携手，与中国地质大学（北京）珠宝学院结缘，“百名海派玉雕大师雕北红”和“玛瑙　北红玛瑙　鉴定”国家标准（以下简称：北红玛瑙国家标准）的发布，在全国宝玉石行业内外引起了巨大反响，使得作为“北红玛瑙之最”的逊克玛瑙受到了人们的广泛关注，逊克玛瑙发展前景大为可观。

自 2016 年起，中国地质大学（北京）珠宝学院何雪梅教授科研团队密切关注逊克玛瑙发展动态，进行了多次逊克玛瑙矿山考察采样和市场调研工作，针对逊克玛瑙开展了深入、细致、全面的科研工作，发表了多篇国际SCI论文，完成了北红玛瑙国家标准的编制，并在此基础上，与逊克县人民政府合作建设产学研基地，进一步推进逊克玛瑙的产业升级与文化发展。

本书基于以上多年的科研成果，依据专业性、科普性和实用性原则，系统全面地阐述了逊克玛瑙的历史文化内涵、地质成因、分类品名、宝石学性质、加工工艺、质量评价、选购指南及市场现状与前景，并附有逊克玛瑙首饰设计作品、北红玛瑙国家标准、玛瑙诗歌欣赏和逊克玛瑙产业发展概况简表等内容，以通俗易懂、言简意赅的语言和生动形象、图文并茂的表达方式，全方位帮助广大珠宝爱好者、收藏者和经营者了解逊克玛瑙基础知识。希望本书能够引领读者走进极具魅力的边陲小城，揭开逊克玛瑙美丽神秘的面纱，获取全新的玛瑙知识，传承红玛瑙文化，见证中华文明的生生不息与历久弥新。

在本书编写过程中，得到了逊克县人民政府委托项目“中国逊克玛瑙产业升级研究”（编号：33212021006）的专项支持，中国地质大学（北京）宝石学实验教学中心、中国地质科学院矿产资源研究所电子探针实验室和HORIBA科学仪器事业部为本书的科学实验提供了大量精准的测试数据，北京博观国际拍卖有限公司、逊克县鄂伦春民族博物馆、逊克宝山玛瑙博物馆、北红玛瑙奇石艺术馆、德龙火玉玛瑙艺术馆、久鸿玛瑙艺术馆、群一玛瑙艺术馆、吕氏美石工作室、缘石玛瑙厂、荣安艺玛瑙、李记玛瑙、玉鼎玛瑙、阿廷河玛瑙、王林玛瑙、宝山玛瑙厂、逊克方诺玛瑙、红瑾阁、天赐缘玛瑙工作室、李萌玛瑙、德成玛瑙、李辉玛瑙、晓峰玛瑙、蓬辉玛瑙、鼎红玛瑙、巧石轩、醉红之美玛瑙馆、中国地质大学（北京）珠宝学院学生会等单位提供了精美的图片，孙敏、翟倚卫、崔磊、李可、孙永、杨克全、关守龙、罗光明、刘艺萌、刘章雷、刘晓平、陶立杰、马宝军、周彦、沈洪林、时莉、刘洪深、鞠进峰、何萍、仝义顺、黄荔、戴建国、申南玉、王树园、马隽琪、赵元琦、施宣屹、段莹、梁渝、罗倩、徐德华、赵博等提供了宝贵的信息资料与图片，在此一并表示衷心的感谢与诚挚的敬意！

由于水平有限，书中难免存在不足之处，敬请广大读者批评指正。

作者

2022年3月

目　录

第一章

逊克玛瑙历史渊源

逊克玛瑙印章

（逊克宝山玛瑙博物馆供图）

逊克玛瑙雕刻摆件

（逊克宝山玛瑙博物馆供图）

乾坤成就，天地万物奇妙。聚日月精华，炼千古稀世，亲身经历上亿年的风吹雨打，一片黑土在岁月洗礼中孕育出了逊克玛瑙。它看起来晶莹冰洁，凌寒料峭；摸起来却细致温和，带着一丝清爽意。艳丽无比、多姿瑰奇，底蕴深厚、源远流长，它难能可贵的美和灿烂不朽的文化内涵，汇集了世人目光，让人一见倾心，再难相忘。中国玉文化历史源远流长，诸多不朽的艺术杰作，彰显出中华文明之灿烂辉煌。悠悠千古中，逊克玛瑙见证了王朝更替和炎黄血脉的承继，在世界历史长卷上，书写了一页精彩的华章！

第一节　玛瑙的历史

玛瑙是人类开采利用最早的宝玉石材料之一，世界各地诸多文明遗迹中均有玛瑙质文物出土。由此可知，自古以来，玛瑙就受到东西方各民族的欢迎与喜爱，不论是在旧约圣经或是佛教的经典上，都有玛瑙的相关事迹记载，“佛教七宝”中也有玛瑙的身影。

在中国，“玛瑙”这一名称的来历有两种说法：一种说法是曹丕作赋，相传在三国时期曹操讨伐乌桓的时候，当地人进贡了一只玛瑙酒杯，曹丕提笔《玛瑙勒赋》(并序)道：“玛瑙，玉属也，出自西域，文理交错，有似马脑，故其方人因以名之。”意思是，玛瑙是玉石，产自西域，因它纹理颜色与马脑相似，以此定名；另一种说法认为是根据佛经记载从印度传入，在《妙法莲华经》《一切经音义》中都有相关记载“马脑，梵云遏湿摩揭婆”“色如马脑，故从彼名”“阿湿缚者，此云马也，揭波者，脑也”。因为曹丕作赋时期要早于佛经传入中国之时，所以一般更认可是乌桓人创造的这个词，后来传入印度再化为梵语经文之后又辗转回到了我国。无论哪种说法，都说明玛瑙由于纹带美丽，很早就被人们饰用。

在历史源远流长的中国，红色的玛瑙最受青睐，古有“赤玉”“火玉”“赤琼”之称。《后汉书·东夷列传》记载：“扶余国，在玄菟北千里。南与高句丽、东与挹娄、西与鲜卑接，北有弱水。地方二千里，本濊地也。……出名马、赤玉、貂纳，大珠如酸枣。”唐朝苏鹗《杜阳杂编》卷下：“武宗皇帝会昌元年，扶馀国贡火玉三斗，火玉色赤，长半寸，上尖下圆，光照数十步，积之可以燃鼎。置之室内，则不复挟纩。”可见，古人对红玛瑙的喜爱已经到了认为它可以烧火，放在室内可以不用穿棉衣便能感到温暖的地步，而且用光照数十步去夸张地形容它通透的宝石之光。南朝诗人江淹《空青赋》曰：“夫赤琼以照燎为光，碧石以葳蕤为色，咸见珍于东国，并被贵于西极。”将红玛瑙的色光描述为日光照射后似燎原之火，光耀夺目。

玛瑙之美，正如曹丕的《玛瑙勒赋》中所赞：“有奇程之珍物，寄中山之崇冈。禀金德之灵施，含白虎之华章。扇朔方之玄气，喜南离之焱阳。歙中区之黄采，曜东夏之纯苍。苞五色之明丽，配皎日之流光。内炤浮景，外鲜文繁，奇章异彩，的皪其间。命夫良工，是剖是镌，追形逐好，从宜索便。乃加砥砺，刻方为圆，沈光内炤，浮景外鲜，繁文缛藻，交采接连。嘉镂之盛美，感戎马之首饰。”明代李时珍在《本草纲目》中也曾言：“玛瑙有红、白、黑三种，亦有文如缠丝者。西人以小者为玩好之物，大者研为器。”明代顾荐所著的《负暄録》对玛瑙的品种更有细致的记载：“玛瑙品类甚多。有名柏枝者，花如柏枝。有名夹胎者，正视则白，侧视若凝血，一物二色。有名截子者，黑白相间。有名合子者，漆黑中有一白线间之。有名锦红者，色如锦。有名缠丝者，红白如丝。皆贵品。有名浆水者，淡水花。有名酱斑者，紫红。皆价低。试玛瑙法，以砑木不热者为真。梵言摩罗迦隶，此言玛瑙。”可见古人对玛瑙已经有相当的认知。

一、西方玛瑙历史

玛瑙的英文名称为 Agate，来自希腊文的拉丁字，是拉丁文西西里的阿盖特河（Rive Achates）的名称，这里是意大利（狄奥佛拉塔时期）Theophrastus 首次发现玛瑙的地方。

公元前 3500 年，苏美尔文明兴起于两河文明的乌鲁克时期。苏美尔人在两河流域的南部创造了人类最早的城市文明，他们是天生的伟大石匠和首饰匠，对玛瑙石进行了加工和使用，“玛瑙”也被当作护身符佩戴；公元前 3200 年，埃及第一王朝建立。在旧约《出埃及记》中，玛瑙被视为“火之石”，认为玛瑙会带来好运；公元前 2500 年，阿卡德王国统一两河流域，哈拉帕人开始了蚀花玛瑙工艺的实践，他们对质地不够红、纯度不够高的玛瑙进行加热，以便让其所含铁元素进一步氧化，让玛瑙的颜色变得鲜红亮丽。哈拉帕人将蚀花玛瑙制作工艺发扬光大，并将贸易延伸到了两河流域甚至更远的埃及；公元前 2000 年的埃及壁画上出现了合金制造的打孔工具，为制作硬度极高的玛瑙提供了技术保障，该时期出土于曼图霍特普墓的红玛瑙珠就是由合金打孔工具加工而成；大约从公元前 1900 年开始，米诺安人懂得如何使用高硬度玛瑙制作印石（图 1-1-1），这也成了米诺斯文明重要的艺术遗存；公元前 1800 年，在古埃及的中王朝和新王朝时期，诞生了世界上最为华美的首饰，红玛瑙作为常用宝石被运用在这些珍贵饰品中，各种绚丽夺目的玛瑙首饰令人惊艳；公元前 1500 年，在两河流域加喜特王朝时期出现了有眼玛瑙珠，刻有楔形文字；公元前 600 年—公元前 200 年，希腊兴起了选用色彩夺目的玛瑙制作埃及圣甲虫印章、各

图 1-1-1　玛瑙印石

（美国纽约大都会博物馆藏，关守龙供图）

种形制的印珠及精细人物肖像印章的风气。此外，在该时期伊特鲁里亚人遗留文物中发现了大量黄金镶嵌玛瑙首饰（图 1-1-2），件件精致华美，带有浓厚的伊特鲁里亚文明特色。

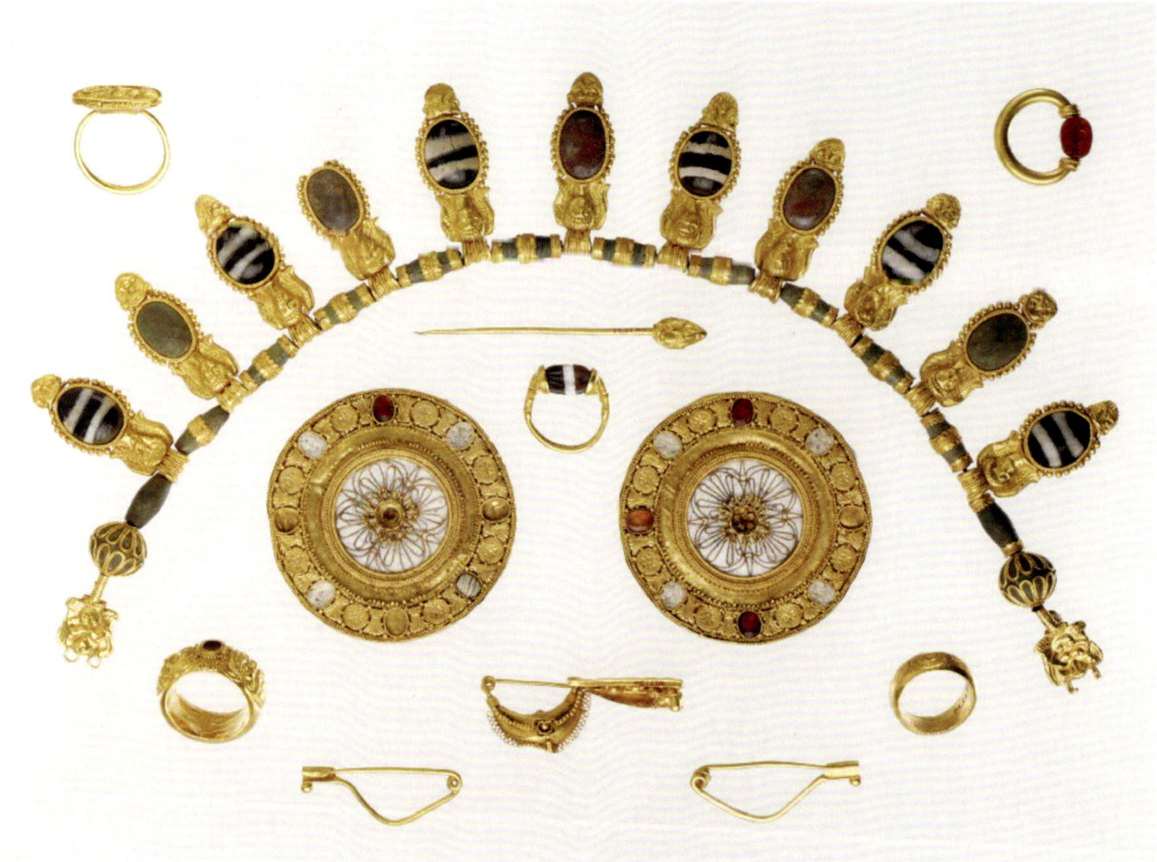

图 1-1-2 黄金镶嵌玛瑙首饰
（美国纽约大都会博物馆藏，关守龙供图）

图 1-1-3 卢浮宫水草玛瑙杯
（法国卢浮宫博物馆藏，何雪梅供图）

随着时代的发展和制作工艺的成熟，西方玛瑙制品的设计不断贴近市场需求，其适用范围也越来越广泛。小件装饰品有玛瑙手链、玛瑙项链、玛瑙吊坠及生活用品玛瑙碗、杯等，大件装饰品则包括精美雅致的玛瑙雕刻品和色彩艳丽、形态各异的玛瑙观赏石等，其中玛瑙工艺品亦是皇家宫殿内的重要陈设艺术品，如法国卢浮宫中的玛瑙藏品（图 1-1-3）。

纵观西方文明史，玛瑙的身影频频出现，西方文明在玛瑙的使用和制作工艺上有着自己独有的特色。时代变迁与文化发展带给玛瑙的是生机与活力，玛瑙伴随着人类文明的脚步一步步从历史走向未来。

二、中国玛瑙历史

（一）石器时代

旧石器时代（距今约200万—1万年）是以使用打制石器为标志的人类物质文明发展阶段。天然石块经过有意识的击打成形，即可得到简单工具，故称之为“打制石器”，打制种类多为尖状器、斧形器、镞形器等。早期人类的生产活动受自然条件的极大限制，制造石器一般都是就地取材，石质工具的制作工艺也相对简单。经过漫长的岁月，华夏民族祖先逐步在石器的形状制作、材质选择方面积累了丰富的经验和认知，玛瑙坚硬耐磨、断口锋利的优势逐渐显现，用玛瑙制作的工具能够更好地满足先民生存与生活需求。在各地石器时代遗址的发掘中，多有玛瑙质原始刮削工具和细石器出土。随着时间推移，生产力不断提高，在距今1万年左右，为满足器具造型、用途等需求，先民开始对石料进行精细打磨，磨制石器的出现，标志着人类逐步完成从旧石器时代到新石器时代的演变。

图1-1-4 新石器时期石镞
（瑷珲历史陈列馆藏，何雪梅供图）

图1-1-5 新石器时期玛瑙石镞
（瑷珲历史陈列馆藏，何雪梅供图）

到了新石器时代晚期，具备原始宗教信仰的礼仪玉器的大量使用，标志着等级观念和原始宗教观念开始深入到玉石文化中，玛瑙作为当时的重要玉石材质之一，以其神秘的色彩和纹理，成为人与神的沟通媒介及权力和等级的象征。新石器时代的玛瑙器以斧形器、璜形器、玦形器为主，透明无色者居多（图1-1-4，图1-1-5）。

（二）夏商周时期

公元前2000年前，夏朝建立，随着夏商周的朝代更替，玛瑙作为“玉”的一种，也开启了玛瑙文化的辉煌之路。商周时期，国家建立，权力意识与等级观念逐渐占据主流，玉器由纯粹祀神的祭器衍化出礼仪功能，服务主体由神逐渐转为人本身，礼仪性功能凸显。该时期玛瑙器物出土较多，形制与其他玉石品种基本保持同步，但更侧重于小型装饰物，色泽多为红色，常见器型为珠管、环等，雕法单一，缺少其他样式。殷商妇好墓中玛瑙珠串的出土（图1-1-6），说明在殷商时期中华玉文化已出现因材而异的用途分化。西周时期，森严的等级制度促进了组佩制度的蓬勃发展，组佩用以彰显身份地位。组佩多由玉、红玛瑙、贝壳、琉璃等组成（图1-1-7），因西周崇尚火德，组佩中红玛瑙珠饰占比很大。随着加工工艺的进步，西周时期红玛瑙珠饰得以大量制作，收藏界称其为“西玛”，以红色为主，经历了数千年而不腐（图1-1-8）。

图1-1-6　商代红玛瑙珠
（据王时麒，2018）

图1-1-7　西周晚期梯形牌组玉佩
（陕西考古博物馆藏，刘艺萌供图）

图1-1-8　西周晚期玉牌项饰（左）和西周玛瑙串饰（右）
（陕西考古博物馆藏（左），西安博物馆藏（右），刘艺萌供图）

（三）春秋战国时期

春秋战国时期，诸侯争霸，受文化和环境影响，色彩鲜艳的红缟玛瑙在上层贵族社会中大为流行，玛瑙形制也较前朝稍有变化，题材选取更趋广泛。随着加工工艺的提高，玛瑙饰品和雕刻品的数量随之增加，玛瑙多被磨做珠、环、玦（图 1-1-9~ 图 1-1-11），作为玉组佩的配件或以串珠形式出现。战国之后，玉器形制发生新的变化。除原有的玛瑙管、玛瑙勒等佩饰器继续使用外，玛瑙剑饰器也应运而生。

图 1-1-9　春秋早期腕、臂玛瑙饰（左）、七璜联珠组玉佩（中）和玉管、玉牌项饰（右）
（陕西考古博物馆藏，刘艺萌供图）

图 1-1-10　战国玛瑙瑗
（据王时麒，2018）

图 1-1-11　战国玛瑙串珠
（山西省大同市博物馆藏，何雪梅供图）

（四）秦汉时期

先秦时期，玛瑙一般作为串饰与其他玉器类制品混合使用，其中，素色玛瑙，特别是红玛瑙，在春秋战国晚期的 500 多年中，一直为社会上层所推崇。秦汉时期，玛瑙更多地被制成装饰性和实用性并行的耳珰、印章、剑饰（图 1-1-12）、带钩、微型兽等器物，种类繁多、工艺精美。从这一时期开始，玛瑙种类明显增多，玛瑙制品也开始单独使用，真正作为一个独立品种出现在我国的玉器行列中，但该时期玛瑙制品器型较小，多为玛瑙珠管、玛瑙佩、玛瑙杯，尚未出现大件制品（图 1-1-13，图 1-1-14）。

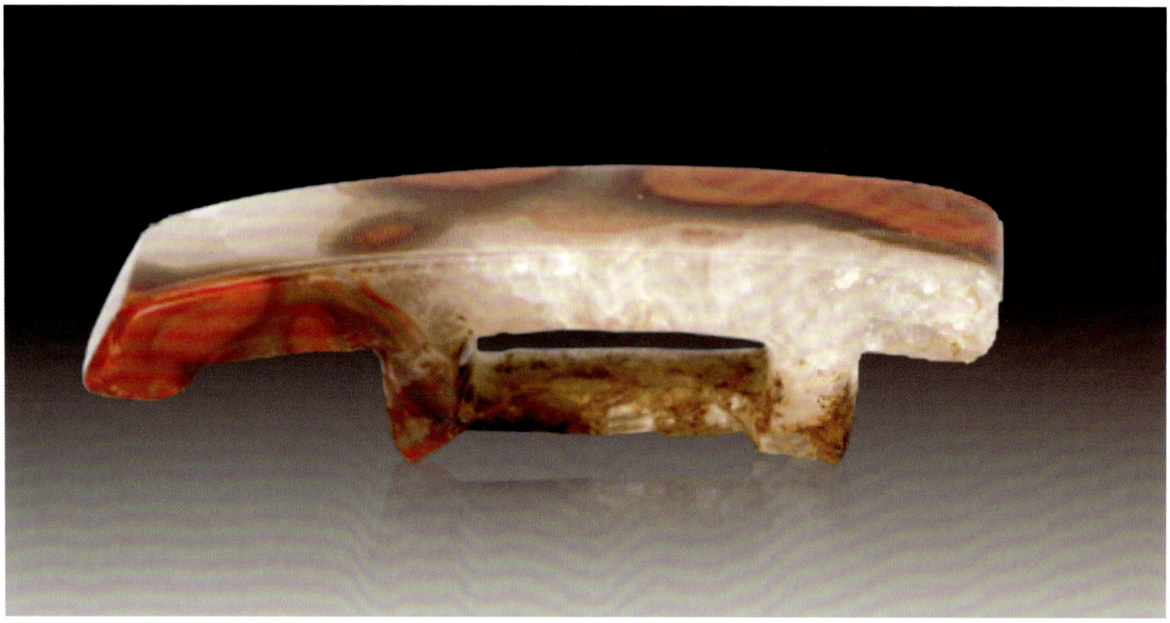

图 1-1-12　汉代玛瑙剑璏
（杭州博物馆藏，关守龙供图）

图 1-1-13　西汉红玛瑙珠串
（云南省博物馆藏，申南玉供图）

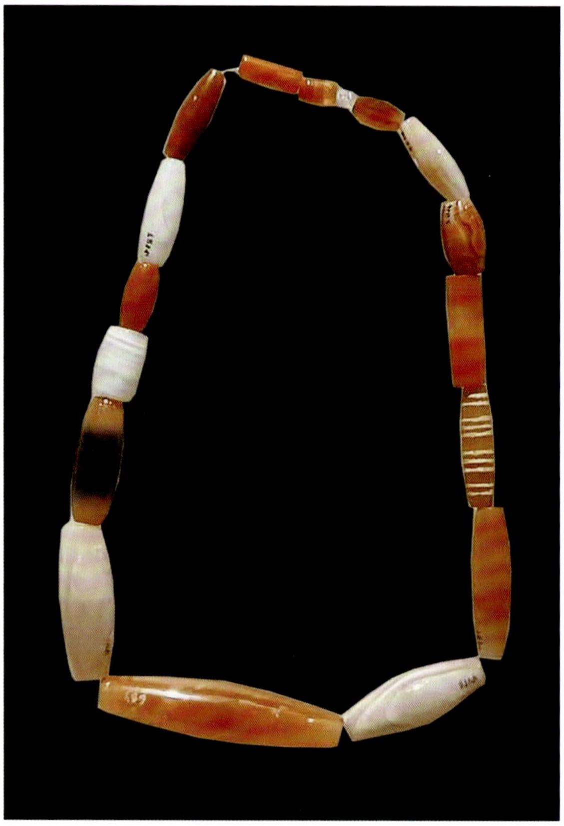

图 1-1-14　西汉玛瑙与肉红蚀花石髓珠
（云南省博物馆藏，申南玉供图）

（五）魏晋南北朝时期

两汉至魏晋南北朝时期是玛瑙类饰品的衰落期，玛瑙脱离简单饰品后向生活用器发展。在东晋的《拾遗记》中，有这样一段记录玛瑙的文字：“有丹丘之国，献玛瑙瓮，以盛甘露。帝德所洽，被于殊方，以露充于厨也。”这一时期，玛瑙开始从佩饰的角色中脱离出来，虽然仍为士大夫阶层和贵胄服务，但是以棋子（图 1-1-15）、带钩和襟钩这样的新面貌出现的机会越来越多，同时被大量地用于个人佩剑的装饰。

图 1-1-15　北魏时期的玛瑙棋子
（山西省大同市博物馆藏，何雪梅供图）

（六）隋唐时期

隋唐时期，玛瑙制品种类仍在增多，珠管类占大多数，且成对、成串出现的珠、管明显增多，并开始出现较大件的制品，如柜、枕、璧、盘、盆、盏等（图 1-1-16）。唐朝时，中国结束了数百年的割据和战乱，成为一个强大的帝国。因推崇民族融合且宗教宽容，唐

图 1-1-16　唐代玛瑙花瓣盏托
（国家博物馆藏，王珊供图）

图 1-1-17 唐代兽首玛瑙杯
（陕西历史博物馆藏，关守龙供图）

图 1-1-18 宋代玛瑙碗
（国家博物馆藏，关守龙供图）

图 1-1-19 宋代大理国玛瑙珠串
（云南省博物馆藏，申南玉供图）

朝复兴的玉文化与前朝有很大差异。玛瑙一直以玉石和“佛家七宝”之一的双重身份使用，以制作实用器具和珠饰为主，玛瑙酒具尤为多见。在与西域的交流发展中，融合了东西方艺术风格，其中兽首玛瑙杯为唐朝雕刻的代表作（图 1-1-17）。合金工具的出现，使得玉石加工工艺能够进行更加精细、透彻地挖掘和打磨，能够更准确地实现玛瑙制品的各种造型和场景。因此，该时期玛瑙饰品的种类更加丰富，工艺也更为精湛，开放的大唐展开双臂拥抱来自世界各地的人们。

（七）宋辽金时期

宋辽金时期，玛瑙依然广为应用。宋朝的《太平御览》珍宝部汇总了关于玛瑙的历代文献记载，说明了玛瑙在宋朝的珍宝地位，在该时期玛瑙更多地被制成文娱用具和实用器具，如砚、棋子、扇柄、杯、碗等（图 1-1-18）。由于受佛教的影响，北方民族对珠饰十分喜爱，玛瑙被大量用于制造各种形状的珠饰（图 1-1-19），甚至还被制成存放佛祖真身舍利的容器。例如，在辽

图 1-1-20　辽代金盖玛瑙舍利罐
（据王时麒，2018）

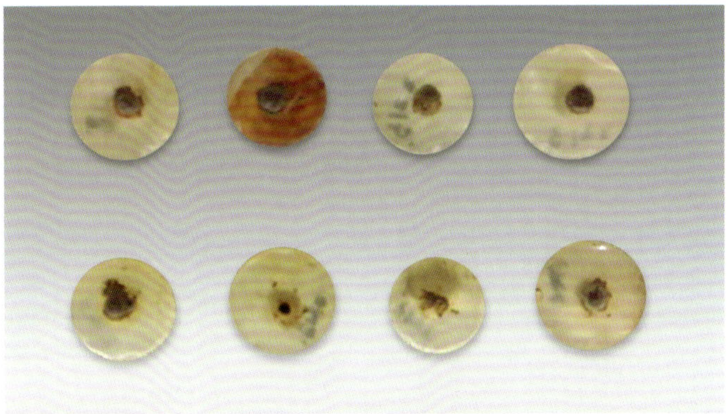

图 1-1-21　金代玛瑙鞍饰
（黑龙江省博物馆藏，何雪梅供图）

宁朝阳北塔天宫发现的辽代玛瑙舍利罐（图 1-1-20），罐体造型端庄，光润瑰丽，是辽代玛瑙器中的精品。罐口饰有伞形金盖，盖顶金环组，上穿两根金链连在罐颈部的金丝绳，金盖錾刻仰莲、金翅鸟、火焰和联珠纹，工艺精湛。此外，受少数民族王朝影响，一些富有民族特色的玛瑙制品也大量出现，如极具契丹民族特点的璎珞、骨朵、臂鞲等，以及女真族鞍饰、列鞢等（图 1-1-21，图 1-1-22）。

（八）元明清时期

元明清时期，玛瑙的应用愈发广泛成熟。玉器的神秘性、宗教性、礼制性降低，世俗性、生活性增强，由高居庙堂之上的神器、礼器演变为日常生活和文玩娱乐用具。

元代的文献中逐渐出现了关于玛瑙更详尽的分类与形态描述，元代的玛瑙制作工艺、题材均较前朝

图 1-1-22　金代金银玛瑙等制成的列鞢
（国家博物馆藏，梅筱柳供图）

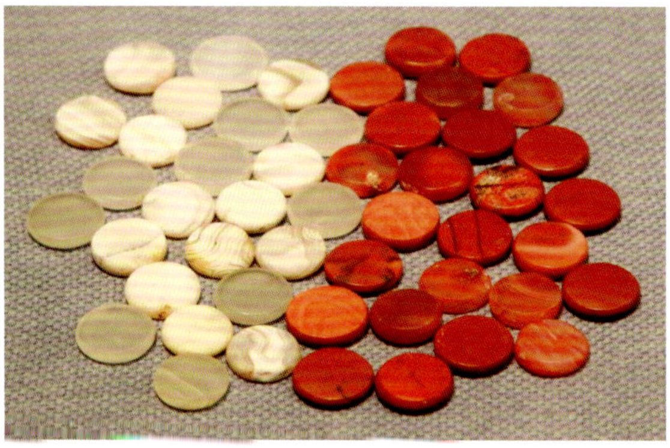

图 1-1-23　元代红白玛瑙围棋
（首都博物馆藏，关守龙供图）

图 1-1-24　明代螭纹玛瑙璧
（宝鸡青铜器博物馆藏，关守龙供图）

有了长足发展，出现了玛瑙巧色雕刻的工艺形式，其用途更趋广泛（图 1-1-23）。

明代国力强盛，商业发达。经过宋元时期的积累沉淀，明代琢玉工匠对玛瑙材质、产地、工艺等已有详尽的探索与研究，玛瑙艺术的品评标准和赏玩方式得以确立并日趋成熟，且体现在大量的文献史料中。随着文人对玉石赏玩趋于专业化，诸多文人雅士和能工巧匠参与到玛瑙的创新之中。明代琢玉工艺进一步细化，并且尚古风气盛行，对战国与汉朝时期汉玉器形制多有仿制，但亦有变化（图 1-1-24）。

清代流行佩玉之风尚，玛瑙玉器也趋于世俗化。不同品类的玛瑙被大量用于制作成各种装饰用品，如摆件、鼻烟壶、十八子手串、衣服鞋帽的花片等（图 1-1-25~ 图 1-1-27）。清代玛瑙器可谓是中国玛瑙艺术的集大成者，无论是器型、工艺，还是审美格调，玛瑙艺术之花在该时期真正实现了全面“绽放”，仿生、象形、会意、携色、高浮、透雕、浅地薄意、阴刻阳雕，线条生动，纤毫毕现，精雕细琢，精品无限，为后世玛瑙之发展奠定了坚实的基础。

图 1-1-25　清代玛瑙单螭耳杯
（故宫博物院藏，王珊供图）

图 1-1-26　清代玛瑙巧雕卧莲鸳鸯
（故宫博物院藏，王珊供图）

无论是中国文化还是西方文化，都能从玛瑙的应用与发展历程中发掘出珍贵的文化宝藏。由于文化传统的差异和时间的变迁，不同民族在不同时期的评价准则和价值标准不同，对玛瑙的认识也各不相同，但玛瑙本身蕴含着丰富的文化信息，却始终伴随着人类文明的脚步，闪烁着人类智慧的灵光。

图 1-1-27 清代玛瑙鼻烟壶
（故宫博物院藏，王珊供图）

精品摆件《佛境》

（曹春华作品，据孙敏，2016）

第二节　逊克玛瑙的历史

逊克玛瑙，黑龙江省黑河市逊克县特产，中国国家地理标志产品。逊克是中国最重要的玛瑙产地之一，素有“中国红玛瑙之乡”的美称。逊克县历史悠久，在这片土地孕育出的逊克玛瑙自然也有着深厚的历史文化底蕴，一件件玛瑙玉器和工艺品从历史长河中走来，带着往日的生活痕迹，讲述着曾经那些不为人知的故事。

一、逊克地方历史

逊克县名，由逊河与奇克两县合并时，各取原县名一字组成。这里人文历史悠久，早在新石器晚期已有人类活动，金代女真部落一度在此繁盛。此地远在夏、商、周时期（公元前21世纪—前256年）为肃慎地；秦至两晋时期（公元前221年—公元420年）属挹娄辖境；隋时（公元581年—618年）、唐时（公元618年—907年）为黑水部及北室韦辖地；辽时（公元907年—1125年）为乌隈部辖地；金时（公元1115年—1234年）属扶余路辖境；元时（公元1206年—1368年）为帖木格·斡赤斤封地，属开元路辖境；明时（公元1368年—1644年）为速温河卫所辖。

17世纪，沙皇俄国东侵，居住在精奇里江（今俄境结雅河）流域的鄂伦春族被迫南迁，其中一部分游猎民族进入逊克境内，成为逊克建制前的土著民族。1900年，“庚子俄难”，遭沙俄洗劫的中国江东六十四屯幸存的部分难民，逃难来此定居，形成村落。清宣统元年（1909年），瑷珲兵备道于奇克设军政合一的地方政权——“奇克特卡伦”。辛亥革命后，1913年（民国2年），瑷珲直隶厅改建为瑷珲县公署，奇克划为瑷珲县第四区。1915年（民国4年），撤奇克特卡伦，设瑷珲县奇克特县佐。1916年（民国5年），经黑河道尹公署决定设逊河稽垦局。1928年（民国17年），逊河稽垦局改升为逊河设治局。1929年（民国18年），奇克特县佐改置为设治局，一个月后改升为奇克县。1932年（民国21年），经国民行政院核准，改升为逊河县。1931—1945年，抗日战争时期曾分别建立逊河、奇克伪县公署，后将逊河、奇克两县合并，建“伪逊克县公署”，县治设于逊河村。1946年6月，东北民主联军进驻逊克，建立逊克县人民政府和公安机构。从此，逊克县的历史翻开了崭新的一页。中华人民共和国成立后，全县人民历经70多年的艰苦奋斗，政治、经济、文化取得了快速发展。

目前，逊克县行政辖区面积17433km^2，辖有3镇6乡78个行政村、1个街道办事处、6个国有农林牧场。根据第七次人口普查数据，截至2020年11月1日零时，逊克县常住人口为 82134 人。逊克县境内居住有汉族、鄂伦春族、达斡尔族、俄罗斯族等 24 个民族。汉族人口占总人口的 92.8%，少数民族人口占 7.2%。其中，鄂伦春族人口 991 人，约占全国鄂伦春族总人口的 1/8，主要聚居于新鄂、新兴两个少数民族乡，区划面积 7049km²，以从事农业生产为主，部分族人仍享有冬季从事狩猎业待遇，兼有护林防火职责（图 1-2-1）。

图 1-2-1　冬季雪原上的鄂伦春族牧民
（逊克县鄂伦春民族博物馆供图）

一个人杰地灵的边陲小城，不仅汇集了多民族文化，更有丰富的矿产资源，已探明的有色金属资源如金、铁、锌、铅等储量丰富，而玛瑙作为非金属矿产，在这里也是开发利用历史悠久的矿产资源之一。

二、逊克玛瑙历史

（一）文献考证

《三国志》（图 1-2-2）中记：“夫余在长城之北，去玄菟千里。……出名马、赤玉。”《后汉书·卷八十五·东夷列传》（图 1-2-3）记载：“挹娄，古肃慎之国也。在扶余东北千余里，东濒大海，南与北沃沮接，不知其北所极。土地多山险。人形似夫余，而言语各异。

图 1-2-2　陈寿撰写的《三国志》
（杭州市图书馆藏，胡燕供图）

图 1-2-3　范晔撰写的《后汉书》
（杭州市图书馆藏，胡燕供图）

有五谷、麻布，出赤玉、好貂。”此外，唐朝苏鹗《杜阳杂编》亦描述了扶余国的“火玉”。

古人所记“赤玉”和“火玉”即指红玛瑙；肃慎，亦作“息慎”“稷慎”，是中国古代东北民族，也是现代满族的祖先，其先为玄夷，即夏、商时期生活在黑水（黑龙江）和松花江流域一带的一个古老部族；夫余（扶余国、扶馀国）和挹娄之地则主要是指现在东北境内的黑龙江、吉林和辽宁部分地区。由此可知，以上古代史籍记载的“赤玉”“火玉”应是指产自现东北部分地区主要是黑龙江流域的红玛瑙。

（二）文物考证

1. 逊克县干岔子乡胜利墓葬

逊克县胜利墓葬位于黑龙江省黑河市逊克县干岔子乡胜利村。1988 年 6 月，逊克县干岔子乡胜利村村民在自盖房屋时发现墓葬，后经考古工作者发掘，共出土文物 40 余件，包括铁器、铜器、瓷片、装饰品等。在该处发现的三座墓葬均为土坑墓，经考证，该处为金代早期平民墓地。其中一座墓葬中发现有多个玛瑙饰件，包括 3 枚形状不同的玛瑙珠、铜镶玛瑙饰件和 2 件银镶玛瑙吊饰等。该墓葬出土的铜镶玛瑙饰件为圆形铜圈中镶有一枚圆形烟色玛瑙珠，铜圈外径 2.1cm，内径 1.9cm，玛瑙珠直径 0.8cm；出土的 2 件银吊饰中皆配有球状玛瑙珠，直径皆为 0.5cm（图 1-2-4）。

图 1-2-4 胜利墓葬出土的金代银吊饰
（逊克县鄂伦春民族博物馆藏，王珊供图）

2. 逊克县柞树岗遗址

箭是搭在弓或弩上发射的武器，自石器时代至清代，箭一直相伴人类左右，是古代狩猎、战争、娱乐竞技的主要工具。箭包括箭镞、箭杆和箭羽三个部分。箭镞又称箭头，其锋刃锐利，具有杀伤力，古人将其安装在箭杆前端。箭镞材质有石、骨、蚌、铜、铁等材料，箭杆和箭羽的制作材料多为竹、木、羽毛等材料，不易长久保存，因此，出土实物大多仅残留箭镞。从旧石器时代开始，远古先民就已利用各种石材、树木来制造其赖以为生的防身武器和生产工具。石镞，就是其中之一。近年来，逊克县鄂伦春民族博物馆在黑河地区采集了大量石镞和刮削器，它们形状各异，有三角形、四边形和叶形等外形（图 1-2-5）。2017 年，在柞树岗东遗址区（图 1-2-6）发现了多个玛瑙石镞（图 1-2-7），多为三角形，颜色为红色和白色，长 1.5~1.6cm，宽 1.1~1.2cm。据考古工作者考证，柞树岗东遗址区出土的玛瑙石镞为新石器时代文物，对于研究逊克玛瑙历史具有重要意义。

图 1-2-5　各种石镞和刮削器
（逊克县鄂伦春民族博物馆供图）

图 1-2-7　红玛瑙和白玛瑙石镞
（逊克县鄂伦春民族博物馆供图）

图 1-2-6　中国地质大学（北京）产学研团队考察柞树岗东遗址
（姚雨薇摄于 2021 年 6 月）

另外，在逊克县境内挖掘出土的商代玛瑙玦、辽金时期和清代的红玛瑙串珠（图 1-2-8~图 1-2-13），虽然距今千余载，仍然显示出做工细腻、孔洞精美、光洁温润的红玛瑙品质，成为逊克地域古先民开采制作加工红玛瑙饰品的古典代表作。

图 1-2-8 玛瑙玦（商）
（逊克县鄂伦春民族博物馆供图）

图 1-2-9 玛瑙串珠（辽）
（逊克县鄂伦春民族博物馆供图）

图 1-2-10 玛瑙串珠（金）
（逊克县鄂伦春民族博物馆供图）

图 1-2-11 玛瑙串珠（金）
（逊克县鄂伦春民族博物馆供图）

图 1-2-12 玛瑙串珠（清）
（逊克县鄂伦春民族博物馆供图）

图 1-2-13 玛瑙串珠（清）
（逊克县鄂伦春民族博物馆供图）

精品挂件《圣莲》

（王炯恒作品，据孙敖，2016）

第三节　逊克玛瑙传说故事

逊克玛瑙的主色调是备受国人推崇的黄与红，在传统意义中象征富贵和吉祥。对于优秀的玉石而言，除了拥有自身的独特之处，其还应具备更多自然要素和人文精神。古人提出："具仁、义、智、勇、洁五德之玉，方为上品。"从古至今，玉石不仅拥有美丽的颜色、细腻温润灵透的质地、致密强韧的结构、坚固不摧的硬度……还被赋予了丰富的文化内涵，成为权力、地位、财富的象征，这也是美玉与普通石头的本质区别。在逊克县至今都流传着关于逊克玛瑙的传说和故事，给这些"红色精灵"蒙上了一层淡淡的神秘面纱。

一、莫沙布勇战蛇精

黑龙江南岸有一座古镇叫"奇克镇"，奇克镇东南方向有个地方叫松树沟，松树沟境内有道山岭叫"分水岭"。说来也奇怪，多少年来，分水岭南面常有黑蛇出没，而分水岭北边却见不到一条蛇。

当地人说，这是因为山与山之间的分界线长着一种草叫"斩蛇草"，所以这边的蛇就不敢爬到那边去了。又有人说，这种"斩蛇草"是鄂伦春人的猎刀变成的，蛇看到这种草，就会吓得缩回去。那么，蛇为什么不敢爬到奇克镇方向去？"斩蛇草"为什么是鄂伦春人的猎刀变成的？这一切和玛瑙又有什么关联呢？

说起来，这里还藏着一段凄美而动人的故事。相传，在响着春雷的一天，鄂伦春族猎手莫沙布骑马游猎到奇克镇。他见这里依山傍水、景色秀美，可就是看不到一个姑娘。莫沙布很纳闷，便向一位老人打听缘由，老人叹了口气，说："奇克镇本来有很多水灵灵的姑娘。可是这几年每当春雷一响，就从东南方向的大山沟里，走来一群英俊的小伙子，听说这些小伙子是山沟中松树林里的一群黑蛇精变化的，他们甜言蜜语地把姑娘们骗进松树沟的林子里，这一去就再也不见人回来。从此，奇克镇的姑娘们躲在家里再也不敢出来了。"

莫沙布听了又气又恨，二话没说，跨上骏马，直奔东南方向的大山，他要救出被黑蛇骗走的姑娘。不到一袋烟的工夫，他来到了一片黑乎乎、阴森森的山沟前，山沟里长满了密密麻麻的松树。他下了马，摘下皮酒囊喝了几口酒，拔出猎刀刚要走进林子，天上"轰隆隆"响起了几声春雷。春雷过后，只听见松树林里响起一阵"沙沙沙"的声音，声音越来越大，气味越来越腥，气氛也越来越恐怖。莫沙布连忙躲在一块岩石后，只见一条条黑蛇争先恐后地从林子深处爬出。眨眼工夫，一条条黑蛇摇身一变，个个成了英俊的小伙子。

莫沙布看了忍无可忍，大喝一声，举起猎刀冲进黑蛇精堆里，不容分说，左砍右杀，黑蛇精也不甘示弱，团团围住莫沙布撕咬着。莫沙布和黑蛇精从早上拼杀到晚上，连续拼杀了三天三夜，杀得黑蛇精尸首满地，血流成河。黑蛇精终于认输了，跪倒在莫沙布面前求饶，发誓再也不敢到奇克镇去祸害姑娘了。

莫沙布把蓬头散发的姑娘们救出后，用猎刀指着松树沟前面的一道山岭，对黑蛇精声色俱厉地说："听着！从今天起不许再有一条蛇越过这道山岭！如有违抗者，就杀绝你们！"说罢，把亮闪闪的猎刀插在山岭上，以作警示。

莫沙布指的这道山岭，就是今天的松树沟分水岭，莫沙布插在分水岭上的猎刀，后来化作了一片片"斩蛇草"。

故事讲到这里还没完，莫沙布和蛇精拼斗了三天三夜，虽然胜利了，但他已是遍体鳞伤。当他护送姑娘们返回奇克镇，来到江边想洗刷身上的血迹，可伤势太重了，一头扑倒在江水里。莫沙布知道自己不行了，对姑娘们说："月亮的光明能照亮黑暗，猎人的眼睛能识别真假，我把眼睛送给你们，你们得到后再也不会上当受骗了，它还会给你们带来财富和友善！"

图 1-3-1　逊克玛瑙原石摆件
（逊克宝山玛瑙博物馆供图）

莫沙布说完，把充满血丝的眼睛抠出，抛进江水里，江水顿时一片光亮，莫沙布的眼睛变成了一块块通红的"江石"，这就是今天逊克县百姓引以为豪的"红玛瑙"（图 1-3-1）。

可歌可泣的民间故事诠释了逊克"红玛瑙"浓郁色彩中所蕴含的"英雄气概"，也让我们在故事情节中感受到人们对鄂伦春族猎手莫沙布崇尚正义的崇敬之情。

二、火麒麟的再度封印

在我国的北方中俄界江——黑龙江中游南岸，有一个资源富泽、人杰地灵的地方——逊克县宝山乡。在这里一直流传着一个关于红玛瑙的美丽故事。

相传很久以前，这里的地底下封印着一头火麒麟，这头火麒麟是魔君的坐骑，在神魔大战时，魔族大败，它被战神封印在了东北大陆，战神的七窍玲珑塔，化成一座山峰，在这里镇压着它，人们都说天上降下一座宝山。不知道过去了多少亿万年，南海观音院里的一头穿山甲成了精，来到下界游玩迷了路。人间正值冬季，它来到宝山脚下，冻得瑟瑟发抖。突然它感觉到地底下有一股强烈的暖流，就一头扎了进去，越往下越暖和，谁知道它把宝山钻了个洞，来到了火麒麟跟前。沉睡中的火麒麟被一丝清凉唤醒，大笑道："哈哈，战神，本座终于可以出去了，让我们再战一场！"穿山甲见状知道自己闯了祸，吓得顺着来路撤

图 1-3-2 逊克玛瑙原石摆件

（逊克宝山玛瑙博物馆供图）

腿就跑。穿山甲跑了，可是这个洞太小了，火麒麟根本钻不出去。虽然火麒麟从小洞钻不出去，可是这座宝山被钻透，也泄了灵气，已经镇压不住它了。此时，火麒麟大吼一声，亿万年的怒气爆发出来，山崩地裂，远近天色大变，惊天动地的巨响，早已惊动了各路神仙。就在火麒麟要冲出宝山的瞬间，观音菩萨赶到，此时浓烟滚滚，火气冲天，附近的山林都燃起了熊熊大火。观音菩萨倒出玉净瓶里的南海之水，浇灭了大火，火麒麟见状哪肯作罢，庞大的身躯化作岩浆从地面的裂缝喷出，方圆几百里化作一片焦土，它的血液冷却凝固后变成了红色的石头。亿万年后，这里恢复了山清水秀，人们在这块土地上繁衍生息，百姓耕种时经常能挖到火红的石头，打磨成各种饰品，光泽莹润，冰透俏丽，这就是今天宝山的红玛瑙（图 1-3-2）。

岁月逝远，人们早已忘记了火麒麟的故事，可红玛瑙却给宝山这片天地带来了勃勃生机。

【章结语】

发源于新石器时代早期而绵延至今的“玉文化”是中华文明有别于世界其他文明的显著特征。中国人把玉看作是天地精气的结晶，使玉具有了不同寻常的象征意义。中华玉文化年代跨度大，用玉品种多，加之战乱频繁，很多玉种昙花一现，只在少数特定时期流行使用。通过古籍文献、遗址和出土文物的辅证，可以说逊克玛瑙不仅具有美丽的颜色，质地细腻通透，温润光滑，而且还具有悠久的历史和丰富的文化内涵，充分体现出它深厚的历史文化渊源。

第二章

逊克玛瑙地质成因和产状

逊克玛瑙原石

（逊克宝山玛瑙博物馆供图）

逊克玛瑙原石

（逊克宝山玛瑙博物馆供图）

地壳中含量最高的元素是氧(O),占比约48.6%,其次是硅(Si),占比约26.4%,二者是石英矿物（化学式为SiO_2）的基本化学组成，其中玛瑙是石英质玉石的重要品种，即：具有条带和同心环状结构构造的玉髓。玛瑙在全球分布广泛，世界各地均有产出。但不同的地质环境和物理化学条件会形成不同的玛瑙，每个产地的玛瑙都有自己独一无二的美。逊克玛瑙晶莹通透、坚硬光亮、鲜红如血,如凤凰涅槃、浴火重生,这是其在逊克地区经历了亿万年的“修炼”才形成的。

第一节 逊克玛瑙区域地质背景

一、自然地理

逊克县隶属于黑龙江省黑河市，位于黑龙江省北部边疆，小兴安岭中段北麓，黑龙江中游右岸，有135km的边境线，与俄罗斯阿穆尔州米哈伊洛夫区波亚尔科沃镇隔江相望。逊克县位于东经127°33′~128°58′，北纬48°40′~49°37′区域，地势南高北低，全县平均海拔300~400m，最高峰为东南部的白鹿山，海拔795m；最低处为北部戴地营子一带的黑龙江低河漫滩，海拔108.1m。逊克县地貌单元有低山丘陵、台地和冲积平原，其中丘陵区面积较大，仅东南隅为低山区，坡度多为15°~30°，局部地区达40°（图2-1-1）。逊克县森林面积大，森林覆盖率高达70.44%。

经地质调查勘探，逊克县域内蕴藏黄金、铁、铜、煤、石英、膨润土、珍珠岩、大理石、白云石、石灰石等各种矿产30余种，矿产总类占黑龙江省已发现矿产种类的24.4%，其中最重要的宝玉石矿产资源便是逊克玛瑙。目前在全县境内已发现的玛瑙矿点达20余个，覆盖宝山乡、克林镇、松树沟乡、阿廷河流域内5个支流河床及逊克县辖区的乌伊岭镇等多个区域。

图2-1-1 逊克县江边地貌图
（姚雨薇供图）

二、矿区地质背景

自然界中的玛瑙多产出于火山岩与沉积岩中，以火山岩中热液成因为主，仅少量玛瑙为沉积成因。

根据 1996 年《黑龙江省宝、玉石资源调查研究报告》，黑龙江省地质构造位置位于古亚洲构造域和滨太平洋构造域交接复合部位，各时代地层较为发育。其中侏罗系为省内发育地层之一，蕴藏丰富的玛瑙矿产资源。侏罗系上统以兴安岭群为代表，主要为火山碎屑岩，酸性、中性、基性喷出岩，部分为正常碎屑沉积岩和煤层，分布于伊春—尚志以西的大小兴安岭地区。

逊克县宝山乡是逊克玛瑙的主产区，矿区的构造位置位于小兴安岭隆起与孙吴凹陷构造交汇处东侧，中生代断陷盆地边缘。库尔滨河断裂次一级的北西向阿廷河张扭性断裂，严格控制含玛瑙的中基性火山岩的展布。逊克玛瑙形成于距今约 1 亿年前的中生界侏罗系上侏罗统美丰组辉石橄榄玄武岩、碳酸盐化安山玄武岩、伊丁石化安山岩和安山岩的气孔和部分岩石裂隙、空洞中。

宝山乡福山村是典型的逊克玛瑙矿区，位于北纬 49°2′，东经 128°58′。矿床西部出露地层主要由上侏罗统美丰组的安山岩、英安岩、流纹岩、凝灰玄武岩和凝灰角砾岩组成。地层沿阿廷河分布，被中新统和上新统的砂岩和砾岩（孙吴组）不整合覆盖（图 2-1-2）。

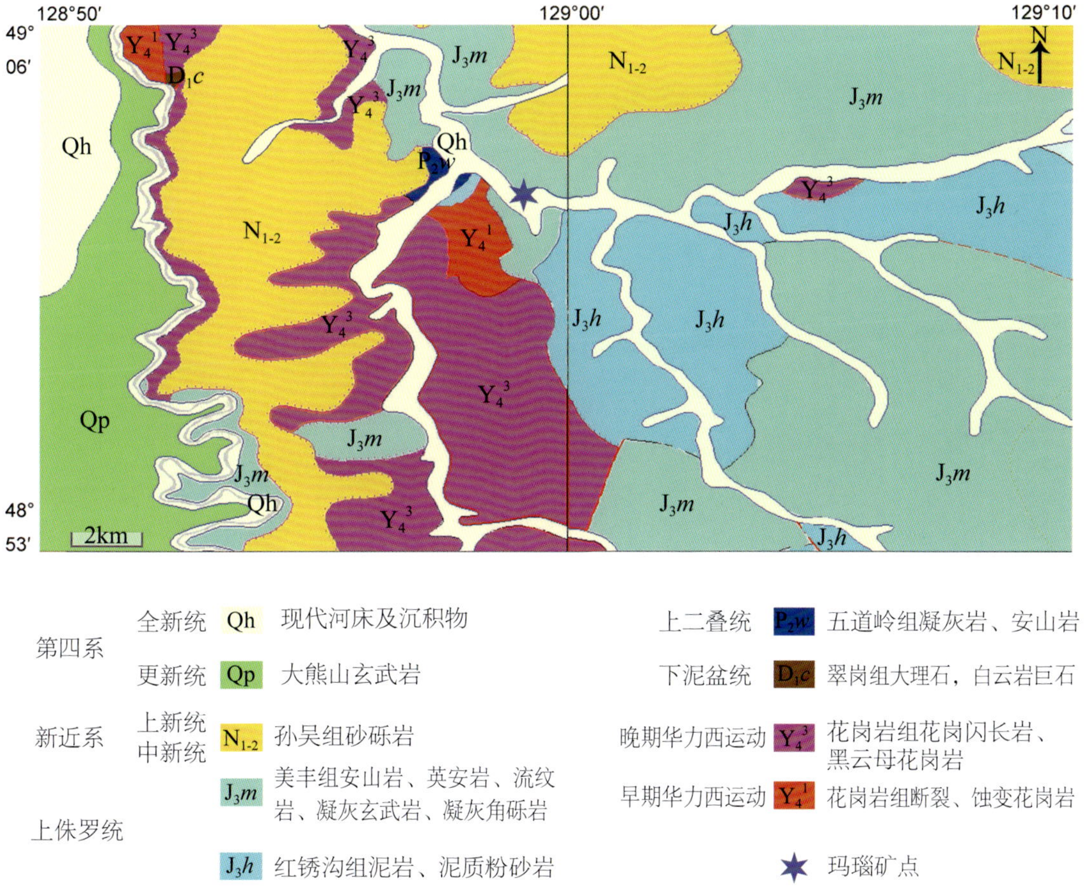

图 2-1-2 逊克县宝山乡福山村玛瑙矿区区域地质图

（鲁智云供图）

第二节 逊克玛瑙产状分类与矿区特征

一、逊克玛瑙产状分类

逊克玛瑙的典型地质产状可以分为两类：一类为热液填充，以杏仁体的形式产出于美丰组中基性火山岩裂隙及孔洞（气孔）中的原生玛瑙；另一类则是原生玛瑙经过风化淋滤和河流的搬运作用形成的次生玛瑙（即残积坡积—冲积砂矿玛瑙），可产于某些沉积岩及第四纪残坡积层或河床卵石中。两种类型的玛瑙矿在空间上均受广泛发育中基性火山岩的中生代断陷盆地控制，而中新世与更新世的两次准平原化，为次生玛瑙砂矿的形成提供了良好的古自然地理环境。

图 2-2-1 阿廷河 51km 处发现的原生玛瑙
（何雪梅供图）

（一）原生玛瑙

目前在逊克县境内宝山乡阿廷河村附近发现有原生玛瑙，但数量有限，未形成规模。出露的原生玛瑙主要分布在安山玄武岩和玄武岩中，呈晶状体或杏仁状体。逊克县典型的原生玛瑙如阿廷河 51km 处所发现的玛瑙（图 2-2-1），其出露处呈灰白色，断面为空心椭圆形，2019 年被命名为“北红之源”，成为宝山乡逊克玛瑙景点之一（图 2-2-2）。

（二）次生玛瑙

逊克县产出的次生玛瑙包括残积坡积型砂矿玛瑙和冲积型砂矿玛瑙。

1. 残积坡积型砂矿玛瑙

残积坡积型砂矿是指原生矿体受到地质构造运动或者风化等作用而发生崩解之后产生位移，分布在原生矿体下方山坡上，或者搬运一定的距离，沉积在一定深度的土壤中，该类矿床产出的玛瑙被称为残积坡积型玛瑙。残积坡积型玛瑙由于经过磨蚀

图 2-2-2 中国地质大学（北京）产学研团队考察“北红之源”
（姚雨薇供图）

作用程度不同，形状多样，通常呈板块状、疙瘩状、马蹄状、柱状、管状、葡萄状、似圆球状等，可留有尖锐的棱角也可呈次棱角状，当地石农称为“坑料”（图 2-2-3）。坑料玛瑙通常重量在 0.2~1kg，2~5kg 者较少，5kg 以上者则更少，偶尔可发现上千斤重的玛瑙。

图 2-2-3 逊克玛瑙坑料
（德龙火玉供图）

2. 冲积型砂矿玛瑙

冲积型砂矿是指原生矿经过风化碎解，在水流的搬运下离开原产地沿河谷、河滩沉积形成的矿床，该类矿床所产出的玛瑙在业内被称为“水冲料”。水冲料玛瑙由于经过磨蚀作用的程度较高，多呈浑圆状，表面及边缘较为光滑，形状多为不规则的似卵形或球形等（图 2-2-4），重量、尺寸普遍较小，大者可达拳头大小，小者则似米粒大小。

图 2-2-4 逊克玛瑙水冲料
（于俊庆供图）

二、逊克玛瑙矿区特征

由于逊克县原生玛瑙被发现的数量太少，未形成特有矿床，因此，目前具有经济价值的玛瑙矿床当属逊克县境内的玛瑙次生矿，坑料和水冲料便成为市场上销售流通的逊克玛瑙主要来源。

（一）坑料矿区

逊克玛瑙坑料矿区主要分布在宝山乡下属村屯：福山村（四连）、青岭村（六连）、阿廷河村等，此外，逊克县克林镇、松树沟乡、阿廷河流域内5个支流河床及逊克县乌伊岭镇也均有产出。所产坑料多位于距地面2m以下的砂土层中，通常埋深2~4m。不同矿点产出的玛瑙坑料其颜色、透明度、块度大小及形状各有差异。

1. 福山村（四连）

福山村矿区在逊克当地也被称为“四连”矿区，包括东南山、砖场、一场、二场、东北山等矿点，各矿点产出的玛瑙形状各异，颜色多为红色、黄色、白色和灰色等，其中红色玛瑙色调非常丰富，有暗红色、深红色、樱桃红色及最常见的红黄相间色等。四连矿区产出的玛瑙带有不同的皮色，皮色种类有白色、黑色、黄色等。

（1）东南山矿点

东南山矿点位于福山村东南方向的矿脉中（图2–2–5），该区域产出的逊克玛瑙形状多样（图2–2–6），主要以红色为主，结构细腻，最大特点就是其颜色鲜艳、质地油润、胶质感强（图2–2–7，图2–2–8），产出较多高质量的红料和青白料。该矿点产出的白皮料中有的皮色可泛蓝光（图2–2–9）。

图2–2–5 东南山矿点
（逊克宝山玛瑙博物馆供图）

图 2-2-6　东南山产出的不同形状的逊克玛瑙

（张德成供图）

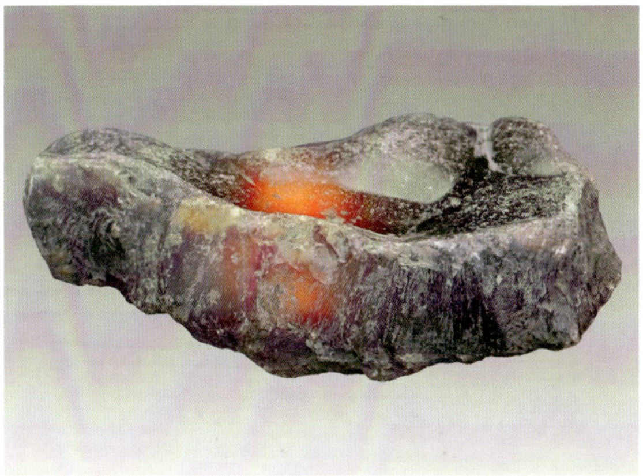

图 2-2-7　东南山逊克玛瑙板料

（陈瑞华供图）

图 2-2-8　东南山逊克玛瑙疙瘩料

（陈瑞华供图）

图 2-2-9　东南山白皮泛蓝光逊克玛瑙原石

（李辉玛瑙供图）

（2）砖场（白桦林）矿点

砖场矿点也称“白桦林”矿点，位于福山村东北方向的矿脉上（图 2-2-10）。砖场玛瑙料形态各异，最大的特点便是冰度好，色彩鲜明，红似火焰、黄若秋菊、白如云雾（图 2-2-11~图 2-2-14），并且多数玛瑙可见红线、黄线，属于逊克玛瑙里上等的素活原料，加工后成品往往具起莹（“宝石光”）现象。该矿点还可见非常稀少的紫色逊克玛瑙（图 2-2-15）。

图 2-2-10　砖场（白桦林）矿点
（姚雨薇供图）

图 2-2-11　砖场逊克玛瑙红料
（李辉玛瑙供图）

图 2-2-12 砖场带有同心圆色环的逊克玛瑙原石
（陈瑞华供图）

图 2-2-13 砖场可见红线的逊克玛瑙红料
（王庆辉供图）

图 2-2-14 砖场逊克玛瑙白皮黄料
（蓬辉玛瑙供图）

图 2-2-15 砖场紫色逊克玛瑙原石
（张久武、燕洪庆供图）

（3）一场、二场矿点

一场和二场矿点相邻，位于福山村砖场对面，该矿区产出的玛瑙多为飘冰带线，红、白、黄色居多（图 2-2-16~ 图 2-2-21）。

图 2-2-16　一场矿点
（姚雨薇供图）

图 2-2-17　一场红色逊克玛瑙原石
（陈瑞华供图）

图 2-2-18　一场黄色逊克玛瑙原石
（张久武、燕洪庆供图）

图 2-2-19　二场矿点
（姚雨薇供图）

图 2-2-20　二场白色逊克玛瑙原石
（张久武、燕洪庆供图）

图 2-2-21　二场飘冰带线逊克玛瑙原石
（陈瑞华供图）

（4）**东北山矿点**

东北山矿点位于福山村东北方向（图 2-2-22），产出的玛瑙颜色以白、黄色为主，质地细腻（图 2-2-23）。

图 2-2-22 东北山矿点
（姚雨薇供图）

图 2-2-23 东北山逊克玛瑙黄白料
（张久武、燕洪庆供图）

2. 青岭村（六连）

青岭村矿区也称“六连”矿区，该矿区出露的矿点位于沙场、馒头山、西南地、大岗、东北大沟和阿廷河流域两岸河床等，其中以沙场矿点产出的玛瑙颜色和品种最为丰富，馒头山矿点产出的玛瑙产量较大，东北大沟矿点的玛瑙产出量较少。该矿区产出的玛瑙品种十分丰富，颜色多为不同深浅的红色、黄色，还可见黑色和带线玛瑙，多色玛瑙色彩明亮、透明度高。

（1）沙场矿点

沙场矿点位于青岭村东北方向（图 2-2-24），可产出最著名的深红色玛瑙，也多见糖心玛瑙、冰包红玛瑙、冰包黄玛瑙、冰包黑玛瑙、锦花玛瑙、冰白玛瑙、带线玛瑙、红皮玛瑙、黑皮玛瑙及黄皮玛瑙等，还有黑色玛瑙产出（图 2-2-25~ 图 2-2-34）。沙场料玛瑙的“肉”与“皮”颜色丰富鲜艳，一块玛瑙上一般会具有 3~5 种颜色，故而非常利于巧色雕刻。沙场料加工为品后也有“宝石光”现象，但其“宝石光”强度弱于砖场料。

图 2-2-24　沙场矿点

（逊克宝山玛瑙博物馆供图）

图 2-2-25　沙场逊克玛瑙红料
（玉鼎玛瑙供图）

图 2-2-26　沙场逊克玛瑙深红料
（阿廷河玛瑙供图）

图 2-2-27　沙场板状逊克玛瑙红料
（阿廷河玛瑙供图）

图 2-2-28　沙场糖心板状逊克玛瑙原石
（阿廷河玛瑙供图）

图 2-2-29　沙场冰包红逊克玛瑙原石
（姚雨薇供图）

图 2-2-30　沙场带线玛瑙原石

（阿廷河玛瑙供图）

图 2-2-31　沙场红皮逊克玛瑙原石

（阿廷河玛瑙供图）

图 2-2-32　沙场黑皮逊克玛瑙原石

（阿廷河玛瑙供图）

图 2-2-33　沙场黄皮逊克玛瑙原石

（阿廷河玛瑙供图）

图 2-2-34　沙场逊克玛瑙黑料

（阿廷河玛瑙供图）

（2）馒头山矿点

馒头山矿点位于青岭村东面（图 2-2-35），产出的玛瑙最常见黄白色，原石多呈板状、疙瘩状、马蹄状、圆球状，其条带明显、裂隙少、透明度高（图 2-2-36~图 2-2-38）。与其他矿区相比，馒头山的玛瑙产量相对较大，易成材；产出的玛瑙多为深坑料，见于地下 3~5 m。

图 2-2-35 馒头山矿点
（逊克宝山玛瑙博物馆供图）

图 2-2-36 馒头山逊克玛瑙黄白料
（张久武、燕洪庆供图）

图 2-2-37 馒头山逊克玛瑙疙瘩料
（玉鼎玛瑙供图）

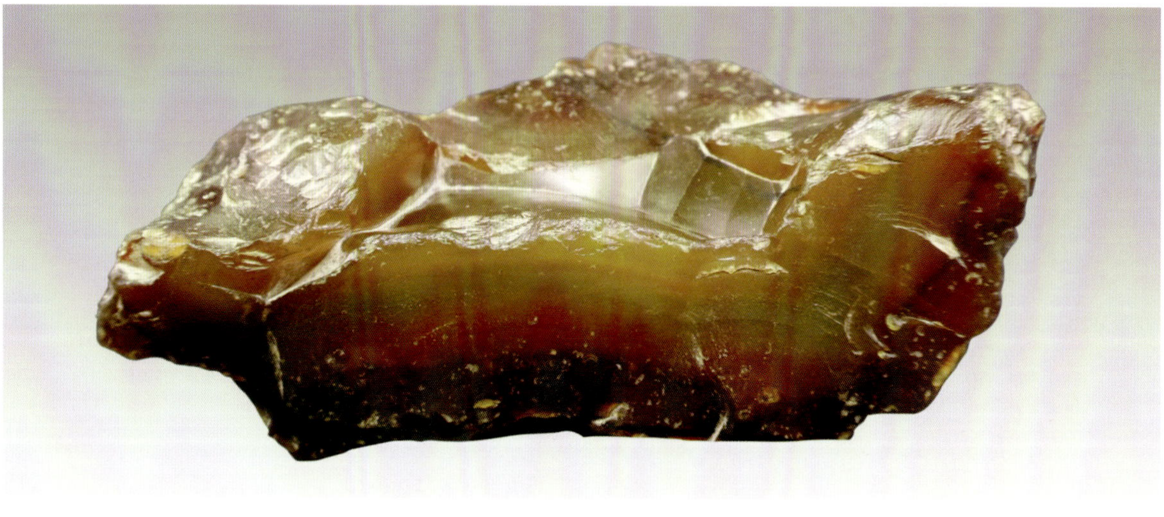

图 2-2-38 馒头山板状逊克玛瑙原石
（荣安艺玛瑙供图）

（3）**西南地矿点**

西南地矿点位于青岭村南部（图 2-2-39），产出的玛瑙多见外白内红料，透明度高且质地细腻（图 2-2-40，图 2-2-41），大部分呈马蹄状产出。

图 2-2-39 西南地矿点
（阿廷河玛瑙供图）

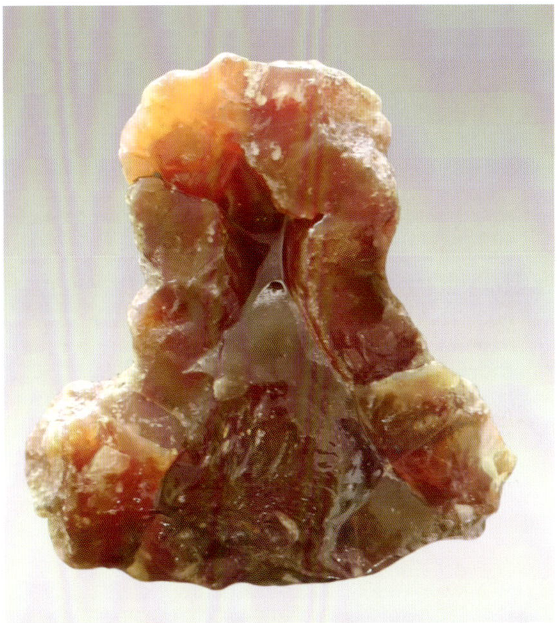

图 2-2-40 西南地逊克玛瑙原石
（阿廷河玛瑙供图）

图 2-2-41 西南地外白内红逊克玛瑙原石
（张久武、燕洪庆供图）

（4）**大岗矿点**

大岗矿点位于青岭村的东南方向（图 2-2-42），产出的玛瑙以白色为主（图 2-2-43），也可见红色和黑色，块度大，3~5kg 以上者居多。此外，该区域还产出逊克战国红，颜色多为黄色，也有红色和绿色产出，块度较大，大者可达 1000kg 以上（图 2-2-44~图 2-2-47）。

图 2-2-42　大岗矿点
（姚雨薇供图）

图 2-2-43　大岗白色逊克玛瑙原石
（张久武、燕洪庆供图）

图 2-2-44　大岗逊克玛瑙原石
（阿廷河玛瑙供图）

图 2-2-45　大岗黄色战国红逊克玛瑙原石
（吕氏美石工作室供图）

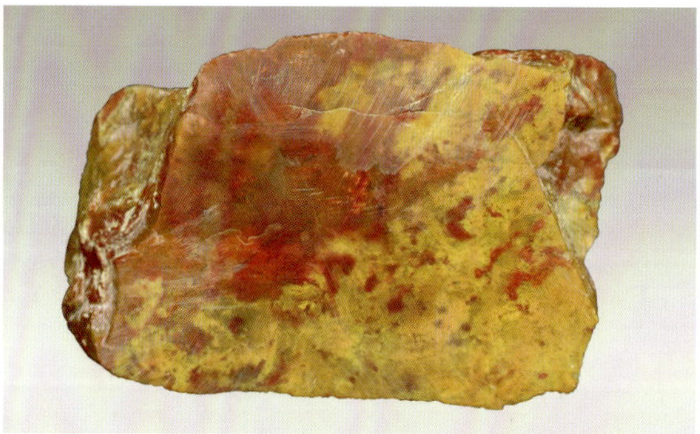

图 2-2-46　大岗红黄两色战国红逊克玛瑙原石
（吕氏美石工作室供图）

图 2-2-47 大岗绿色战国红逊克玛瑙原石
（吕氏美石工作室供图）

（5）东北大沟矿点

东北大沟矿点位于青岭村偏东北方向（图2-2-48），产出的玛瑙颜色较浅，可带有黄皮，料质一般且产量较少（图 2-2-49，图 2-2-50）。

图 2-2-48 东北大沟矿点
（姚雨薇供图）

图 2-2-49　东北大沟逊克玛瑙原石
（阿廷河玛瑙供图）

图 2-2-50　东北大沟黄皮逊克玛瑙原石
（玉鼎玛瑙供图）

3. 阿廷河村

阿廷河村矿区主要包括 45km 处（图 2-2-51）、49km 处和三百垧三个矿点。该矿区产出的玛瑙颜色以黄色、白色为主，少见红色，多见黄红条带，皮色可见白色、黄色、黑色、绿色等，还可有水草（草花）玛瑙产出，透明度高、质地细腻（图 2-2-52～图 2-2-56）。

图 2-2-51　阿廷河村 45km 处矿区
（姚雨薇供图）

图 2-2-52　阿廷河 45km 处白色逊克玛瑙原石
（张久武、燕洪庆供图）

图 2-2-53　阿廷河 45km 处球状逊克玛瑙原石
（阿廷河玛瑙供图）

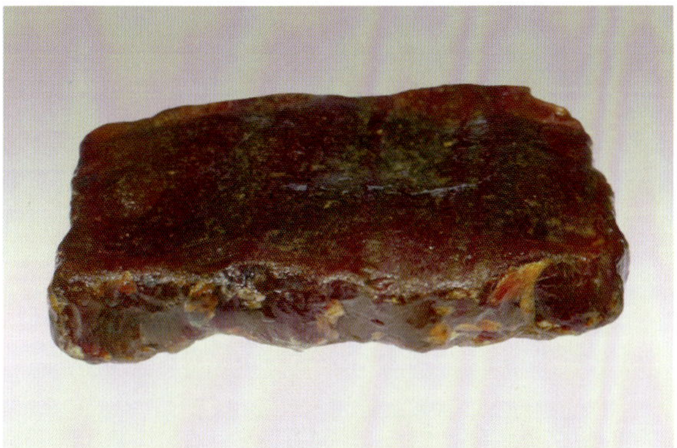

图 2-2-54　阿廷河 45km 处板状逊克玛瑙原石
（李辉玛瑙供图）

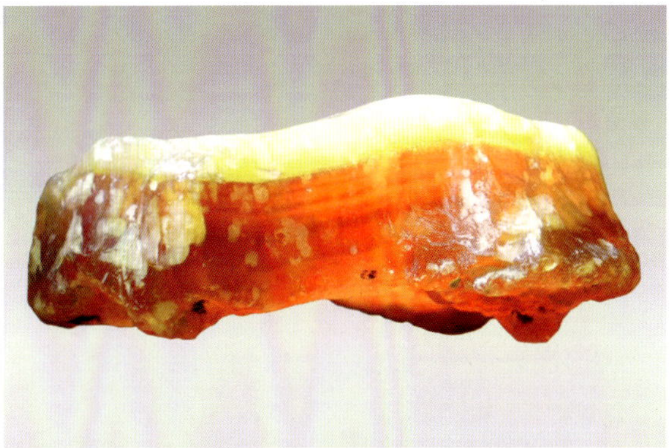

图 2-2-55　阿廷河 49km 处板状逊克玛瑙原石
（阿廷河玛瑙供图）

图 2-2-56　阿廷河 45km 处绿草花逊克玛瑙原石
（阿廷河玛瑙供图）

逊克玛瑙精品玉雕《北国风光》
（杨克全作品，逊克宝山玛瑙博物馆供图）

精品雕件《望天吼》
（张清雷作品，北京博观国际拍卖有限公司供图）

4. 克林镇

克林镇矿区出露的矿点有骆驼峰、三点等（图 2-2-57）。该矿区产出的玛瑙青白料居多，多含有水晶芯（图 2-2-58），红色、黄色少见（图 2-2-59）。块度大，最大者可达 500kg。

图 2-2-57　克林镇矿区
（逊克宝山玛瑙博物馆供图）

图 2-2-58　克林镇白色逊克玛瑙原石
（北红玛瑙奇石艺术馆供图）

图 2-2-59　克林镇管状逊克玛瑙原石
（陈瑞华供图）

5. 乌伊岭镇

乌伊岭镇矿区包括阿廷河流域的 9km 处及美丰林场地下矿点（图 2-2-60）。该矿区产出的玛瑙最具特点的是白肉红皮料和黄肉红皮料（图 2-2-61），也常见红白双色板料（图 2-2-62～图 2-2-64）。

图 2-2-60　乌伊岭矿区
（曹云龙供图）

图 2-2-61　乌伊岭逊克玛瑙红皮料
（玉鼎玛瑙供图）

图 2-2-62　乌伊岭逊克玛瑙板料
（德龙火玉供图）

图 2-2-63　乌伊岭逊克玛瑙板料
（德龙火玉供图）

图 2-2-64　乌伊岭逊克玛瑙板料
（蓬辉玛瑙供图）

6. 松树沟乡

松树沟乡矿区主要矿点分布在四队（现五十五队）周边的耕地中（图 2-2-65），此外，库尔滨河流域两岸的草地中也有产出。该矿区产出的玛瑙主要为红色和黄色（图 2-2-66，图 2-2-67），也有水草玛瑙产出，块度中等大小。除了玛瑙之外，该矿区还产出梭罗玉、硅化木（树化玉）、黄蜡石等（图 2-2-68~图 2-2-70）。

图 2-2-65 松树沟乡矿区
（曹宏伟供图）

图 2-2-66 松树沟逊克玛瑙疙瘩料
（张久武供图）

图 2-2-67 松树沟逊克玛瑙板料
（荣安艺玛瑙供图）

图 2-2-68 松树沟梭罗玉原石
（荣安艺玛瑙供图）

图 2-2-69 松树沟树化玉原石
（荣安艺玛瑙供图）

图 2-2-70 松树沟黄蜡石原石
（荣安艺玛瑙供图）

7. 阿廷河流域内 5 个支流

在阿廷河流域内 5 个支流两岸的耕地和草地中，也有坑料玛瑙产出，颜色及品种多样，其形状、大小、颜色均与附近其他矿区坑料矿点的玛瑙相似。其中三支流矿点位于河谷两岸高漫滩上（图 2-2-71），玛瑙埋深 1~4m，自地表向深部，数量和质量逐渐变多变佳。1~1.5m 内，玛瑙多呈碎块状产于黄褐色含砾黏土质粉砂层内，多数质量较差，个别可满足工艺要求；1.5~2.0m 内，玛瑙呈块状产于砂和砂砾石层中，质量较佳；2.0~4.0m 内，玛瑙产于砂砾石层中，其形状复杂多样，个体大，质量好（图 2-2-72），还可有罕见的绿玛瑙产出（图 2-2-73）。

图 2-2-71 阿廷河三支流矿点
（逊克宝山玛瑙博物馆供图）

图 2-2-72 三支流逊克玛瑙板料
（陈瑞华供图）

图 2-2-73　三支流绿色玛瑙原石

（吴欣茹供图）

（二）水冲料矿区

水冲玛瑙即玛瑙卵石，其形状及成因类似于和田玉的“籽料”。由于其夹杂在河卵石中，河卵石不透光，水冲玛瑙透光，所以旧时当地人称之为“火石”。逊克玛瑙的水冲料主要分布在黑龙江流域逊克段、逊别拉河松树沟乡段沿岸的边滩中（图 2-2-74）。

图 2-2-74　逊克玛瑙水冲料

（于俊庆供图）

水冲玛瑙多在 1kg 至米粒大小，超过 1kg 者较为少见。经过亿万年的江河之水浸泡冲刷，玛瑙生成时外表包裹的玄武岩已风化脱落，玛瑙表面粗糙的部分和棱角也已被河卵石打磨掉，因此，水冲玛瑙的形状多呈浑圆状、球状，其质地细腻通透，加工成品具“宝石光”者居多。水冲玛瑙的颜色非常丰富，有深红色、浅红色、红皮金黄心、红皮蜜黄心、红皮糯白心、红皮冰白心，金黄色、浅黄色，糯白色、冰白等。

【章结语】

逊克玛瑙的典型地质产状可以分为两类：一为热液填充，以杏仁体的形式产出于美丰组的中基性火山岩裂隙及孔洞（气孔）中的原生玛瑙；二是原生玛瑙经过风化淋滤和河流的搬运作用形成的次生玛瑙，可产于某些沉积岩及第四纪残坡积层或河床卵石中。

具有经济价值的逊克玛瑙为次生玛瑙，包括残积坡积型砂矿玛瑙（坑料）和冲积型砂矿玛瑙（水冲料），其主要产区分布在宝山乡、克林镇、松树沟乡、乌伊岭镇、阿廷河流域内 5 个支流两岸及黑龙江流域逊克段沿岸、逊别拉河松树沟乡段沿岸的沙滩及砂层中。

不同矿点的逊克玛瑙，形状各异，颜色丰富，品种多样，其多姿多彩的外貌，细腻通透的质感，彰显出大自然的神奇魔力。花有花语，石有石言，逊克玛瑙绮丽的美便是在诉说大自然亿万年来的呢喃。

第三章

逊克玛瑙宝玉石特征及物质组成

精品雕件《日出东方红似火》

（孙永供图）

逊克玛瑙原石
（逊克宝山玛瑙博物馆供图）

我们常用“千种玛瑙万种玉”来形容玛瑙的种类之多，而在众多种类的玛瑙中，逊克玛瑙以其与众不同的特质脱颖而出，受到广大玛瑙爱好者的青睐。逊克玛瑙的特质与其物质组成息息相关，只有你充分了解了逊克玛瑙的物质组成，你才知道它有多么重要。物质组成中矿物的种类及含量的变化都直接影响着玛瑙的颜色、透明度、加工质量等方方面面。本章从逊克玛瑙的基本宝玉石特征和物质组成等方面，深入研究逊克玛瑙诸多特质的根源，揭开逊克玛瑙的神秘面纱。

第一节　逊克玛瑙宝玉石特征

逊克玛瑙作为宝玉石品类中玛瑙家族的一员，有着其特有的宝石学性质和特征，可以作为鉴定依据与相似宝玉石品种进行区别。

本书选择逊克玛瑙最具代表性的深红、金红、金黄、酒黄、淡黄、白等 6 种颜色原石样品抛光制样（图 3-1-1）进行分析，在中国地质大学（北京）珠宝学院鉴定实验室和宝石研究实验室分别进行常规宝石学性质测试及硬度检测，从宝玉石角度对逊克玛瑙有一个基本的认知。

深红色

金红色

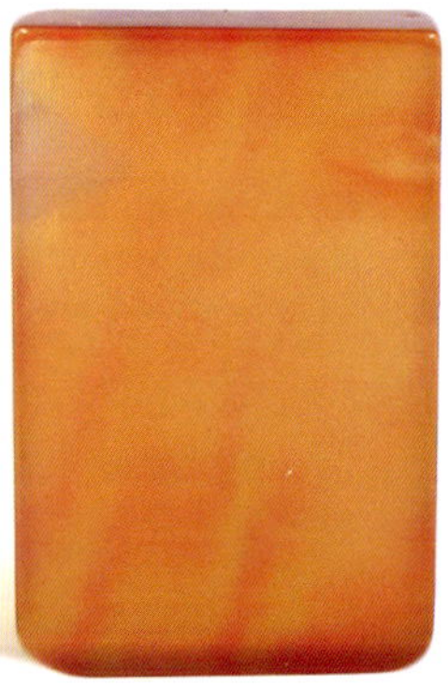

金黄色

酒黄色

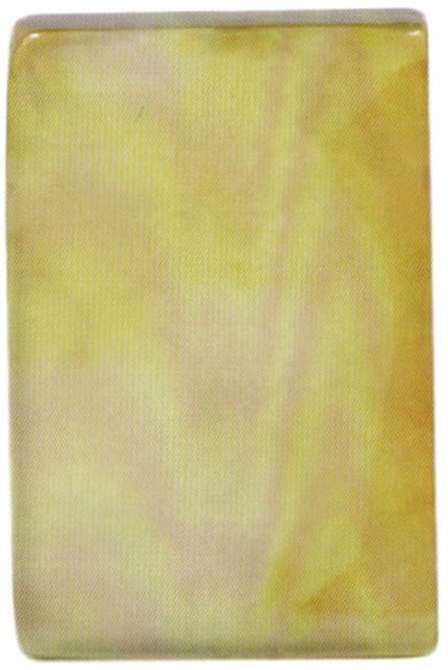

淡黄色

白色

图 3-1-1　不同颜色的逊克玛瑙测试样品抛光块

一、常规宝石学性质

通常绝大多数逊克玛瑙外观属于半透明—透明隐晶质集合体，呈致密块状、皮壳状，也可呈球粒状、放射状或微细纤维状集合体，部分原石局部可见自形石英晶体的水晶芯结构；具非均质集合体的光性特征；滤色镜下不变色；红色玛瑙中多带有黄色调，颜色常呈条带状、环带状、浸染状或渐变过渡状分布，局部可见其他颜色；抛光面呈玻璃光泽，断面可见油脂光泽。

利用 FGM-R6S 型宝石摄影显微镜对上述 6 种不同颜色的逊克玛瑙测试样品进行 40 倍放大检查，观察结果如图 3-1-2 所示。深红色样品内部颜色分布不均匀，基质中可见橙黄色点状矿物集合体组成环带或呈分散状；金红色样品、金黄色样品、酒黄色样品、淡黄色样品的颜色均存在浸染状分布现象，其中淡黄色样品还存在点状和雾状包裹体；白色样品内部洁净，只有基质成分。

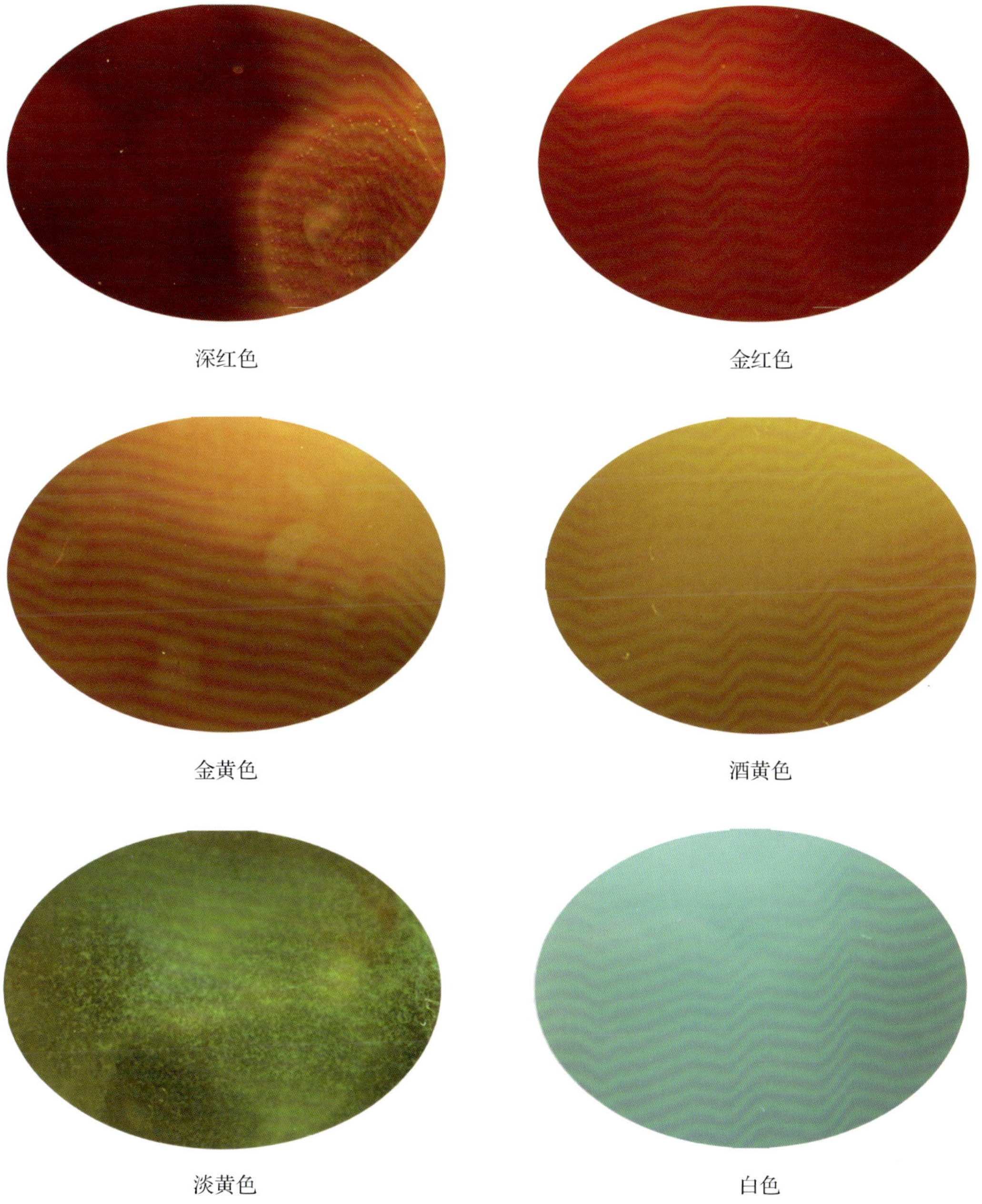

图 3-1-2　不同颜色逊克玛瑙宝石显微镜下特征

针对不同颜色的研究样品进行折射率、相对密度、紫外荧光测试，得到研究样品的常规宝石学性质见表 3-1-1。其中折射率采用点测法进行测量，逊克玛瑙折射率约 1.54；使用静水力学法测得逊克玛瑙相对密度范围为 2.58~2.65；紫外光下红色逊克玛瑙及金黄色、酒黄色样品均为荧光惰性（不发光），淡黄色的样品局部显示弱蓝白色荧光，白色样品显示较强的蓝白色荧光，且长波紫外线下的荧光强度大于短波紫外线下的荧光强度。

表 3-1-1 逊克玛瑙样品宝石学基本性质

颜色	结构	透明度	光泽	折射率	相对密度	紫外荧光
深红色	隐晶质	半透明	玻璃光泽	1.54	2.59	惰性
金红色	隐晶质	半透明	玻璃光泽	1.54	2.58	惰性
金黄色	隐晶质	半透明	玻璃光泽	1.54	2.60	惰性
酒黄色	隐晶质	半透明	玻璃光泽	1.54	2.60	惰性
淡黄色	隐晶质	半透明	玻璃光泽	1.54	2.61	弱蓝白色
白色	隐晶质	半透明	玻璃光泽	1.54	2.59	强蓝白色

二、硬度检测

采用显微维氏硬度计对双面平行抛光的 6 种颜色样品进行显微硬度测试，同一样品在不同的位置测量 3 次取平均值，得到逊克玛瑙样品的维氏硬度（H_V）为 982.33～1101.00 kg/mm^2，然后利用孟祥振（2007）得出的显微维氏硬度及摩氏硬度的换算公式：$H_M=0.675\times\sqrt[3]{H_V}$ 换算成摩氏硬度（H_M），得到的逊克玛瑙样品摩氏硬度为 6.70~6.97（表 3-1-2），按照国家标准可视为 6.7~7.0。

表 3-1-2 逊克玛瑙样品宝石学基本性质

颜色	维氏硬度（H_V，kg/mm^2）	摩氏硬度（H_M）
深红色	1077.47	6.92
金红色	1101.00	6.97
金黄色	1013.39	6.78
酒黄色	1040.54	6.84
淡黄色	982.33	6.71
白色	1008.92	6.77

精品摆件《大地之密藏》

（王凯作品，据孙敏，2016）

第二节 逊克玛瑙物质组成

在自然界中，各种不同矿物之间的组合经过一系列的地质作用，从而形成各种玉石。在组成玉石的各种矿物中含量高且决定玉石种属的矿物是主要矿物，含量较低且不影响玉石种属的矿物是次要矿物，含量极低的矿物则是微量矿物。

逊克玛瑙独特的矿物组成，使其历经沧海桑田，经过自然的洗礼却更加耀眼。本节运用傅立叶变换红外光谱测试、偏光显微镜观察、X 射线粉晶衍射测试、扫描电镜观察和拉曼光谱测试等实验手段，对逊克玛瑙的矿物组成进行分析。

一、主要矿物

运用傅立叶变换红外光谱测试、偏光显微镜观察和 X 射线粉晶衍射分析手段，可以检测出逊克玛瑙的主要矿物为 α－石英。

（一）红外光谱

对不同颜色的逊克玛瑙抛光块进行反射法红外光谱测试，测试仪器为中国地质大学(北京)珠宝学院宝石研究实验室布鲁克 TENSOR 27 型傅立叶变换红外光谱仪，扫描次数：32 次，分辨率 4cm^{-1}，谱区范围 2000～400cm^{-1}，测试结果如图 3-2-1 所示。

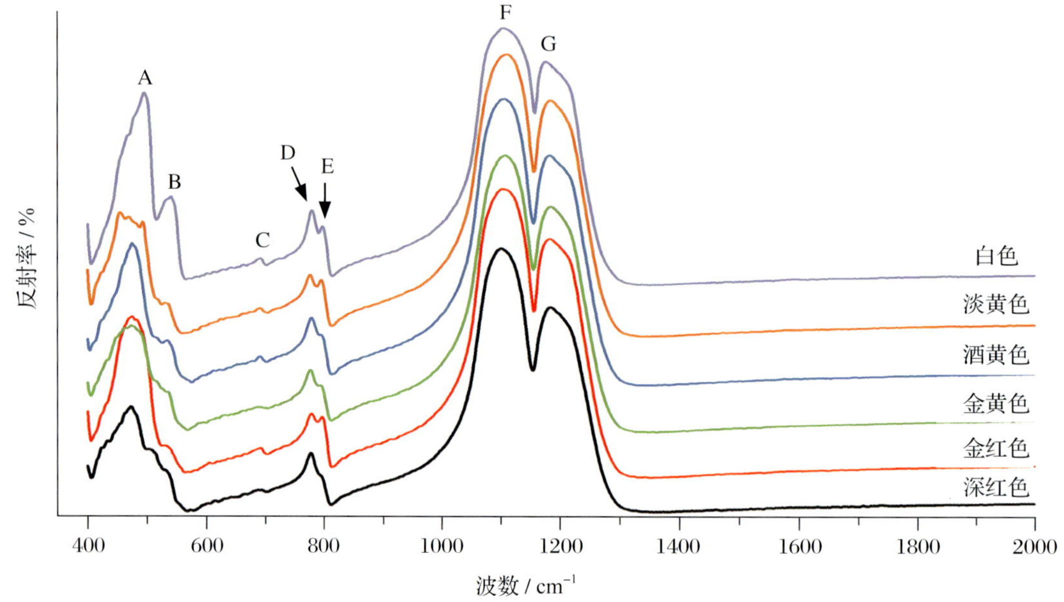

图 3-2-1 逊克玛瑙的红外光谱图

从图 3-2-1 中可知，逊克玛瑙的红外光谱图在中红外区具有石英质玉石的典型光谱特征，即显示由 α- 石英中 Si-O-Si 非对称伸缩振动产生的 1000~1250cm^{-1} 范围内的两个强吸收带（1103~1114cm^{-1} 的 F 谱带与 1179~1188cm^{-1} 的 G 谱带），由 Si-O-Si 的弯曲振动所致的 471~496cm^{-1} 的 A 峰，分别由 SiO_4 四面体的弯曲振动和硅氧六元环振动引起的两个弱吸收峰（530~540cm^{-1} 的 B 峰和 691~693cm^{-1} 的 C 峰），以及特征的 Si−O−Si 对称伸缩振动峰（777~780cm^{-1} 的 D 峰与 796~799cm^{-1} 的 E 峰），分裂的双峰归因于玛瑙内部晶体间的无序性排列。因此，逊克玛瑙中的主要物相为 α−石英。

（二）偏光显微镜

因宝石显微镜的放大倍数限制，无法对细小的矿物进行观察。选择逊克玛瑙具代表性的红色和黄色样品磨制成光薄片，在中国地质大学（北京）珠宝学院宝石研究实验室利用奥林巴斯 BX51 型偏光显微镜对样品的物相组成进行了更详细的观察，结果如图 3−2−2 所示。

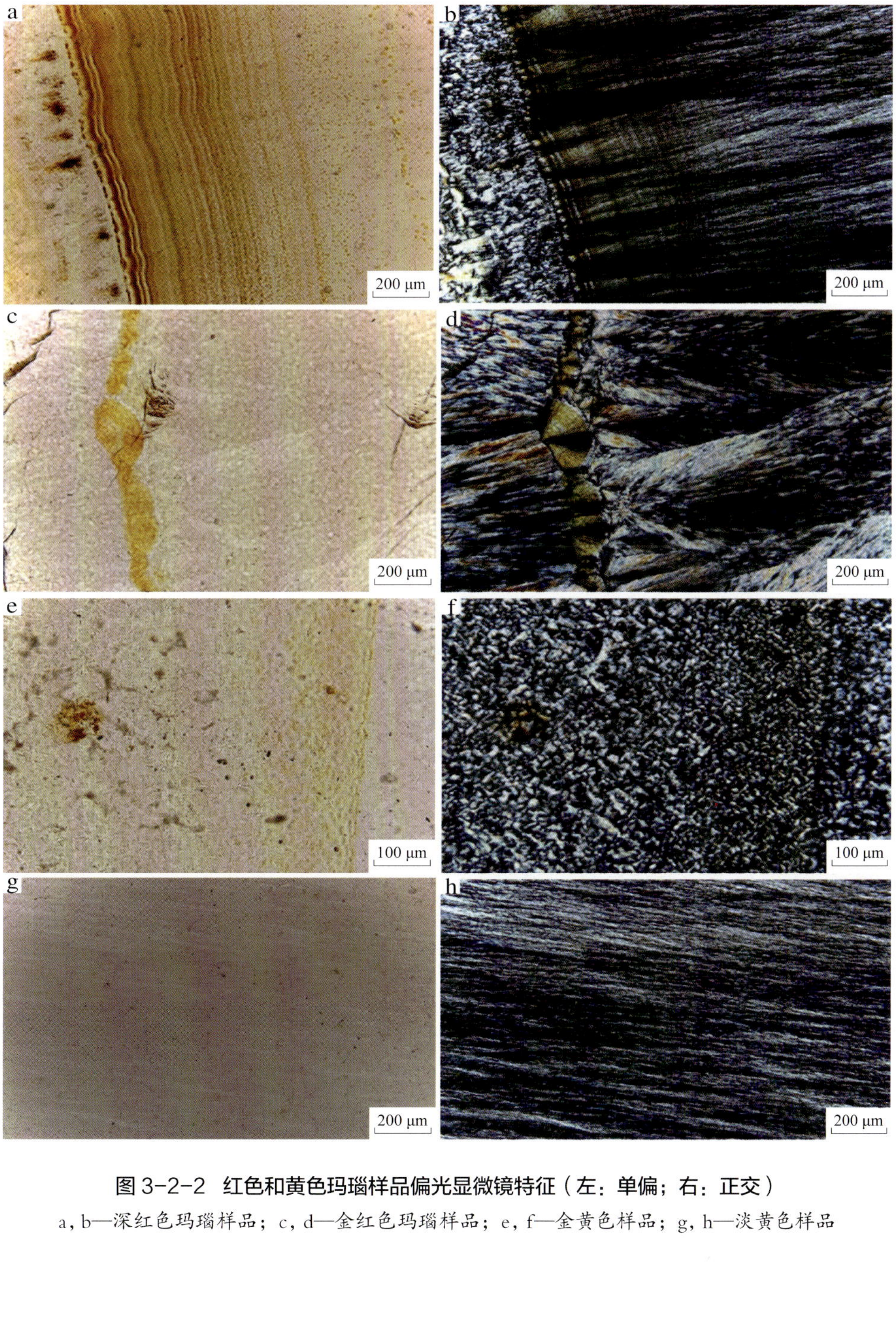

图 3−2−2 红色和黄色玛瑙样品偏光显微镜特征（左：单偏；右：正交）

a，b—深红色玛瑙样品；c，d—金红色玛瑙样品；e，f—金黄色样品；g，h—淡黄色样品偏光显微镜下观察结果显示，逊克玛瑙的物相主要为纤维状、细粒状的石英，少数为条带状、浸染状、点状分布的橙红色或橙黄色矿物集合体。深红色玛瑙（图 3-2-2a，b）和金红色玛瑙（图 3-2-2c，d）石英基质上均可见呈条带状、浸染状、点状分布的橙红色矿物集合体，单个橙红色矿物的大小约为 10μm；金黄色样品（图 3-2-2e，f）中石英基质上可见橙黄色的点状矿物及其集合体，与基质石英之间多呈浸染状过渡分布，单个橙黄色矿物的大小约为 10μm，其含量相比红色玛瑙明显偏少，在淡黄色样品（图 3-2-2g，h）中几乎都是石英，很难观察到明显的杂质矿物存在。

（三）X 射线粉晶衍射

为进一步确认逊克玛瑙的物相组成，将不同颜色玛瑙样品抛光块切割时剩余的废料磨成 300 目细度的粉末，在中国地质大学（北京）科学研究院粉晶衍射实验室进行 X 射线粉晶衍射分析。X 射线粉晶衍射仪为布鲁克 PHASER 型，实验条件为铜靶，电压：30kV，电流：10mA，扫描方式：步进扫描，速度：1s/ 步长，2θ：3°~70°，物相分析使用 Search-Match 软件，数据库采用国际衍射数据中心 PDF-2004 版，实验结果见图 3-2-3。

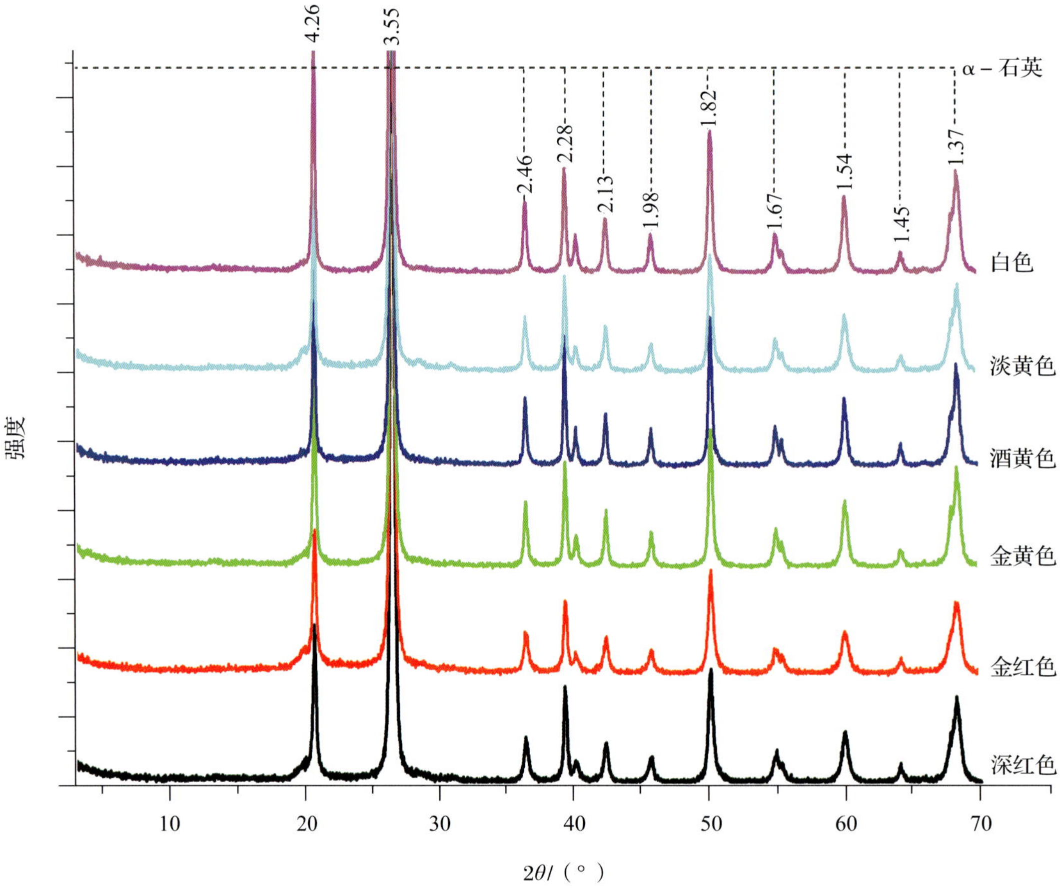

图 3-2-3　不同颜色逊克玛瑙的 X 射线粉晶衍射图

从 X 射线粉晶衍射图谱可以明显看出，逊克玛瑙在面网间距 *d*=4.26、3.55、2.46、2.28、2.13、1.98、1.82、1.67、1.54、1.45、1.37Å 处的衍射峰与 α-石英物相相匹配，表明逊克玛瑙的主要物相组成是 α-石英。

二、次要矿物

从偏光显微镜观察和 X 射线粉晶衍射图谱中可以看出，逊克玛瑙中除了主要矿物 α-石英之外，还存在着其他杂质矿物。同时，二氧化硅的热液流体在运移的过程中经常携带一些周围环境的矿物，在某些杂质矿物的作用下，逊克玛瑙可以呈现出多种多样的颜色。

（一）斜硅石

斜硅石的成分也是二氧化硅（SiO_2），是一种低温、低压的二氧化硅矿物，与石英同为二氧化硅的同质多象变体。斜硅石常以纳米尺度微晶的形式存在于不同产状、不同颜色及不同结晶程度的石英质玉石中，通过 X 射线粉晶衍射图谱和拉曼光谱可以检测到斜硅石的存在。

1. X 射线粉晶衍射分析中的斜硅石

将上述不同颜色逊克玛瑙的 X 射线粉晶衍射图谱放大便可得到图 3-2-4，图中面网间距 *d*=4.44、3.11、2.88Å 处的衍射峰与玉髓中常见的另外一种二氧化硅物相——斜硅

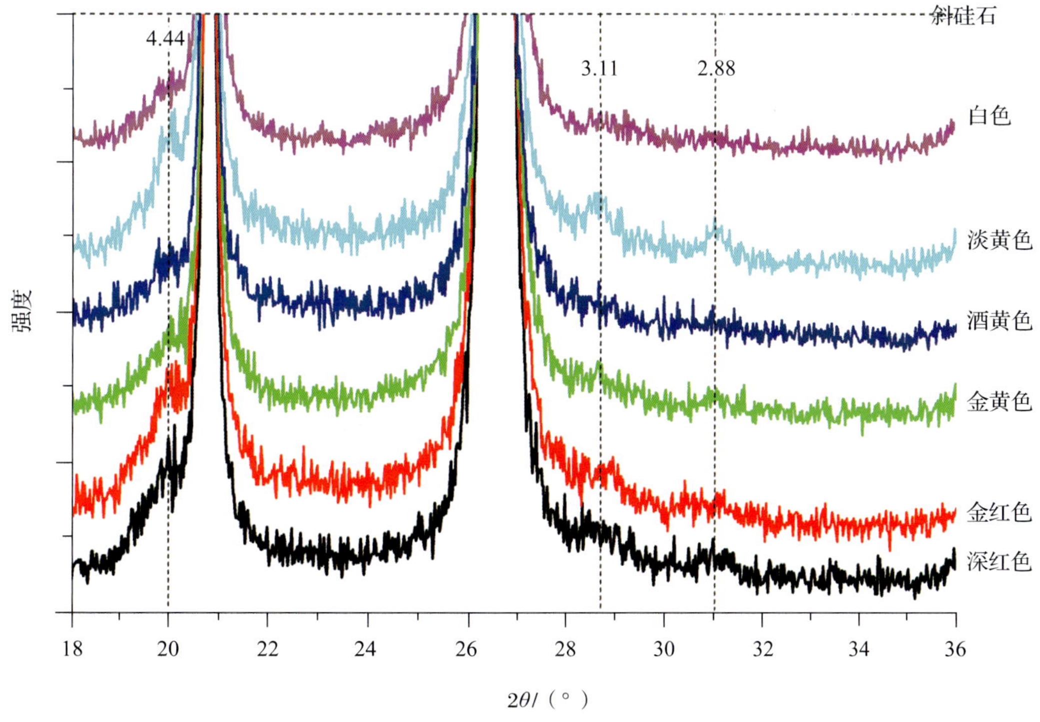

图 3-2-4　逊克玛瑙 X 射线粉晶衍射图谱中的斜硅石峰

精品摆件《耄耋富贵》

（杨勇作品，据孙敏，2016）

石相匹配，即说明逊克玛瑙中含有斜硅石，但与主要的石英峰值相比含量较低，因此，在红外光谱中表现不明显。斜硅石是与 α-石英相似的、具有 AB_2 结构的矿物，但是两者具有不同的晶体结构。斜硅石的发现及其含量的不同，对逊克玛瑙结构与产地的鉴别具有重要的意义。

2. 拉曼光谱分析中的斜硅石

在中国地质大学（北京）珠宝学院宝石研究实验室，利用日本 HORIBA 公司生产的 HR Evolution 型激光拉曼光谱仪，对不同颜色逊克玛瑙抛光块进行拉曼光谱测试。激发光源波长为 532nm，分辨率为 $1cm^{-1}$，激光功率为 30~40mW，扫描 3 次，单次积分时间为 10s，测试结果如图 3-2-5 所示。

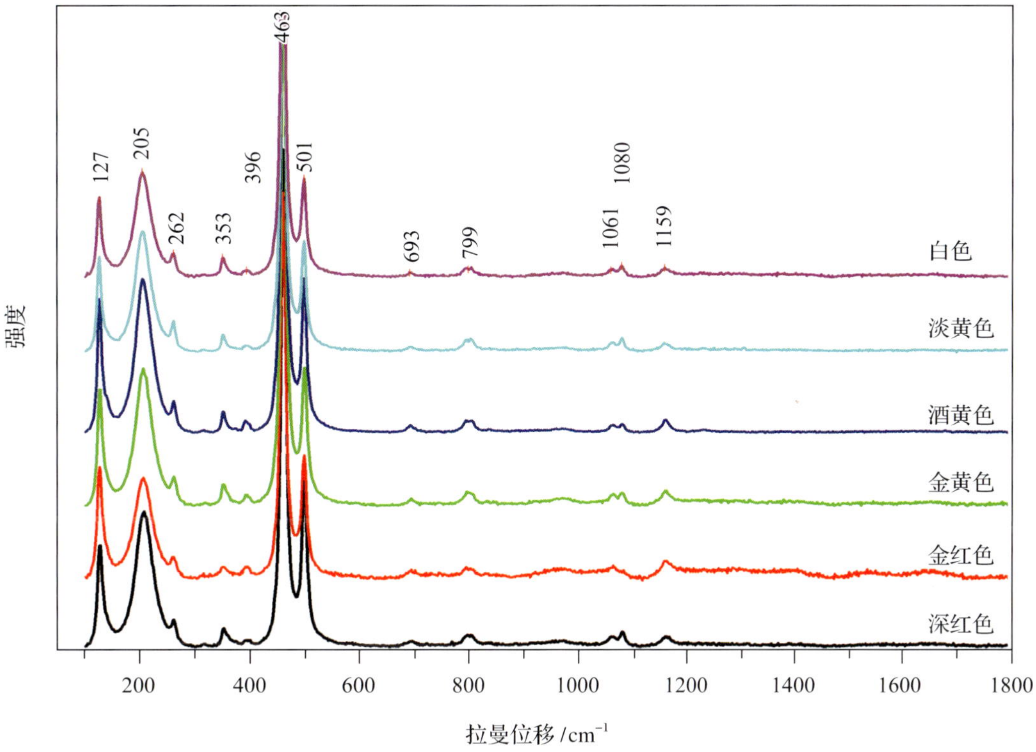

图 3-2-5　不同颜色逊克玛瑙样品拉曼光谱图

在不同颜色逊克玛瑙样品拉曼光谱图中，均检测到了 α-石英和斜硅石的存在。图中 $463cm^{-1}$ 为 α-石英的典型吸收峰，$1000{\sim}1200cm^{-1}$ 区域的 $1080cm^{-1}$ 和 $1159cm^{-1}$ 处的散射峰代表的是 Si-O-Si 键的非对称伸缩振动；$600{\sim}800cm^{-1}$ 区域的 $693cm^{-1}$、$799cm^{-1}$ 处的散射峰代表的是 Si-O-Si 的对称伸缩振动；$400{\sim}530cm^{-1}$ 区域的拉曼散射峰可能是由 O 在 Si-O-Si 键的对称伸缩-弯曲振动产生的。$501cm^{-1}$ 为斜硅石的典型特征峰。其中，$463cm^{-1}$ 吸收峰远高于 $501cm^{-1}$ 吸收峰，说明 α-石英为逊克玛瑙的主要物相，而斜硅石在逊克玛瑙中普遍存在。

根据拉曼光谱曲线中斜硅石 501cm^{-1} 的特征峰与 α-石英 463cm^{-1} 的特征峰面积的比值 A_{501}/A_{463} 可以来衡量逊克玛瑙中斜硅石和α-石英相对含量的多少。使用洛伦兹函数对逊克玛瑙的拉曼光谱在 463cm^{-1}、501cm^{-1} 处的特征峰进行峰位拟合（图 3-2-6）。由于不同产地的玛瑙、不同种类的石英质玉石拥有不同的 A_{501}/A_{463} 谱峰面积比值，因此，利用拉曼光谱技术可以检测出斜硅石相对含量的高低，可以为石英质玉石的品种区分及产地鉴定提供一种新思路和新方法。通过测试和计算可知，逊克玛瑙中斜硅石的 A_{501}/A_{463} 谱峰面积比值范围为 15%~36%。

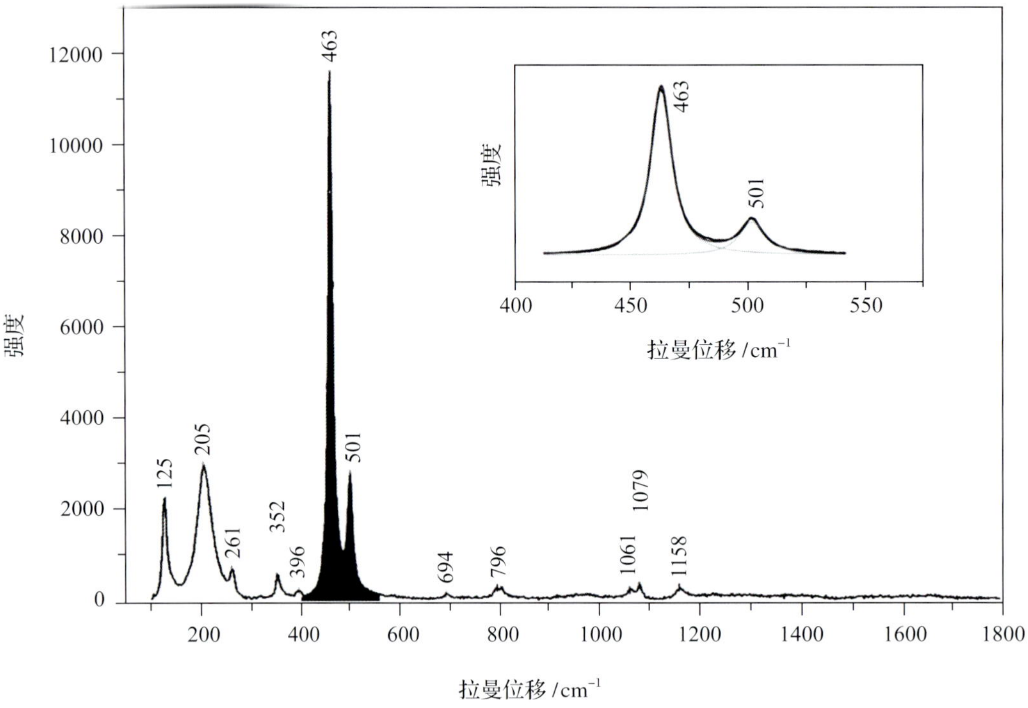

图 3-2-6　谱峰面积比值 A_{501}/A_{463} 测量方法示意图

（二）针铁矿

由于玛瑙形成过程中二氧化硅的热液流动，导致石英质玉石中会含有一些铁的氧化物、氢氧化物，逊克玛瑙中则含有一定的针铁矿。针铁矿是铁的氢氧化物，其化学成分为 α-FeO（OH），属于斜方晶系，具有链状结构。针铁矿在自然界中分布很广，多为含铁矿物氧化水解的产物。

1. X 射线粉晶衍射分析中的针铁矿

将不同颜色逊克玛瑙 X 射线粉晶衍射图谱再次局部放大（图 3-2-7），发现在深红色、金红色和金黄色玛瑙样品谱图中，d=2.55Å 和 d=2.66Å 处的弱峰与针铁矿物相匹配，在 d=3.72Å 处的非常微弱峰与赤铁矿物相匹配，说明赤铁矿含量大大少于针铁矿，属于微量矿物。

酒黄色、淡黄色和白色样品可能由于致色矿物含量太少，低于 XRD 测试的最低限，在该处无特征的针铁矿和赤铁矿衍射峰出现。

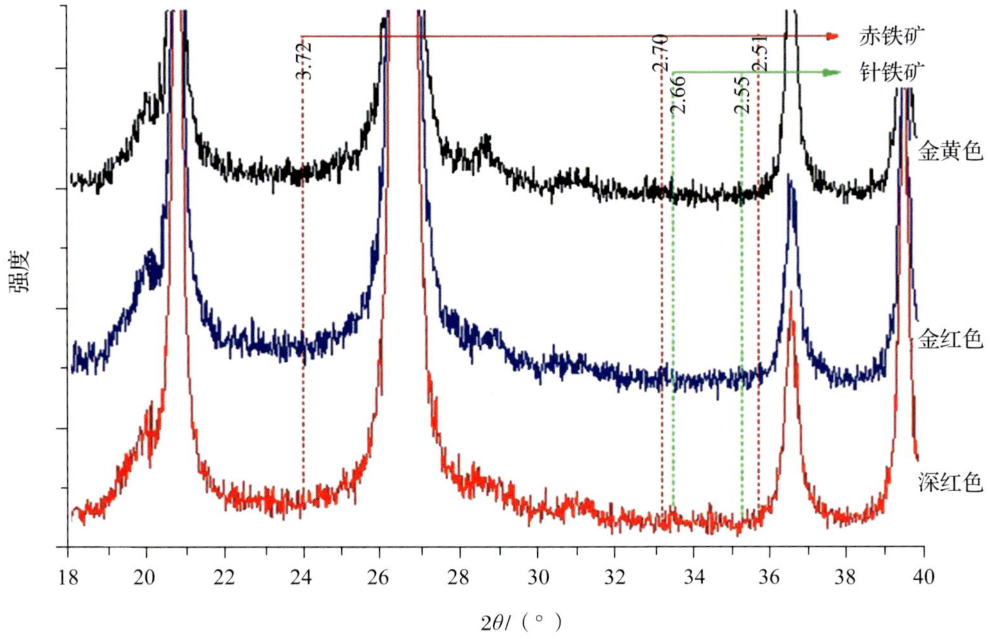

图 3-2-7 逊克玛瑙 X 射线粉晶衍射图谱中的针铁矿峰

2. 拉曼光谱中的针铁矿

将不同颜色逊克玛瑙拉曼光谱图 3-2-5 局部放大得到图 3-2-8，从图中可以看出，在深红色、金红色、金黄色和酒黄色样品中出现的 $242cm^{-1}$、$298cm^{-1}$、$396cm^{-1}$、$416cm^{-1}$、

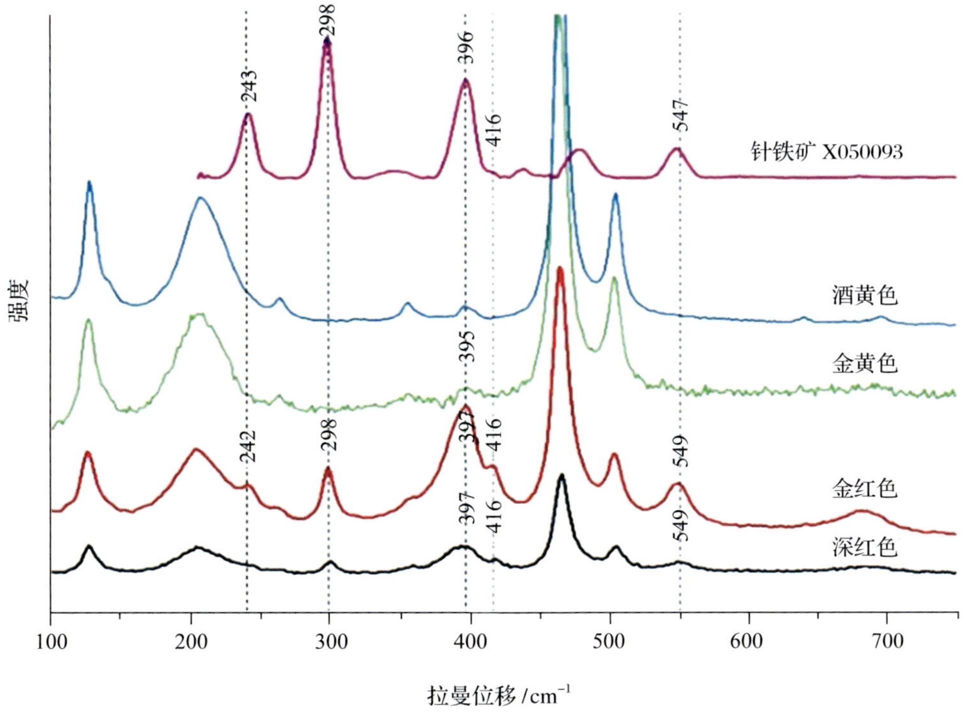

图 3-2-8 逊克玛瑙拉曼光谱图中的针铁矿峰

精品挂件《高情厚谊》

（周立祥作品，据孙敏，2016）

549cm^{-1}附近的特征拉曼峰，与RRUFF拉曼数据库中编号为X050093的针铁矿物相相匹配，并且在红色样品中的这些峰值要高于黄色样品，说明红色样品中针铁矿的含量高于黄色样品。淡黄色和白色样品中未检测到针铁矿的谱峰，可能是其中的针铁矿含量低于拉曼光谱检出限的缘故。

三、逊克玛瑙中的水

玛瑙中通常存在一定量的吸附水（H_2O）和结构水（−OH），在加热过程中可以发生脱水并引起热重的变化。吸附水是以中性水分子的形态吸附于玛瑙矿物颗粒表面或者孔隙中，其数量不固定，不参与晶格的构成；而结构水则以离子形式参与构成玛瑙晶体的结构，有着一定的含量比。

选取典型的逊克玛瑙进行差热分析测试，本次测试在北京大学分析测试中心差热实验室进行，使用的是美国TA公司Q600 SDT型热重差热同步测定仪，测试条件：温度范围从室温至900℃，升温速率：10℃/min，气体氛围为氮气。

测试结果如图3-2-9所示，可以发现，在逊克玛瑙中，自由水的含量约为0.3%，以$Si(OH)_4$形式存在的结构水含量约1.2%。

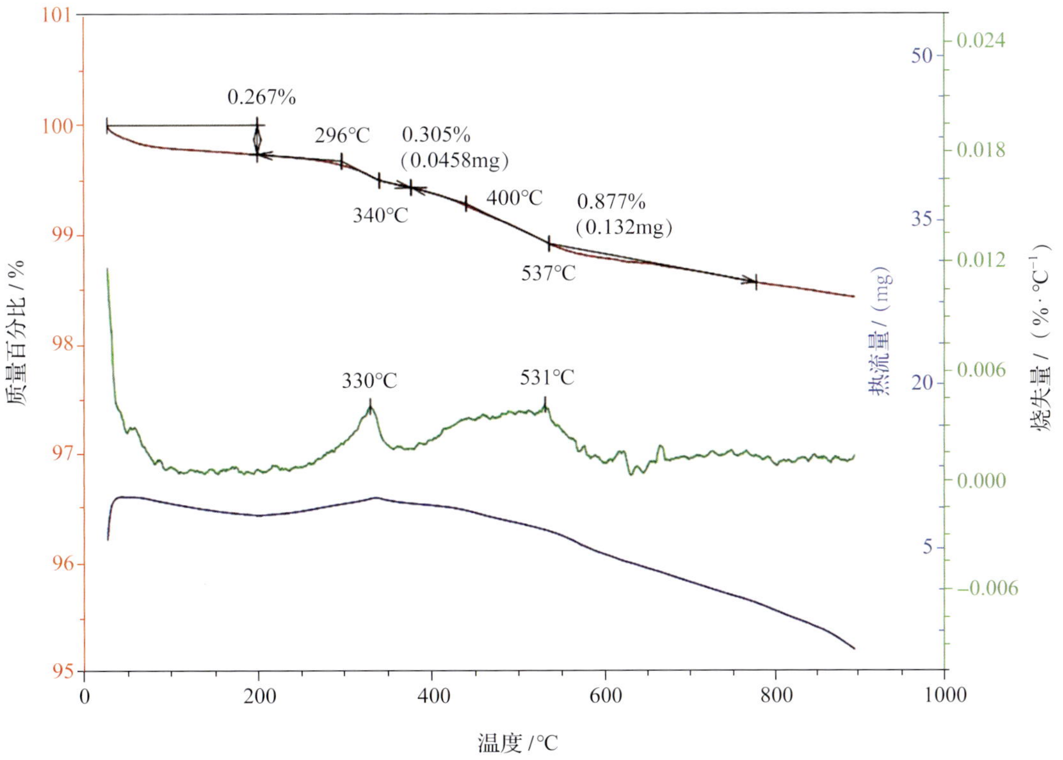

图3-2-9 逊克玛瑙差热分析

【章结语】

综合使用宝石显微镜、红外光谱、偏光显微镜、X射线粉晶衍射分析、拉曼光谱、差热分析等测试方法对逊克玛瑙进行测试，结果显示，逊克玛瑙的主要矿物组成为α－石英，次要矿物组成为斜硅石和针铁矿。拉曼光谱中，斜硅石与α－石英特征峰面积比值（A_{501}/A_{463}）可以用来表征斜硅石与α－石英的相对含量多少，逊克玛瑙A_{501}/A_{463}范围为0.15~0.36，通过对不同品种石英质玉石A_{501}/A_{463}的测试，其结果为石英质玉石的产地区分提供依据。逊克玛瑙中的自由水含量约为0.3%，以$Si(OH)_4$形式存在的结构水含量约1.2%。

第四章

逊克玛瑙颜色成因

逊克玛瑙雕件

（缘石玛瑙工艺厂供图）

逊克玛瑙雕件

（逊克县鄂伦春民族博物馆供图）

玛瑙的颜色主要由矿物包裹体颜色和矿物所含致色离子两个因素决定。为方便了解两种致色机理的区别，可以将玛瑙想象成一个透明的盒子，颜色、大小不一的玻璃球代表不同的矿物包裹体，选择性地将玻璃球放置到透明盒子中，能够发现最终盒子呈现出来的颜色其实是由玻璃球的颜色、大小及排布方式共同决定的，玛瑙的矿物包裹体致色同理；在理解离子致色时，可以将这些不同的致色离子想象为不同颜色的橡皮泥，将橡皮泥按不同颜色和比例混合在一起时，最终呈现的颜色也会有所不同，部分玛瑙的颜色就是由这些不同的致色离子共同作用产生的。

逊克玛瑙的主要颜色为深浅不同的红色和黄色，少数为黑色，极少数为绿色和紫色，并多有不同颜色的条带或图案共存现象，许多玛瑙原石还带有白色、黄色、黑色或绿色的皮色。为了探究逊克玛瑙的致色机理，本章将利用全岩化学分析、紫外—可见光吸收光谱、微区拉曼光谱和电子探针等测试方法，并结合逊克玛瑙的显微观察和矿物组成，进一步探讨逊克玛瑙的颜色成因。

第一节　红色和黄色成因

鲜红似火，醇厚若美酒，红色是中华民族最喜爱的颜色，代表着喜庆与祥和，红色逊克玛瑙自然也成了逊克玛瑙中最受欢迎的佳品。金黄似锦，灿若暖阳，黄色是中国古代最为尊贵的颜色，代表着丰收与希望，黄色玛瑙在逊克玛瑙中也占有很大的比例，逊克玛瑙中的"中国红"究竟从何而来？这抹"尊贵的黄"又是怎样产生的呢？本节选取具有典型特征的样品，进行相关实验研究，对逊克玛瑙红色和黄色的来源一探究竟。

一、全岩化学分析

化学成分是决定宝玉石颜色的基本因素。逊克玛瑙既有着石英质玉石共同的化学成分，又存在自己的独特之处。全岩化学分析也称岩石化学全分析，是测定宝玉石化学成分的一种有效手段，主要针对化学成分均一的待分析样品开展实验。前述所选逊克玛瑙样品已经按照颜色均一的标准去选择，符合全岩化学分析测试要求，因此，采用全岩化学分析的办法来测定逊克玛瑙最常见的深红、金红、金黄、酒黄、淡黄和白色样品的化学成分，进一步对其主量元素中的致色元素进行对比分析。

本书使用中国地质大学（北京）科学研究院元素地球化学实验室配备的美国利曼公司（LEEMAN LABS.INC）Prodigy 型等离子发射光谱仪 (ICP−OES) 进行元素质量分数测定，不同颜色逊克玛瑙样品化学全分析的结果见表 4−1−1。

表 4−1−1　不同颜色逊克玛瑙样品的主量元素质量分数

单位：%

样品	深红色	金红色	金黄色	酒黄色	淡黄色	白色
SiO_2	97.27	97.01	97.45	97.48	97.32	97.56
TiO_2	0.00	0.00	0.00	0.00	0.02	0.00
Al_2O_3	0.05	0.04	0.05	0.09	0.11	0.03
TFe_2O_3	0.12	0.17	0.07	0.06	0.09	0.02
MnO	0.00	0.00	0.00	0.00	0.00	0.00
MgO	0.01	0.01	0.01	0.02	0.01	0.01
CaO	0.00	0.09	0.06	0.05	0.15	0.15
Na_2O	0.01	0.01	0.02	0.02	0.01	0.01
K_2O	0.02	0.02	0.01	0.03	0.02	0.02
P_2O_5	0.00	0.00	0.00	0.00	0.00	0.00
烧失量	1.55	1.67	1.36	1.27	1.29	1.29
总计	99.02	99.03	99.02	99.02	99.03	99.03

实验结果表明，逊克玛瑙的主要化学组成为 SiO_2，约占 97%，整体上随着深红色—白色样品红色调的不断减少，总铁含量也依次减少，从深红色的 0.12%、金红色的 0.17% 降低至黄色调为主的金黄色的 0.07%、酒黄色的 0.06%、淡黄色的 0.09%，而作为参考对比的白色样品的总铁含量仅有 0.02%，即红色逊克玛瑙平均的铁含量＞黄色逊克玛瑙的平均铁含量＞白色逊克玛瑙中的铁含量，其他过渡金属元素如锰元素含量低于检出限，由此可以说明 Fe 是逊克玛瑙红色和黄色的主要形成原因。

二、紫外—可见光吸收光谱

紫外—可见光吸收光谱是宝石学领域中分析宝玉石颜色成因的重要手段，为了确定逊克玛瑙的颜色特征，针对前述不同颜色逊克玛瑙抛光块样品进一步开展了紫外—可见光吸收光谱的测试研究。

实验地点为中国地质大学（北京）珠宝学院宝石研究实验室，测试仪器为岛津 UV-3000 型紫外—可见光分光光度计，采用反射法测量，波长范围 200~800nm，高速扫描模式，采样间隔 0.1。为方便分析不同颜色样品的紫外—可见光光谱的变化情况，针对所测得的紫外—可见光光谱进行了一阶导数谱的分析，不同颜色逊克玛瑙样品的紫外—可见光光谱及其一阶导数谱如图 4-1-1 所示。

除了白色之外，另外 5 种颜色逊克玛瑙样品中的 470~476nm 强吸收对应针铁矿中 Fe^{3+} 的 $^6A_1 \rightarrow 2(^4T_1)(4G)$ 跃迁模式，663~665nm 吸收峰对应针铁矿中 Fe^{3+} 的 $2(^6A_1) \rightarrow {}^4T_2(4G)$ 及赤铁矿中 Fe^{3+} 的 $^6A_1 \rightarrow {}^4T_2$ 跃迁模式，216~228nm 及 256~273nm 处弱的肩峰及强主峰吸收，归属于针铁矿与赤铁矿中 O^{2-} 与 Fe^{3+} 之间的电荷转移。此外，深红色、金红色的逊克玛瑙中 359nm 强吸收峰属于针铁矿中 Fe^{3+} 的 $^6A_1 \rightarrow {}^4E$ 跃迁；深红色、金红色和金黄色逊克玛瑙样品中位于 410~417nm 处的吸收峰推测可能是同时存在针铁矿及赤铁矿致色矿物的原因；金黄色逊克玛瑙中 318nm 处非常弱的吸收峰归属于赤铁矿中 Fe^{3+} 的 $^6A_1 \rightarrow {}^4T_1$ 跃迁；金黄色、酒黄色的逊克玛瑙中 371nm 吸收峰归属于赤铁矿中 Fe^{3+} 的 $^6A_1 \rightarrow {}^4E$ 跃迁模式，其中 371nm 处的吸收峰在金黄色逊克玛瑙中的强度比酒黄色逊克玛瑙中的强；淡黄色逊克玛瑙中 396nm 处的强吸收峰则与赤铁矿中 Fe^{3+} 的 $^6A_1 \rightarrow {}^4T_2$ 跃迁有关；而白色逊克玛瑙样品则不显示以上的 Fe^{3+} 吸收峰。

由此可知，红色和黄色逊克玛瑙的紫外—可见吸收光谱为针铁矿和赤铁矿吸收光谱组合而成，其中，针铁矿的吸收谱线占据主要地位，赤铁矿的吸收谱线次之，说明红色和黄

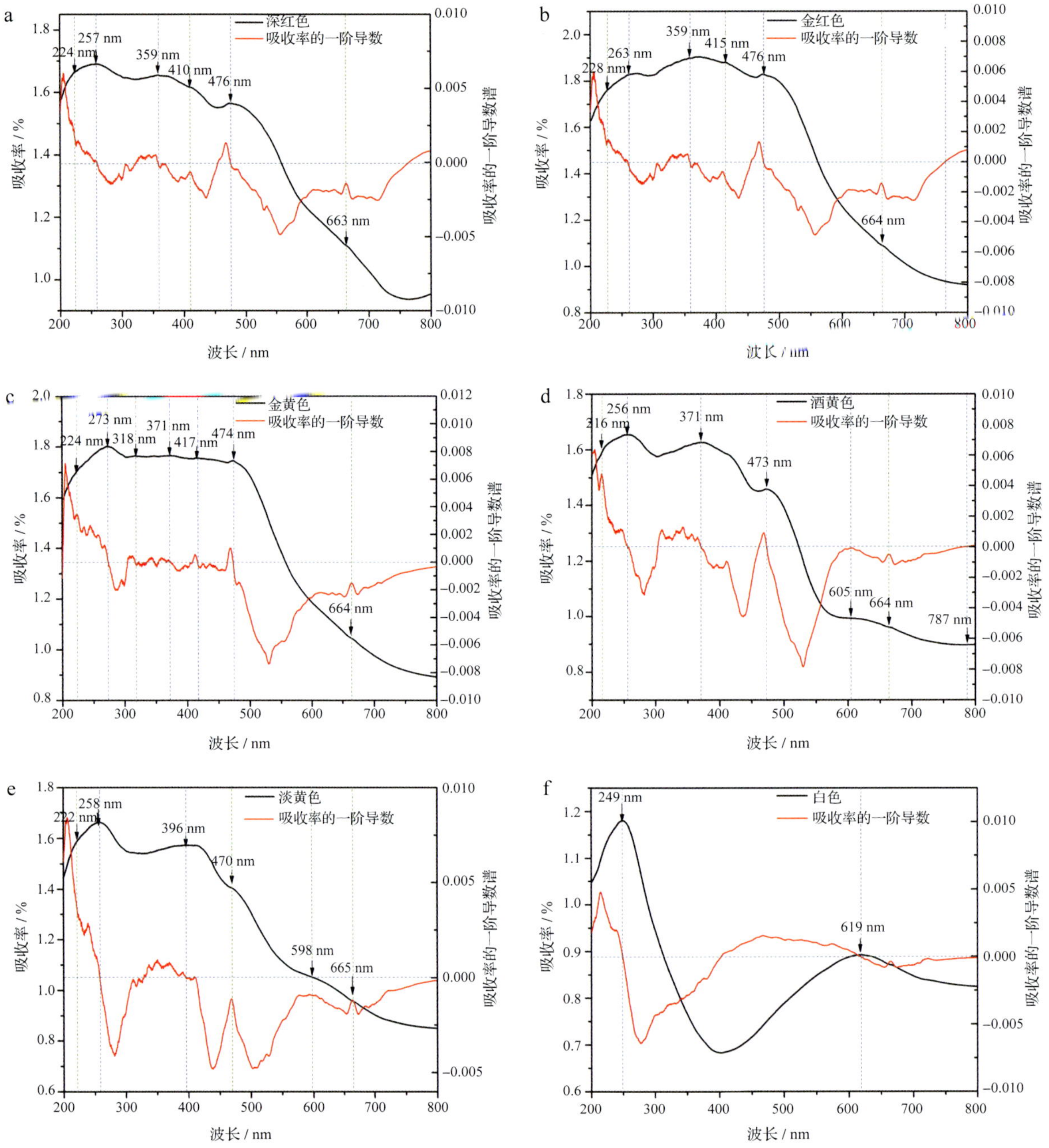

图 4-1-1 不同颜色逊克玛瑙样品紫外—可见光吸收光谱和一阶导数谱

（鲁智云供图）

色逊克玛瑙中的致色矿物主要为针铁矿和微量的赤铁矿，针铁矿和微量赤铁矿的含量越高，逊克玛瑙的外观颜色红色调越明显。

三、微区拉曼光谱

根据前述偏光显微镜下观察、X 射线粉晶衍射分析、拉曼光谱、全岩化学分析及紫外—可见光吸收光谱的相关测试结果，已基本得知逊克玛瑙的红色和黄色与其内部所包含的含铁矿物（主要是针铁矿包裹体）密切相关，其中深红色样品 X 射线粉晶衍射分析中还显示有赤铁矿的存在。为了进一步确认这一结论，针对深红色、金红色和金黄色逊克玛瑙样品中的橙红色、橙黄色和黄色条带状、浸染状、点状部分再次进行了微区拉曼测试，测试结果见图 4-1-2。

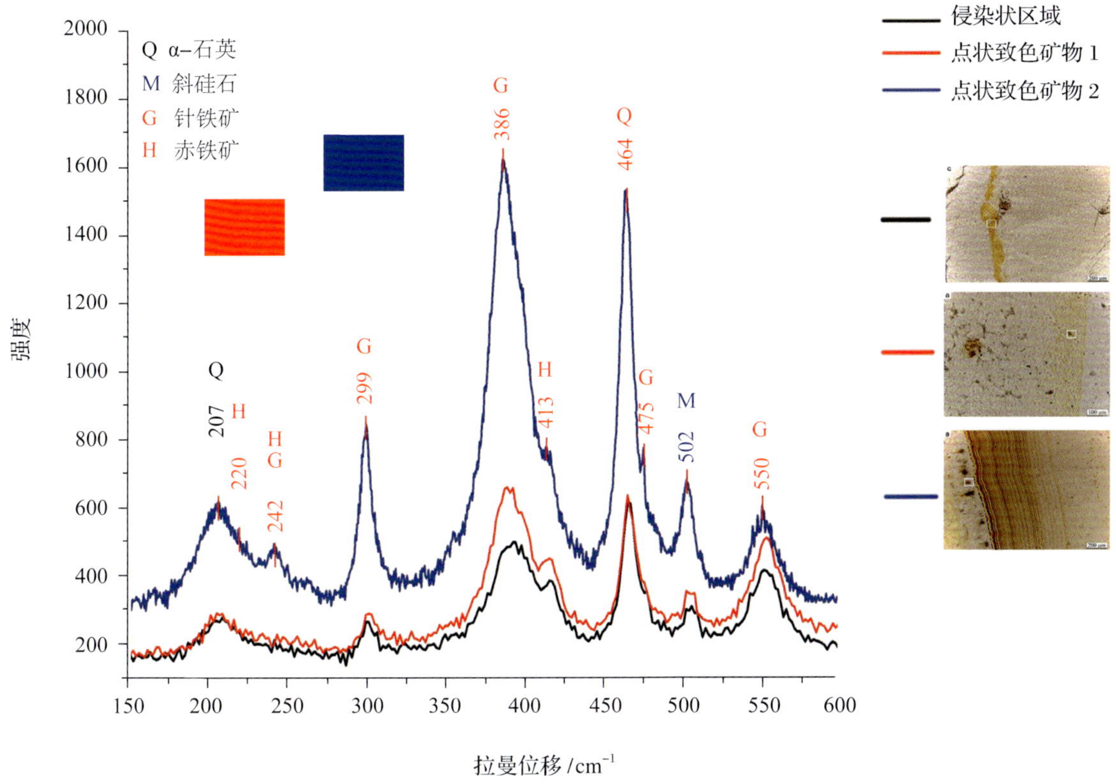

图 4-1-2 逊克玛瑙样品微区拉曼光谱

（据鲁智云，2019）

从图 4-1-2 中可以看出，逊克玛瑙中点状致色矿物与浸染状分布的黄色位置的拉曼光谱基本一致。除了 α-石英与斜硅石的特征振动峰之外，在 242cm^{-1}、298cm^{-1}、396cm^{-1}、416cm^{-1}、549cm^{-1} 附近都具有特征的拉曼谱峰，符合针铁矿的典型拉曼特征峰；而 220cm^{-1}、242cm^{-1}、413 cm^{-1} 处的振动峰归属于赤铁矿，但赤铁矿振动峰的强度远小于针铁矿的振动峰，说明逊克玛瑙的致色矿物主要为针铁矿，同时还会存在少量的赤铁矿。

四、电子探针

为进一步确定逊克玛瑙的致色矿物，选取典型的带白皮红色逊克玛瑙样品运用电子探针进行微区化学成分的分析。测试地点位于中国地质科学院矿产资源研究所电子探针实验室，仪器设备为 JXA—8800 电子探针仪，测试条件为电压：15kV，电流：7mA，束斑：1μm。

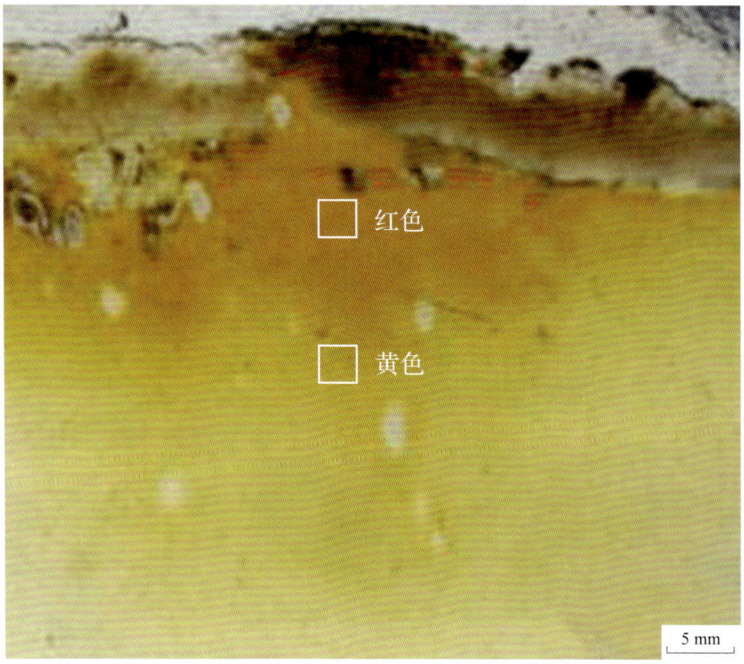

图 4-1-3　白皮红色玛瑙样品电子探针测试点位置

在电子探针显微镜下分别选取逊克玛瑙样品的红色与黄色区域（图 4-1-3）进行电子探针测试，测试结果见表 4-1-2。由表 4-1-2 可知，SiO_2 是逊克玛瑙的主要化学组成，质量分数可达 98%~99%，红色区域相比黄色区域的 FeO 含量（0.25%）稍高，为 0.93%，据此可判断逊克玛瑙的红色主要由铁的氧化物所致。

表 4-1-2　白皮红色玛瑙样品电子探针测试结果

单位：%

成分	黄色区域	红色区域
SiO_2	99.18	98.68
Na_2O	0.16	0.31
MgO	0.02	0.00
Al_2O_3	0.16	0.08
F	0.00	0.00
K_2O	0.07	0.08
CaO	0.08	0.07
P_2O_5	0.03	0.00
FeO	0.25	0.93
MnO	0.01	0.00
TiO_2	0.08	0.02
NiO	0.00	0.06
Cr_2O_3	0.18	0.10
Cl	0.01	0.04
La_2O_3	0.00	0.06
Ce_2O_3	0.10	0.00
合计	100.33	100.43

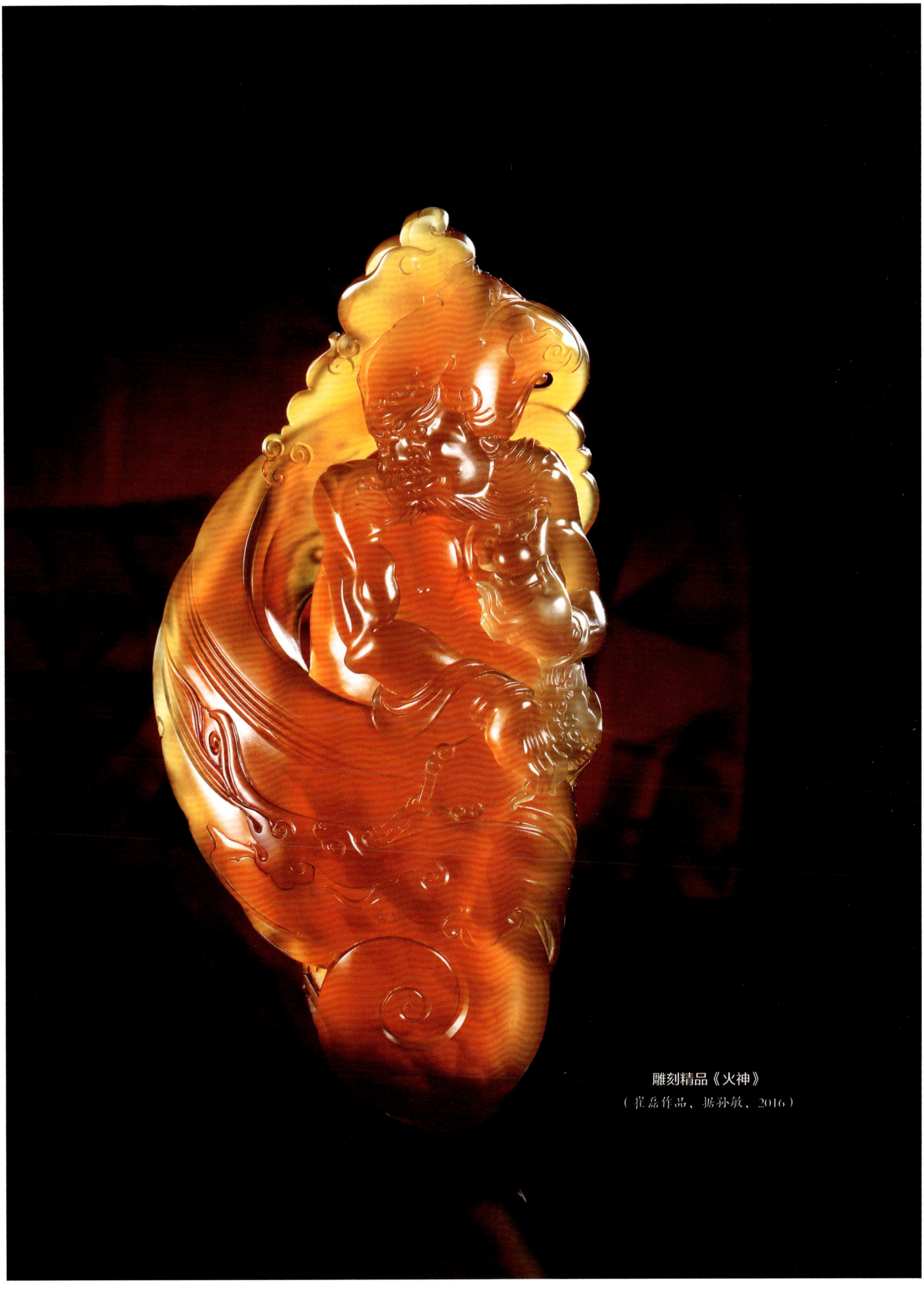

雕刻精品《火神》

（崔磊作品，据孙敏，2016）

第二节 黑色成因

黑色，有着含蓄里极致的内敛、沉稳中彰显的大气、低调外跃动的气场……虽然黑色玛瑙在逊克玛瑙中只占少数，但那神秘的黑色从何而来？本节选取典型的黑色逊克玛瑙进行相关实验研究，探寻黑色的成因。

一、偏光显微镜

将典型的黑色逊克玛瑙样品（图 4-2-1）磨制成光薄片，并使用中国地质大学（北京）珠宝学院宝石研究实验室奥林巴斯 BX51 型偏光显微镜，对黑色区域进行观察，观察结果如图 4-2-2 所示。

图 4-2-1 黑色逊克玛瑙
（王婧雯供图）

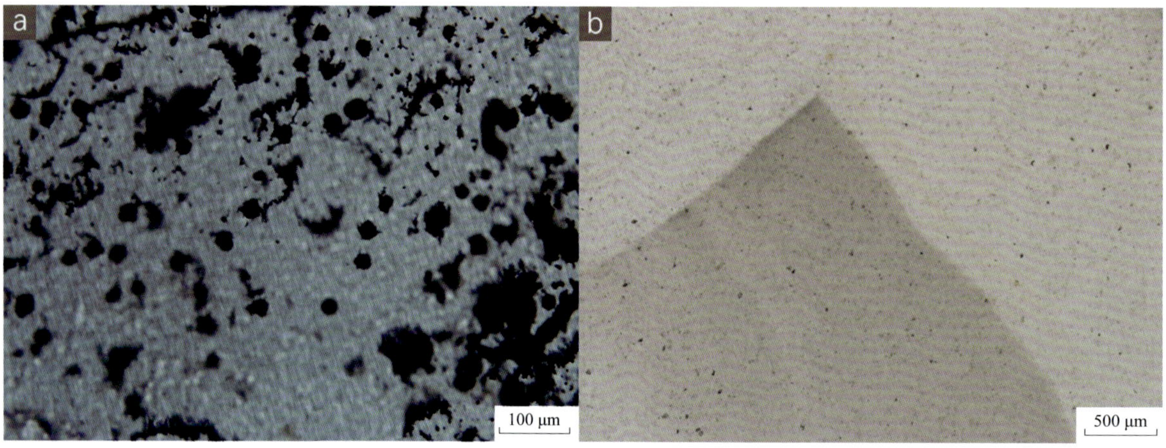

图 4-2-2 两种不同类型的黑色包裹体（单偏光）
（据鲁智云，2016）

从图中可以看到，黑色逊克玛瑙中存在着两种类型的黑色包裹体：一种是呈粒状、片状分布的黑色包裹体（图 4–2–2a），粒状的黑色包裹体直径 10~20 μm，片状的黑色包裹体大小约 50 μm；另外一种是点尘状的黑色包裹体（图 4–2–2b），包裹体直径约 1 μm。

二、电子探针

针对黑色逊克玛瑙中两种不同类型的黑色包裹体进行电子探针测试，测试位置如图 4–2–3，测试结果见表 4–2–1。从表中可知，4 号测试点位置所示的黑色粒状、片状包裹体的主要化学组成为 SiO_2，稀土氧化物 Ce_2O_3、La_2O_3，还含有少量的 Al、F、P、Fe 元素；而 1 号测试点位置的点尘状包裹体电子探针总质量分数约为 25%，这说明该区域的主要化学成分不在电子探针的分析元素范围内，推测可能是碳元素，因此，初步将点尘状的

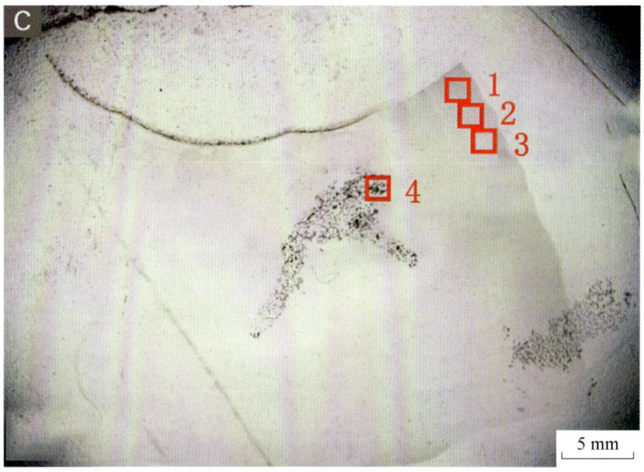

图 4–2–3 黑色逊克玛瑙电子探针测试点位置
（据鲁智云，2016）

表 4–2–1 电子探针测试结果

单位：%

测试点	1	2	3	4
SiO_2	17.16	25.79	11.03	35.10
Na_2O	0.09	0.41	0.18	0.24
MgO	0.00	0.07	0.02	0.20
Al_2O_3	0.26	0.89	0.32	2.37
F	0.17	0.22	0.20	4.70
K_2O	0.07	0.23	0.11	0.42
CaO	0.11	0.34	0.12	0.63
P_2O_5	0.28	0.46	0.25	0.90
FeO	0.01	0.05	0.00	0.41
MnO	0.00	0.00	0.00	0.01
TiO_2	0.12	0.11	0.00	0.00
NiO	0.05	0.00	0.00	0.06
Cr_2O_3	0.36	0.50	0.26	1.86
Cl	0.01	0.02	0.01	0.00
La_2O_3	0.75	0.65	0.32	16.75
Ce_2O_3	5.51	26.53	5.75	34.17
合计	24.93	56.26	18.55	97.83

精品挂件《思》
（高俊华作品，北京博观拍卖有限公司供图）

黑色包裹体推测为炭质杂质为主，同时含有部分 SiO_2 和少量 Ce_2O_3 的物质。综上可以断定，黑色逊克玛瑙中出现的两种不同大小的黑色包裹体成分并不一致。

三、X 射线粉晶衍射

将黑色的逊克玛瑙样品磨成 320 目细度的粉末，在中国地质大学（北京）粉晶 X 衍射实验室进行了 X 射线粉晶衍射分析，X 射线粉晶衍射仪为日本理学株式会社制造的 Smart Lab 系列 Y-2000。测试条件：铜靶射线，石墨单色器，电压：40kV，电流：100mA；连续扫描，速度 8°/min，得到如下衍射图谱（图 4-2-4）。测试结果显示，除了 SiO_2 的衍射峰外，还有 $Mn_3Fe_2(SeO_3)_6$ 的衍射峰，说明在黑色逊克玛瑙中还有含锰矿物的存在。

综上所述，根据相关测试结果分析推测，黑色玛瑙的致色成因类型应当有 3 种：一种为 SiO_2、稀土氧化物 Ce_2O_3、La_2O_3 为主要化学成分的直径 10~20μm 的粒状、片状黑色包裹体；一种是碳元素质量分数为占 75%，同时含有部分 SiO_2 和少量稀土氧化物 Ce_2O_3 的点尘状黑色包裹体；另外还有一种可能为内部含锰矿物 $Mn_3Fe_2(SeO_3)_6$。

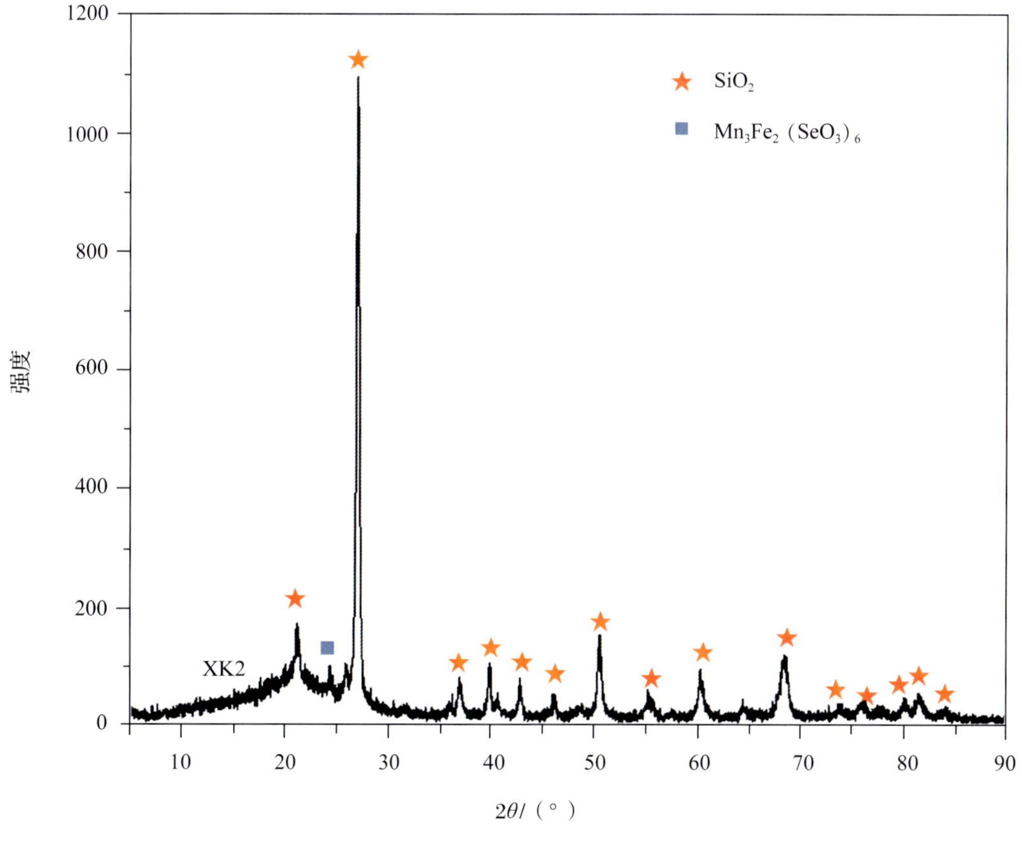

图 4-2-4　黑色逊克玛瑙的 X 射线粉晶衍射图谱

（据李淏，2022）

第三节　绿色成因

春和景明，绿意盎然，绿色是最有活力的颜色，代表着生机与宁静。绿色在逊克玛瑙中极为少见，截至目前，在逊克所发现的绿色玛瑙有两种类型：一种是通体呈绿色但颜色分布不均匀的玛瑙（图4-3-1）；另一种是被绿皮包裹的玛瑙（图4-3-2）。为探究逊克玛瑙中的“清新嫩绿”从何而来，本节选取典型的绿色逊克玛瑙样品分别开展了显微观察、拉曼光谱和X射线粉晶衍射分析实验，对逊克玛瑙中的绿色成因进行了分析研究。

图4-3-1　绿色逊克玛瑙
（据周子钰，2019）

图4-3-2　绿皮逊克玛瑙
（胡燕供图）

一、偏光显微镜

将绿色逊克玛瑙代表性区域磨制成光薄片，并使用中国地质大学（北京）珠宝学院宝石研究实验室奥林巴斯 BX51 型偏光显微镜，对绿色区域进行详细观察，在单偏光下观察到的绿色玛瑙显微特征如图 4-3-3 所示。

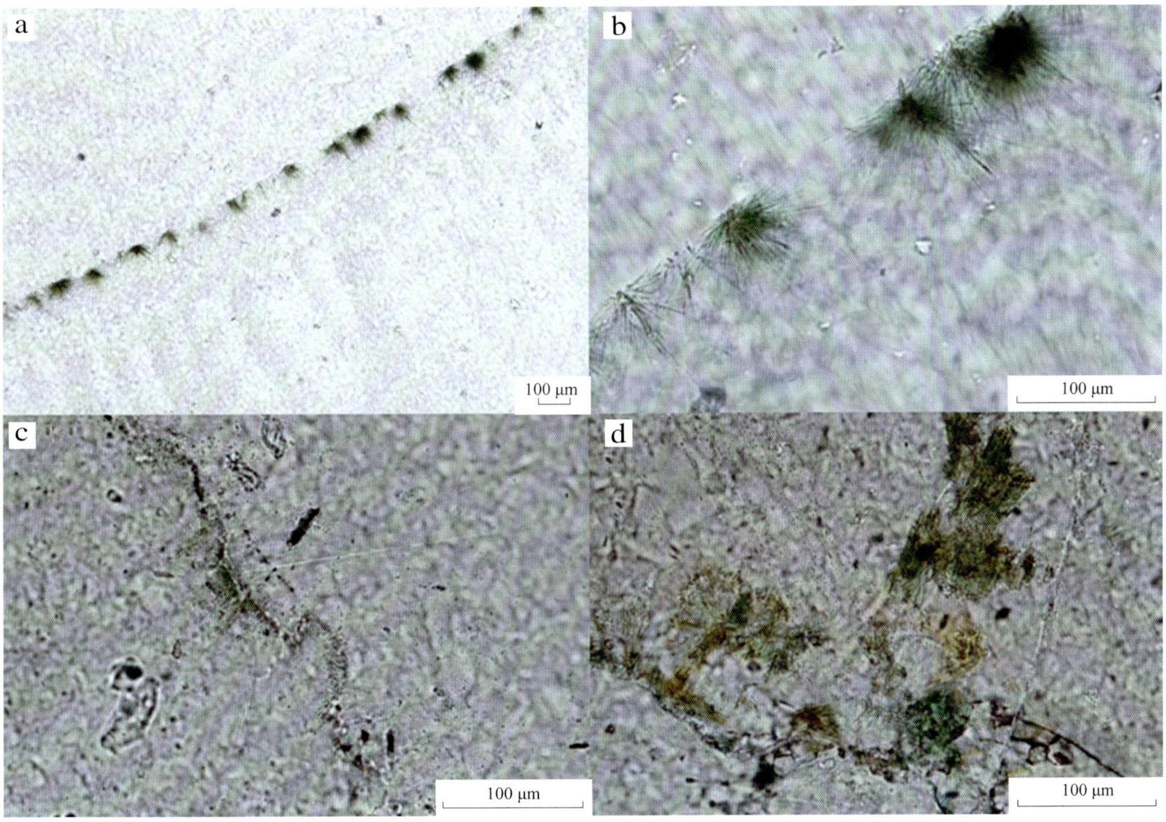

图 4-3-3 绿色逊克玛瑙单偏光下显微特征
（据周子钰，2019）

绿色逊克玛瑙区域内绿色主要有两种分布状态：①呈线状分布，高倍放大后确定为特殊深绿色放射状矿物包裹体呈团簇状连续分布（图 4-3-3a，b），推测是由于绿泥石与玛瑙同生并相互浸染而形成愈合裂隙，在偏光显微镜下显示为放射状结构；②表层绿色矿物以点状、块状和斑状形式出现（图 4-3-3c，d）。通过与不同绿色矿物晶体光学特征进行比对，可以初步推测绿色逊克玛瑙中的致色矿物为绿泥石，表层绿泥石矿物为典型的次生生长状态。

二、拉曼光谱

针对逊克玛瑙样品中的绿色簇状、短纤维状区域，在中国地质大学（北京）珠宝学院宝石研究实验室进行拉曼光谱测试。拉曼光谱仪为日本 HORIBA 公司生产的 HR Evolution 型激光拉曼光谱仪，激发光源波长 532nm，分辨率 $1cm^{-1}$，激光功率 30~40mW，扫描 3 次，单次积分时间 10s，测试结果如图 4-3-4。

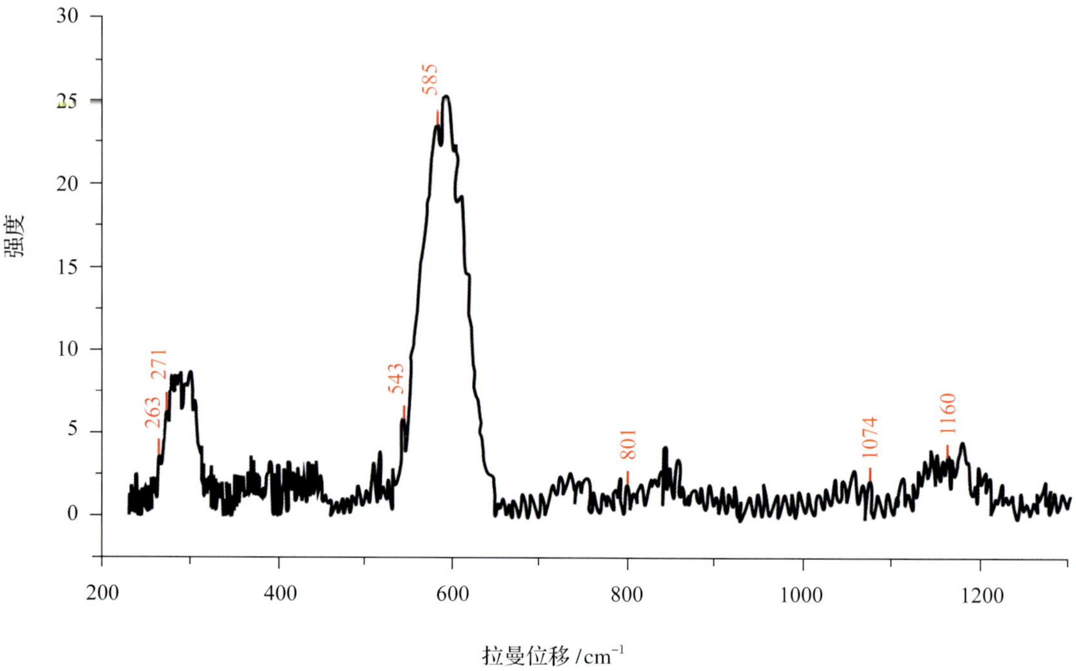

图 4-3-4　逊克玛瑙与黑硬绿泥石拉曼谱峰对比
（据周子钰，2019）

拉曼光谱测试显示，绿色簇状、短纤维状矿物的拉曼光谱图显示存在 $263cm^{-1}$、$543cm^{-1}$、$585cm^{-1}$ 和 $1160cm^{-1}$ 的特征峰，与黑硬绿泥石的拉曼谱峰相匹配。通常 SiO_2 结晶顺序的不同导致玛瑙的多期次生长，绿泥石则是多期次生长中期愈合裂隙的产物。黑硬绿泥石是绿泥石的一种，为层状结构硅酸盐矿物，晶体常呈现板状，集合体常为放射状或者类似束状，与显微镜下观察到的现象一致。因此，可以说明，绿色逊克玛瑙中存在绿泥石致色矿物。

三、X 射线粉晶衍射

针对表皮呈绿色的逊克玛瑙，将绿皮部分磨成 320 目细度的粉末，在中国地质大学（北京）粉晶 X 衍射实验室进行 X 射线粉晶衍射分析。X 射线粉晶衍射仪为布鲁克 PHASER 型，实验条件为铜靶，电压：30kV；电流：10mA；扫描方式：步进扫描；速度：1s/ 步长，2θ：3°~70°；数据库采用国际衍射数据中心 PDF-2004 版，衍射图谱见图 4-3-5。

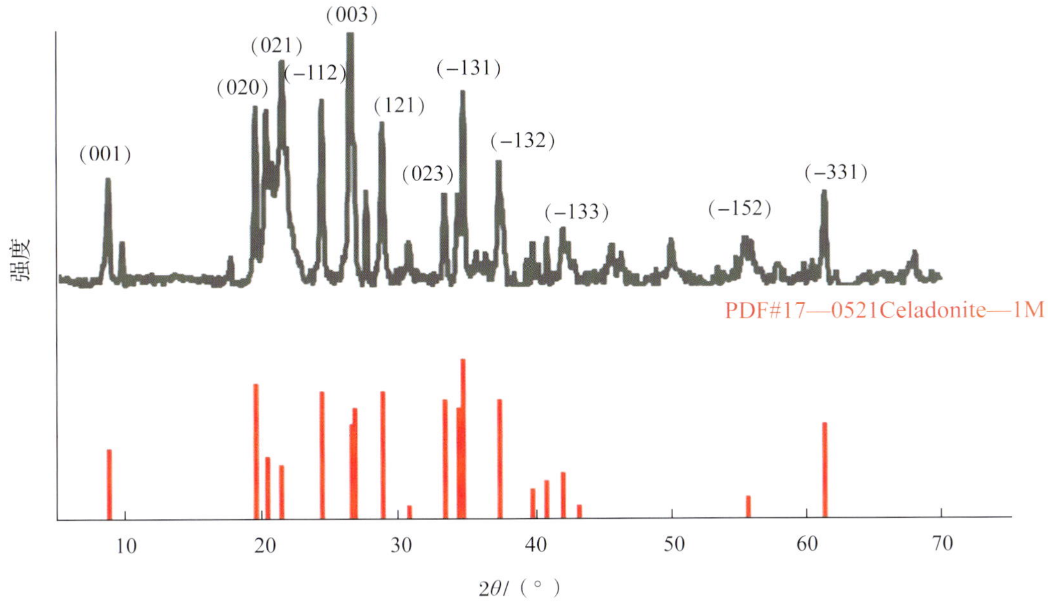

图 4-3-5 逊克玛瑙绿皮与绿鳞石 X 射线粉晶衍射谱峰对比

（胡燕供图）

X 射线粉晶衍射分析测试结果显示，逊克绿皮玛瑙样品在面网间距 d=9.97、4.53、4.14、3.64、3.32、3.09、2.67、2.678、2.58、2.148、1.65、1.509Å 处的衍射峰与绿鳞石物相相匹配。逊克玛瑙主要产于火山喷出岩，少量产于沉积岩。绿鳞石属硅酸盐类矿物，多充填于火成岩的气孔中，为岩浆冷却时经低温热液作用后的产物，常以杏仁状孔隙填充的方式，多以细粒状、颗粒状浸染到与其共生的矿物中，可以推断逊克玛瑙的绿皮由绿鳞石矿物浸染所致。

精品雕件《荷花观音》

（王平作品，据孙敏，2016）

第四节　紫色成因

高贵神秘，古老兼时尚，紫色是中华民族最神秘的颜色，代表着神圣和尊贵。紫色素有“紫气东来”的美誉，代表着吉祥和美好。紫色逊克玛瑙虽然名声不如其他品种响亮，但是其独有的神秘感，也使它成为令人追捧的颜色之一。紫色玛瑙作为玛瑙下石中一抹亮眼的颜色，在逊克玛瑙中所占的比例并不多。那么这抹高贵且神秘的紫色从何而来？又是如何产生的呢？本节选取深浅不同的典型紫色样品（图 4-4-1），采用显微 X 射线荧光分析测试手段，对神秘的紫色进行颜色成因分析。

该测试于 HORIBA 前沿应用开发中心（上海）进行，仪器型号为 XGT-9000 微区 X 射线荧光分析仪。测试条件：电压 50kV，扫描时间 180s，毛细管直径 1.2mm，全真空，自动电流模式。测试结果见表 4-4-1 和图 4-4-2。

图 4-4-1　深浅不同的紫色逊克玛瑙样品

（燕洪庆供图）

表 4-4-1　紫色玛瑙样品的 XGT 测试结果

单位：%

元素	较浅部位-1	较深部位-1	较浅部位-2	较深部位-2
Si	98.9344	98.7970	99.6204	99.6277
Ti	0.0329	0.0256	0.0128	0.0107
Mn	0.0174	0.0187	0.0115	0.0186
Fe	0.1164	0.1205	0.0615	0.1008
Rb	0.0099	0.0053	0.0091	0.0097
Cs	0.2269	0.1970	0.1539	0.0195
V	0.0009	0.0000	0.0019	0.0000
Cr	0.0014	0.0000	0.0008	0.0000
Co	0.0135	0.0136	0.0129	0.0073
Ni	0.0211	0.0209	0.0192	0.0235
Cu	0.0243	0.0248	0.0235	0.0178
Zn	0.0246	0.0222	0.0176	0.0155

测试结果显示，紫色玛瑙的 Si 元素百分比可高达 98.7% 以上，并且含有丰富的微量元素，其中 Fe、Ti 和 Mn 元素与紫色呈现出规律性的变化。从浅紫色到深紫色区域，随着颜色加深，Fe 和 Mn 元素的百分比也随之增加，而 Ti 元素的百分比则呈现出降低的趋势，并且 Ti 元素百分比较高的浅紫色区域均带有极微浅蓝色调。因此，逊克玛瑙的紫色主要由 Fe、Ti 和 Mn 元素引起，其中 Ti 元素百分比的降低有助于提高紫色的纯正度。

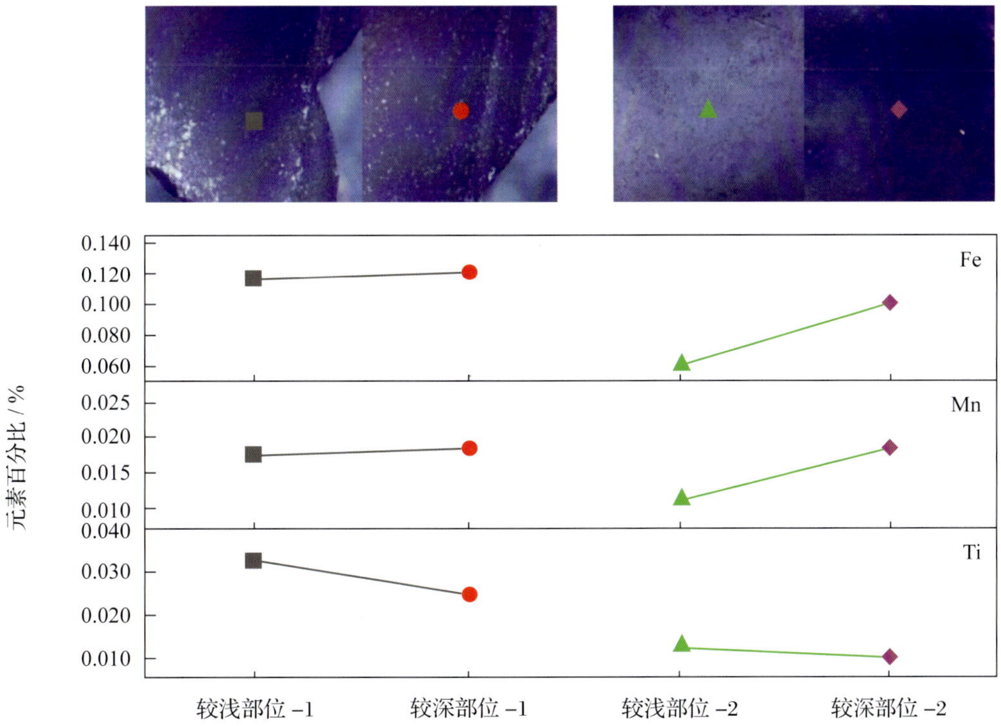

图 4-4-2　紫色逊克玛瑙深浅不同区域致色元素变化趋势

（戴尚展供图）

【章结语】

逊克玛瑙颜色纷繁丰富，红色热烈，黄色华贵，绿色清新，白色淡雅，黑色肃穆，灰色庄重，微量的致色元素和“悄悄潜入”的致色矿物的差异正是解开其绚丽多彩之谜的钥匙。通过一系列测试分析可知，逊克玛瑙的红色、黄色与致色矿物针铁矿和赤铁矿有关，黑色逊克玛瑙的颜色与炭质杂质、含锰矿物及其稀土元素有关；而绿色逊克玛瑙则由黑硬绿泥石致色，绿皮由绿鳞石浸染所致。此外，由于白色、灰色属于非彩色系，故在本章节不进行具体介绍，依据相关实验结果，白色逊克玛瑙内部通常不含致色元素和致色矿物，由纯净的二氧化硅组成；灰色逊克玛瑙多由于其内部结构缺陷或存在极微小的矿物颗粒所致，属于物理结构成因。一石五彩则绚丽灿烂，映天下万物之光彩，聚世间形色于一体，万千颜色倾注其中，逊克玛瑙无疑是自然恩赐，亦为世间瑰宝。

逊克玛瑙山子《女娲补天》
（久鸿玛瑙艺术馆供图）

第五章 逊克玛瑙结构构造

逊克玛瑙原石
（逊克宝山玛瑙博物馆供图）

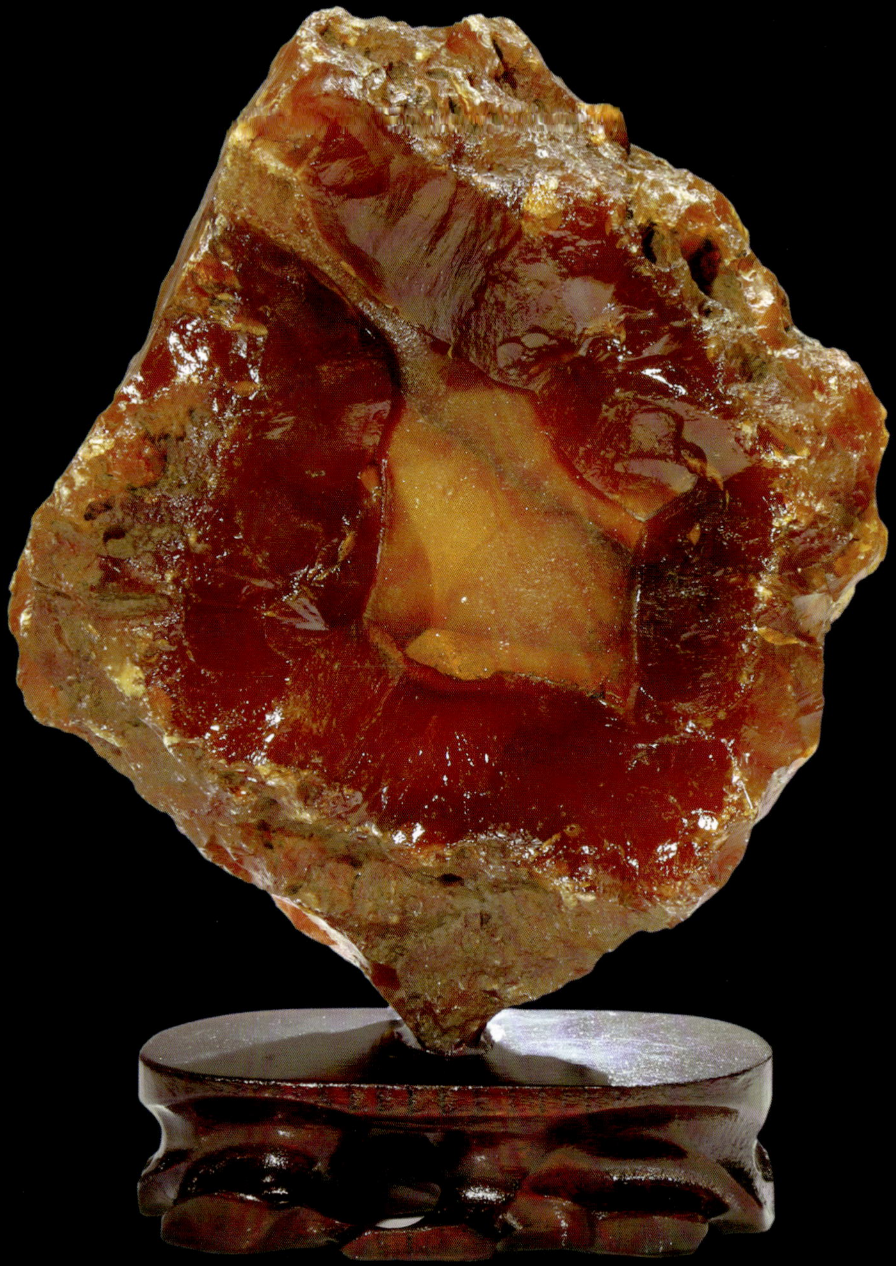

逊克玛瑙原石

（逊克宝山玛瑙博物馆供图）

斑斓的光彩映射精良的构造，简单的成分演绎千变的结构。逊克玛瑙产出于火山碎屑岩和酸性、中性、碱性喷出岩中，其原石或呈块状，或有皮壳，或似葡萄，或呈管柱，抑或与荧荧闪烁的水晶相接而生。逊克玛瑙内部更展现出复杂多变的结构，二氧化硅晶体连缀其间，呈现出如万花筒般的奇妙世界。微观与宏观的对比，实可谓大自然的鬼斧神工。

一石一世界，一景一大千。如何用准确的术语描述逊克玛瑙的万千风姿，用科学的语言解释逊克玛瑙的生长机理？本章通过手标本观察和偏光显微镜观察分析，向读者介绍逊克玛瑙的块状、皮壳状、球状或葡萄状、柱状或管状、条纹状等宏观构造，以及细粒状、纤维状和自形等微观结构，一窥其真。

第一节　逊克玛瑙的构造特征

自然界中大多数岩石都是以矿物集合体的形式出现的，因为单体形态和单体间集合方式的不同，岩石矿物形成了千姿百态的外观。岩石构造是指组成岩石的各部分矿物之间在排列方式、配置与充填方式上所表现出来的特征。玉石是达到宝石级的岩石，其构造无异于此。

作为石英质玉石主要品种之一的逊克玛瑙，由于其形成于距今约1亿年前的玄武岩、安山岩和安山岩的气孔和部分岩石裂隙、空洞中，且产状多样，因此其构造类型也多样。逊克玛瑙一般有块状构造、皮壳状构造、球状或葡萄状构造、柱状或管状构造、条纹状构造、结核构造和水晶芯现象，极少数具有浸染状构造。

一、块状构造

块状构造又称均一构造，是指岩石各部分在成分或结构上都有一致性，表现为均匀块体状，是岩浆岩中最常见、分布最广的一种构造。块状构造中的矿物颗粒有粗大、细小、隐晶质几种，其中隐晶质者称为致密块状。逊克玛瑙原石中石英颗粒大多数为隐晶质，所以多具有致密块状构造（图5-1-1），形状多不规则，但颜色和质地相对均匀一致。

图5-1-1　致密块状逊克玛瑙原石
（逊克宝山玛瑙博物馆供图）

二、皮壳状构造

皮壳状构造是指胶体或细小晶体的矿物集合体形成很薄的壳层，有时因周期性的沉淀常形成多层皮壳，如果两壁对称，则称为对称皮壳状构造。逊克玛瑙原石中常见的皮壳状构造如图 5-1-2 所示，也有一些原石其皮壳可为白色、黄色、红色、黑色、绿色或黑白双层皮色，如图 5-1-3 ～图 5-1-7 所示。

图 5-1-2　石英微晶皮壳逊克玛瑙原石
（逊克宝山玛瑙博物馆供图）

图 5-1-3　褐红色皮壳逊克玛瑙原石
（红瑾阁供图）

图 5-1-4　白色皮壳逊克玛瑙原石
（逊克宝山玛瑙博物馆供图）

图 5-1-5　黄色皮壳逊克玛瑙原石
（逊克宝山玛瑙博物馆供图）

图 5-1-6　绿色皮壳逊克玛瑙原石
（北红玛瑙奇石艺术馆供图）

图 5-1-7　黑白双层皮壳逊克玛瑙原石
（红瑾阁供图）

三、球状或葡萄状构造

球状或葡萄状构造属于胶状构造，其成因是由于在成矿过程中，常发生胶体物质的周期性沉淀，生成平行的同心条带，之后又由于凝胶脱水，发生收缩，形成弯曲，使表面呈球状或葡萄状等形态，而内部依旧保持同心条带状。

在产出的逊克玛瑙原石中，常可见一些大小形状相同或不同的圆形鼓包，内部可呈同心环状，似凝固的"水泡"或"气泡"，因此，当地人称之为"泡子"。这种"泡子"大者可称为球状构造，小者则可称为葡萄状构造，如图 5-1-8~ 图 5-1-11 所示。

图 5-1-8 灰白色球状构造逊克玛瑙原石
（逊克宝山玛瑙博物馆供图）

图 5-1-9 黄色球状构造逊克玛瑙原石
（赵军供图）

图 5-1-10　白皮绿色球状构造逊克玛瑙原石

（阿廷河玛瑙供图）

图 5-1-11　黄色葡萄状构造逊克玛瑙原石

（北红玛瑙奇石艺术馆供图）

四、柱状或管状构造

由于形成条件的变化，某些逊克玛瑙可呈现柱状或管状形态，好似“泡子”长高了似的，其中柱状为实心，有长短之分，可单体或群体产出，群体者可形成簇状作为观赏石应用（图 5-1-12）；管状为空心，内部可有双层圆环状结构，如图 5-1-13 和图 5-1-14 所示。

图 5-1-12　短柱状、长柱状构造逊克玛瑙原石

（赵军供图）

图 5-1-13　逊克玛瑙的管状构造横截面

（逊克宝山玛瑙博物馆供图）

图 5-1-14　逊克玛瑙的管状构造横截面

（燕洪庆供图）

五、条纹状构造

条纹状构造是玛瑙特有的结构构造，有宽窄粗细之分，其中条纹较宽者被称为条带，条纹极细者被称为缠丝。在逊克玛瑙中，绝大多数都其有条带、条纹或缠丝，其中一部分圆形的为环带，有的以结构不同的形式呈现，有的则以颜色不同来展现，如图 5-1-15~ 图 5-1-17 所示。

图 5-1-15　条纹状构造逊克玛瑙原石
（赵军供图）

图 5-1-16　不同形态的条纹状构造逊克玛瑙原石
（天赐源供图）

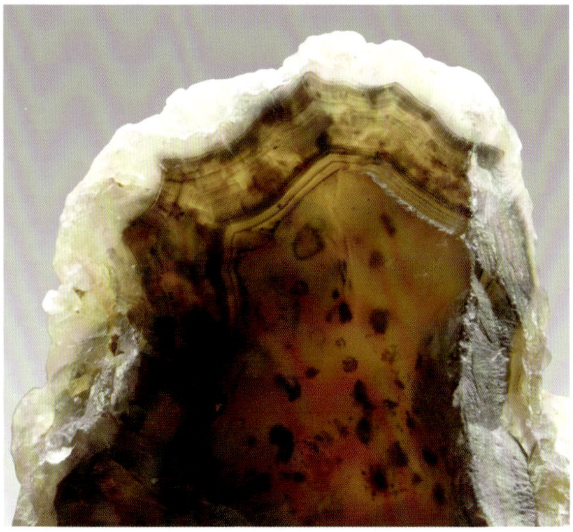

图 5-1-17　不同形态的条纹状构造逊克玛瑙原石
（姚雨薇供图）

六、结核状构造

在某些逊克玛瑙中会见到不透明或半透明结晶核心（图 5-1-18），可称之为结核。这种结核在成分、结构、颜色等方面与周围物质有明显的不同，且与周围物质有明显的界面。逊克玛瑙中的结核体形状从宏观上观察多为圆形，主要由胶体凝聚而成，其内部构造有放射状、同心层状或致密块状。当地人通常会将这种具有结核状构造的玛瑙称为“眼石”，有时同一块玛瑙上会有两个或多个“眼”，如图 5-1-19 所示。

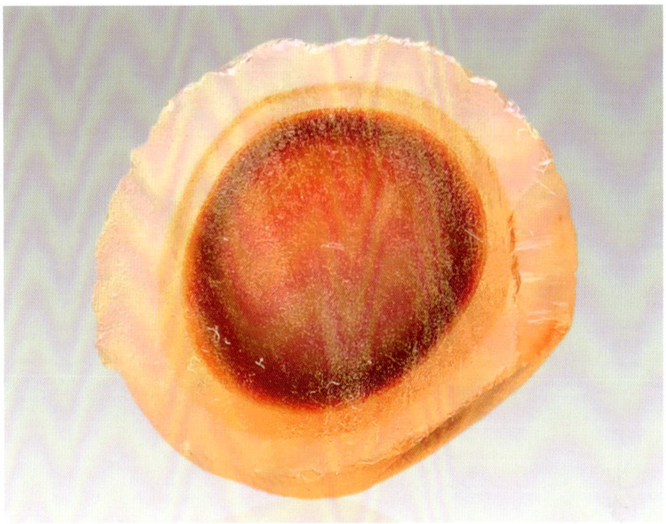

图 5-1-18 “眼石”逊克玛瑙

（宝山玛瑙厂供图）

图 5-1-19 多“眼石”逊克玛瑙

（燕洪庆供图）

七、水晶芯

水晶芯是指玛瑙原石内部存在自形石英晶体的现象，当地人称之为“矾”。逊克玛瑙原石中出现水晶芯的概率比较大，且其中的自形石英晶体的形状、大小、多少各异，如图5-1-20、图5-1-21所示。有些其有条纹或环带的逊克玛瑙原石也会有“矾”的存在，如图5-1-22所示，应当是玛瑙分期次分阶段生长环境不同所致，通常是在球状或不规则形状的岩石空洞中，由胶体或晶质物质自洞壁逐渐向中心层层沉淀充填而成。

图5-1-20　水晶芯逊克玛瑙原石

（北红玛瑙奇石艺术馆供图）

图 5-1-21　水晶芯逊克玛瑙原石
（何雪梅供图）

图 5-1-22　逊克玛瑙条带中的水晶芯
（燕洪庆供图）

八、浸染状构造

浸染状构造是指杂质矿物颗粒或其细小脉状集合体，相互不结合地、孤立地、疏散地分布在主体矿物集合体构成的基质中。在逊克玛瑙中，有极少部分存在这种构造，由于杂质矿物及其细小脉状集合体稀疏且多呈不规则的枝蔓状，在石英基质中似水草一般，因此，当地也称之为“草花”，如图 5-1-23 所示。

图 5-1-23　浸染状构造逊克玛瑙原石
（姚雨薇供图）

第二节　逊克玛瑙的结构特征

玉石的结构通常是指组成矿物颗粒的结晶程度、颗粒大小、自形程度及其相互之间的关系。逊克玛瑙属于隐晶质石英集合体玉石，其结构上的变化在肉眼和放大镜下很难清晰地观察到。在科学研究中，常常借助偏光显微镜来对玛瑙的显微结构进行研究，方可在一定程度上揭示其结构特征。

将代表性逊克玛瑙样品制成光薄片后，使用中国地质大学（北京）珠宝学院宝石研究实验室奥林巴斯BX51型偏光显微镜观察其显微特征，发现逊克玛瑙主要有细粒状、纤维状、自形3种常见结构类型，其石英粒度及纤维长度大小不一，具有细粒状结构→纤维状结构→自形结构的变化规律。此外，还发现了极细粒状结构、细粒—纤维状结构、百叶窗结构3种衍生的特殊结构类型。

一、常见结构类型

（一）细粒状结构

细粒状结构中石英多呈细小的半自形—它形粒状，在正交偏光显微镜下观察，此部分的石英观察不到明显的定向排列形态，单个的细粒状石英颗粒大小约20μm，常见于形成玛瑙的热液流体的结晶初期（图5−2−1，图5−2−2a）。

（二）纤维状结构

细小的石英颗粒多聚集成纤维状集合体，纤维状集合体进一步可集合成束状，石英束状集合体之间多相互平行或者小角度相交，由此可以说明玛瑙的纤维结构在生长的过程中不是均匀生长的，而是从几个点开始慢慢生长，从细粒状石英的边界开始，石英以放射束状、扇形垂直于结晶边界进行生长。组成纤维状玉髓集合体的单个石英在偏光显微镜下不能分辨大小，但纤维状玉髓集合体的长度有长短之分，其中短纤维长度10~100μm（图5−2−1，图5−2−2b），正交偏光下可见消光位略有不同；长纤维长度数百微米，甚至可达到毫米级（图5−2−1，图5−2−2c），束状的石英集合体从开始生长的点到生长结束，光性方位均一致，因此，推测玛瑙长纤维状结构的生长是在一个相对稳定的条件下进行的。

（三）自形结构

自形石英的生长方向也大致与纤维状玉髓延伸的方向一致，以择优取向的方式进行生长，石英颗粒大小多为显晶质级别，距离结晶面越远的石英颗粒越大（图5−2−2d）。

图 5-2-1 正交偏光显微镜下逊克玛瑙的细粒状和纤维状结构

a—细粒状结构；b—短纤维状结构；c—长纤维状结构

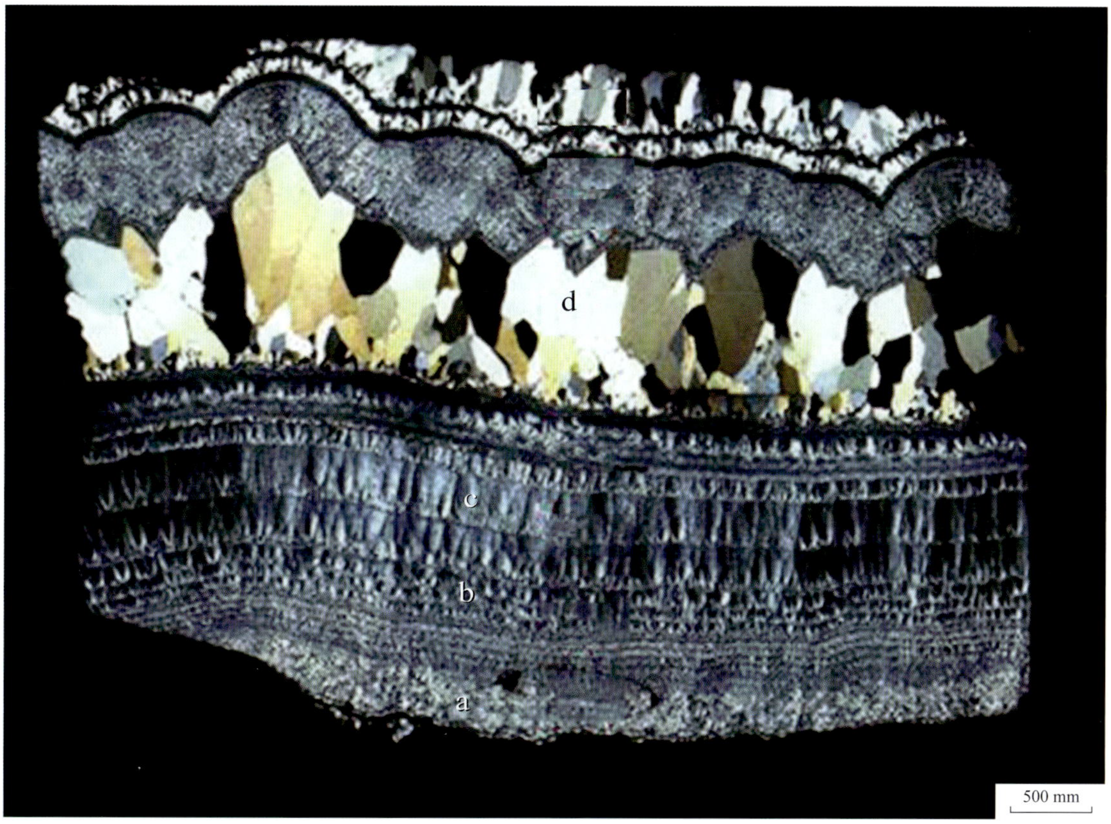

图 5-2-2 正交偏光显微镜下逊克玛瑙的自形结构

a—细粒状结构；b—短纤维状结构；c—长纤维状结构；d—自形结构

二、特殊结构

除了细粒状结构、纤维状结构及自形结构3种基本结构类型，逊克玛瑙中还发现了由细粒状结构、纤维状结构和自形结构组成的衍生组合，形成了极细粒状、细粒—纤维状和“百叶窗”3种特殊结构。

（一）极细粒状结构

极细粒状结构表现为比常见细粒状结构结晶颗粒更为细小的致密结构（图5-2-3），其分布与细小的致色矿物针铁矿、赤铁矿有关，分布于致色矿物含量高的区域，推测其形成可能与大量细小的致色矿物结晶对细粒状结构石英的生长抑制有关。

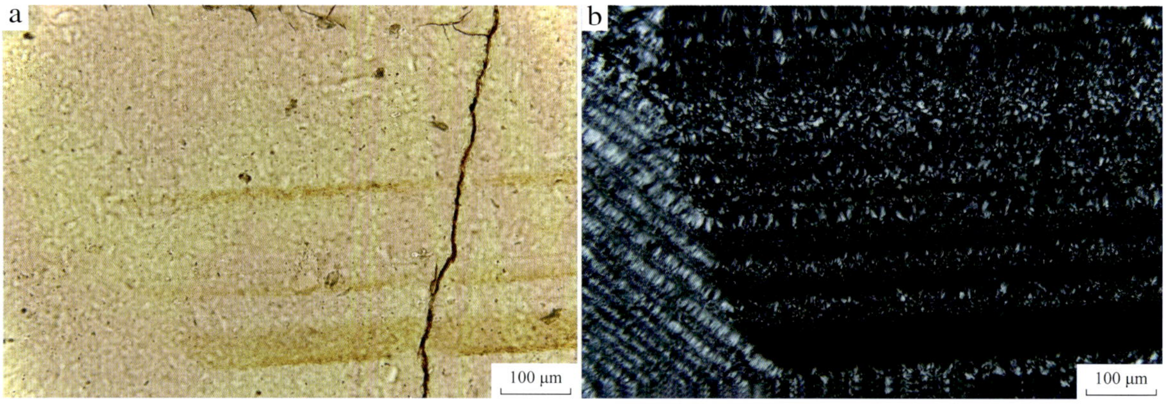

图5-2-3　极细粒状结构的石英
（据鲁智云，2019）
a—单偏；b—正交

（二）细粒—纤维状结构

细粒—纤维状结构属于典型的细粒状结构与纤维状结构的过渡类型，偏光显微镜下表现为并不是完全定向排列的纤维状结构（图5-2-4），其中还混杂了部分细粒状结构及极

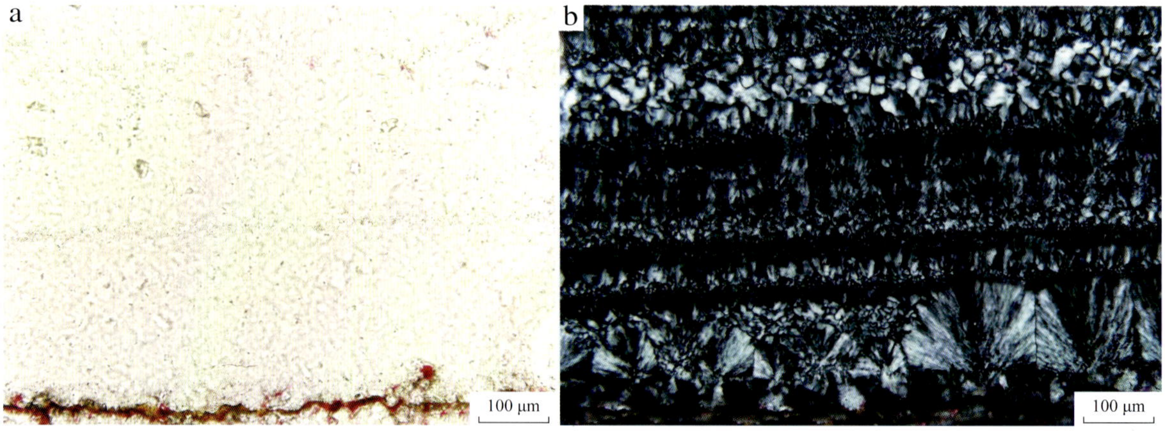

图5-2-4　细粒—纤维状结构的石英
（据鲁智云，2019）
a—单偏；b—正交

细粒状结构的石英，其有序度介于典型的细粒状结构与纤维状结构之间，其中也分布着细小的致色矿物针铁矿和微量的赤铁矿，说明这种结构的形成也可能是其中夹杂的细小致色矿物的结晶对细粒状及纤维状结构石英的生长抑制作用所导致的。

（三）“百叶窗”结构

“百叶窗”结构整体与细粒—纤维状结构类似，偏光显微镜观察时表现为比典型细粒—纤维状结构更为平直的条带（图 5−2−5），是由极细粒结构、细粒结构及纤维状结构周期性重复生长形成的，推测其形成与形成玛瑙的热液流体中高含量的 Fe 元素、稳定的冷却结晶条件及水平方向发育的细粒状结构或者细粒—纤维状结构的基底有关。

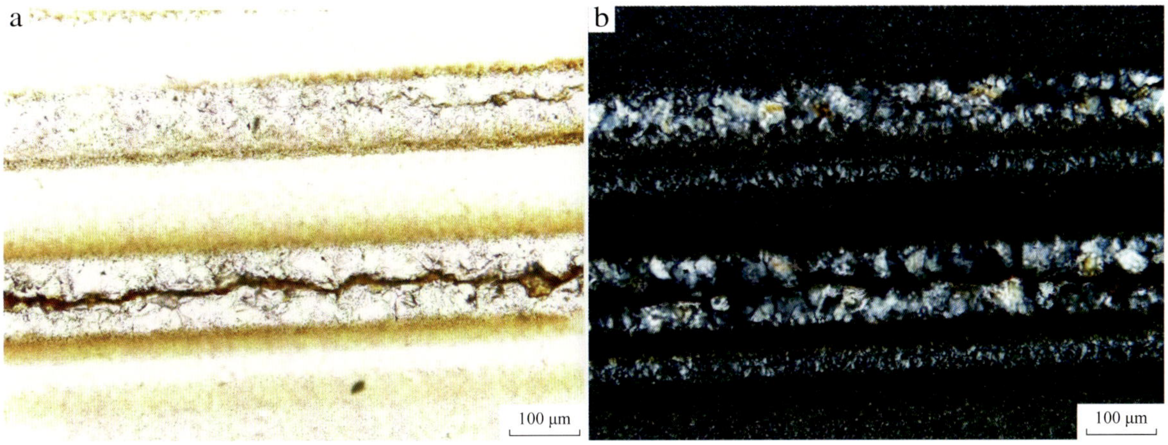

图 5−2−5 平直的“百叶窗”结构玛瑙条带

（据鲁智云，2019）

a—单偏；b—正交

三、结构变化规律

玛瑙中的条带及其他结构往往千变万化，构成了玛瑙千姿百态的美丽外观，研究其结构变化规律，可以更好地理解北红玛瑙的显微结构与宏观玛瑙条带之间的关系。

将分别具有条带和石英芯或结核的典型样品沿着横截面方向磨制成光薄片，在偏光显微镜正交偏光条件下对样品的整个横截面进行大范围显微观察并成像，如图 5−2−6 所示。

从图中可以看出，整体上，逊克玛瑙典型结构样品基本上都具有细粒状结构→纤维状结构→自形结构的变化规律（自形结构可以缺失），并可伴随极细的粒状结构、细粒—纤维状结构、“百叶窗”结构 3 种特殊结构于其中。

图 5−2−6a 样品的结构呈两侧对称分布，从两侧的条带向内，均具有细粒状结构 → 纤维状结构 → 自形结构 → 细粒状结构 → 纤维状结构 → 自形结构的变化特征，纤维状玉髓集合体在细粒状结构的石英边界及自形石英在纤维状玉髓的边界生长整体符合择优取向原

逊克玛瑙精品玉雕《宝钗扑蝶》

（唐飞作品，逊克宝山玛瑙博物馆供图）

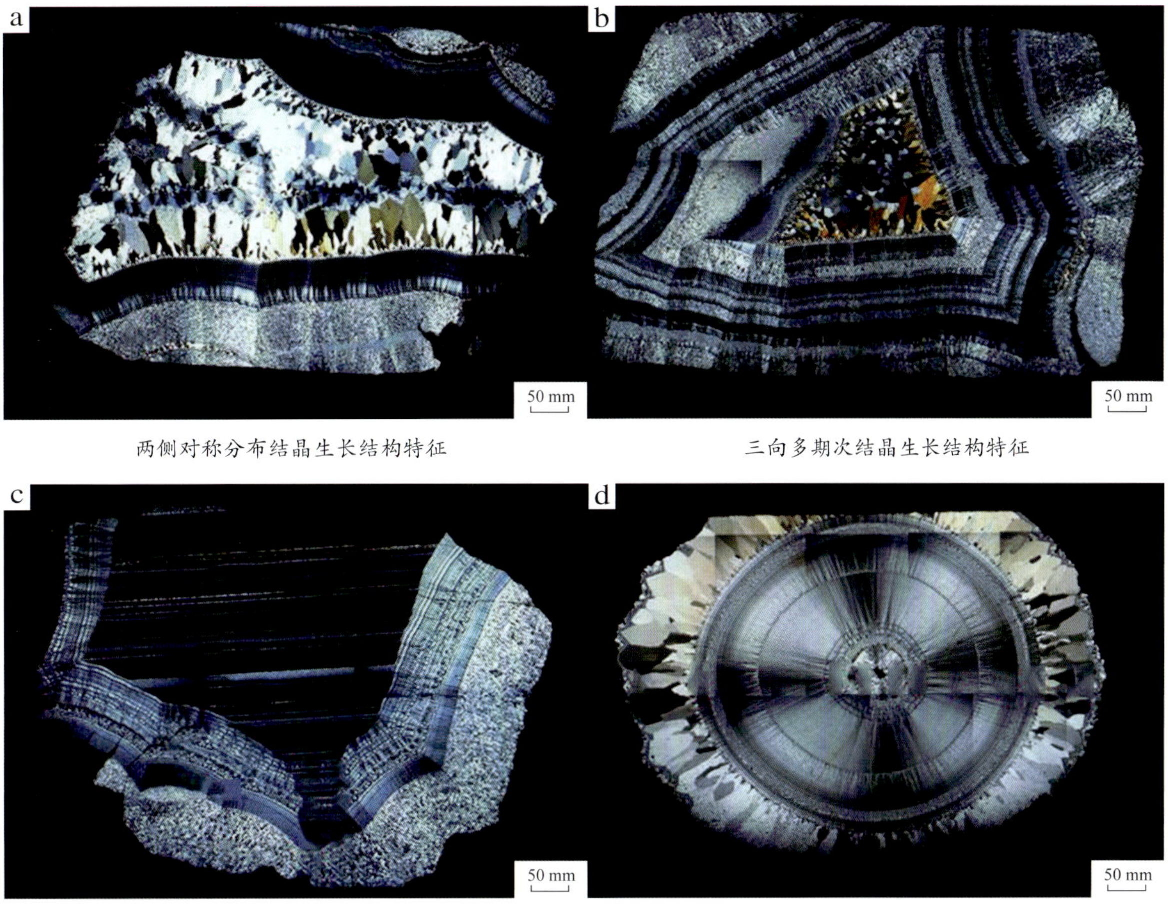

a 两侧对称分布结晶生长结构特征　b 三向多期次结晶生长结构特征

c 具有平直条带生长结构特征　d “倒序”生长模式的放射状结构特征

图 5-2-6　正交偏光显微镜下典型逊克玛瑙样品的结构特征

（据鲁智云，2019）

则；图 5-2-6b 样品的结构特征整体上呈三个方向的对称型分布，从外层到内层的结构变化与图 5-2-6a 样品相同，并且三种典型结构中石英颗粒的大小与图 5-2-6a 样品中各个结构的颗粒大小一致，并表现出多期次结晶生长的特点；图 5-2-6c 样品平行条带较为发育，除了常见的细粒状、纤维状结构类型外，还发现有特殊的极细粒状结构、细粒—纤维状结构和“百叶窗”结构于其中，以极细粒状结构→细粒状结构→短纤维状结构→极细粒状结构→细粒状结构→短纤维状结构……的震荡模式进行生长，在纤维状与细粒状结构生长边界聚集了大量的棕黄色点状矿物集合体（单体大小≤ 1μm），点状矿物在极细粒状结构中逐渐减少，在细粒状结构及纤维状结构的内部含量很少，据此推测“百叶窗”结构平直条带的形成与致色矿物密切相关；图 5-2-6d 样品的结构表现为由外层到内层的自形结构 → 纤维状结构 → 细粒状结构 → 纤维状结构 → 细粒状结构的变化过程，看似与上述细粒状结构 → 纤维状结构 → 自形结构变化规律完全相反，但其自形结构的石英与纤维状结构的玉髓均为放射状由中心方向向外生长，且在其中心发现了铁质矿物的核心，因此，确定这种“倒序生长”的逊克玛瑙与以结晶核为核心的放射状生长密切相关。

总而言之，逊克玛瑙中的石英主要有细粒状、纤维状、自形 3 种结构类型，通常具有细粒状结构 → 纤维状结构 → 自形结构的变化规律（自形结构可以缺失），反映了形成玛瑙的热液流体结晶有序度逐渐升高的过程。衍生的极细粒状结构、细粒—纤维状结构、“百叶窗”结构 3 种特殊结构类型，推测均与形成玛瑙的热液流体中 Fe 元素含量高，形成的铁质矿物整体上呈震荡模式分布于逊克玛瑙的不同条带中有关，其分布对玛瑙结晶过程中二氧化硅向高有序度的结构转变存在抑制作用。

【章结语】

管窥一斑，可见全豹。通过一系列观察测试可知，逊克玛瑙通常呈块状构造、皮壳状构造、球状或葡萄状构造、柱状或管状构造、条纹状构造、结核构造和水晶芯现象，极少数具有浸染状构造。作为一种隐晶质集合体，逊克玛瑙结构显示一定的规律性，即从外层到内层呈现细粒状结构→纤维状结构→自形石英结构的过渡。在这 3 种基本结构类型的基础上，还发现了衍生组合形成的极细粒状结构、细粒—纤维状结构和“百叶窗”结构。逊克玛瑙的一方天地，尽显大千世界的神奇，恰如人与自然最美的相遇。

第六章 逊克玛瑙分类

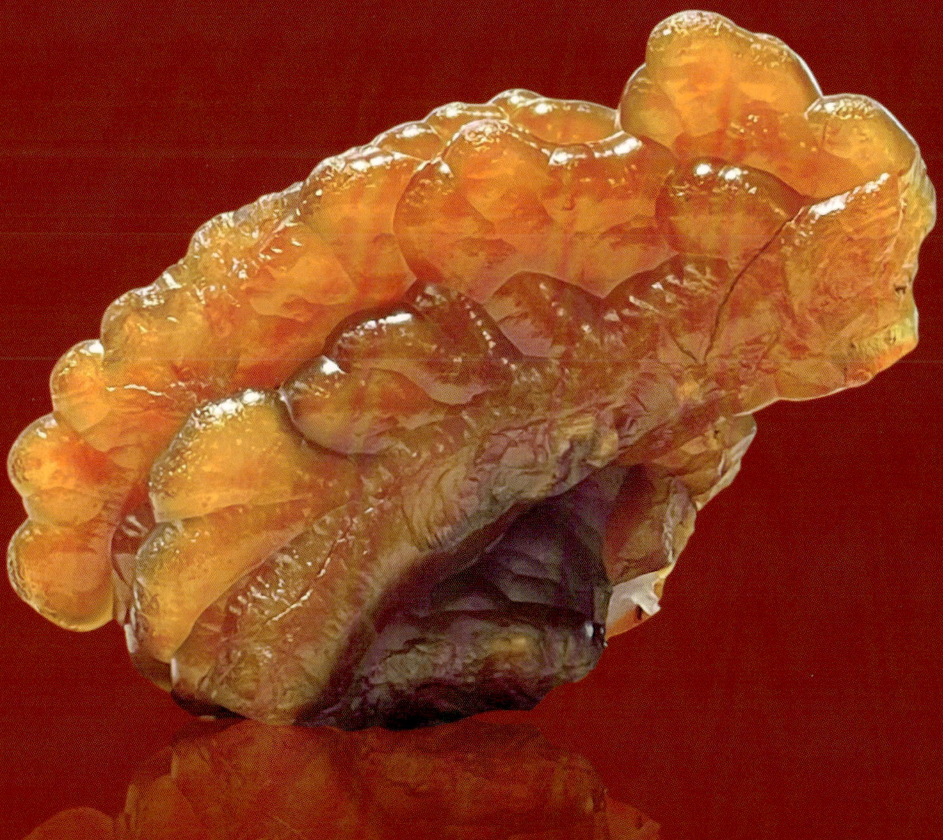

逊克玛瑙原石

（北红玛瑙奇石艺术馆供图）

逊克玛瑙精品摆件《三圣山》
（曲录福供图）

逊克玛瑙经过亿万年大自然的磨砺和冲刷，自然形成了极具感染力与生命力的形态、色彩与纹理，是当之无愧的瑰宝。逊克玛瑙原石形态复杂多变，皮色与肉色丰富多彩，条带颜色与纹理图像极具变化，因此，根据逊克玛瑙不同方面的特征，可有多种不同的分类方式。本章将从逊克玛瑙原石的不同形状、皮色、颜色、条带、纹理等方面对其进行归纳分类，希望能够完善逊克玛瑙的分类体系，为玛瑙爱好者提供更多视角以欣赏逊克玛瑙天然的魅力。

第一节　按原石形状分类

逊克玛瑙原石以次生矿产出时，有不同的形状，市场上根据形状不同，一般分为板料、缸碴子料、泡子料、疙瘩料、管柱料和特殊形状料等。

一、板料

板料，顾名思义，是指玛瑙原石像平板一样，上下面近平行（图6-1-1），各种颜色均有产出，内外颜色往往一致，中间常有近直线的平行纹理，厚度不一，多见2~5cm，质地细腻。这种板料是取手镯最理想的用料，成为手镯匠人的最爱。板料大部分并不是严格意义上的平行面，只要具近似于平行面的原石均可称为板料（图6-1-2）。

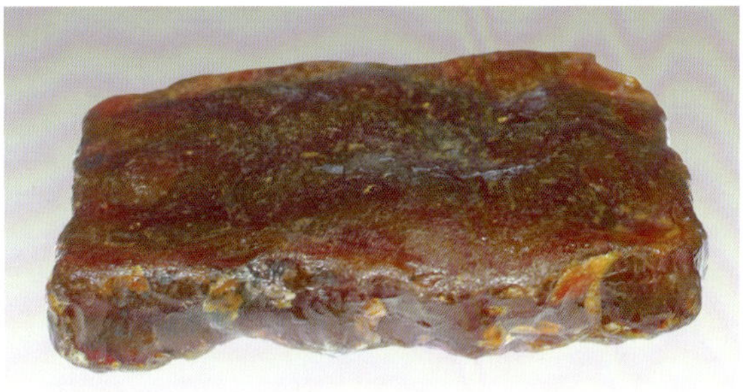

图6-1-1　板料
（李辉玛瑙供图）

图6-1-2　近似于平行面的板料
（姚雨薇供图）

二、缸碴子料

缸碴子料是指像碎掉的水缸片一样的玛瑙原石。与板料对比，缸碴子料有一个弧度，中间是凹的，通常近似于平行的双面有较厚的沙砾层（图6-1-3）。缸碴子料通常硬度和韧度较高，透明度也较好，整体颜色较为统一，多为红色、黄色、白色、灰色等（图6-1-4）。

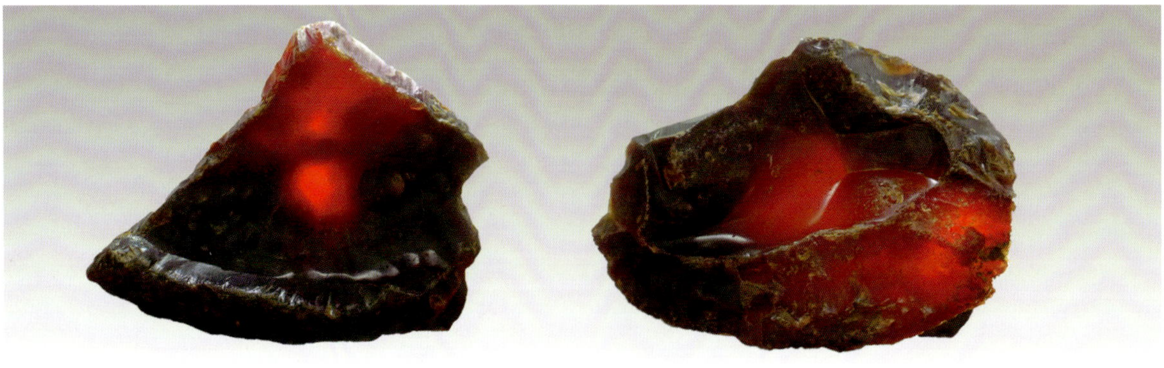

图6-1-3　红色缸碴子料
（李记玛瑙供图）

图 6-1-4 灰白色缸碴子料

（李辉玛瑙供图）

三、泡子料

泡子料，顾名思义，是指逊克玛瑙原石表面有一个个近圆球状的凸起，像水接近沸腾时瞬间凝固一般，凸起的形状似冒出的气泡。泡子料多为红色（图 6-1-5）、黄色（图 6-1-6，图 6-1-7）和灰色（图 6-1-8），少见绿色，断面常呈现出多种颜色的同心环状纹理。泡子大小不一，大的如碗，小的可如葡萄或石榴子，表面可有白色、黄色、红色等不同颜色的皮（图 6-1-9）。泡子表皮光滑者通常内部质地细腻。

图 6-1-5 红色泡子料

（北红玛瑙奇石艺术馆供图）

图 6-1-6 黄色泡子料

（阿廷河玛瑙供图）

图 6-1-7　淡黄色泡子料
（赵军供图）

图 6-1-8　灰色泡子料
（逊克宝山玛瑙博物馆供图）

图 6-1-9　红皮泡子料
（红瑾阁供图）

四、疙瘩料

疙瘩料不像板料一样平整，又不似泡子料一般有明显突起。疙瘩料原石在三维空间延伸，有一定体积，形状不规则，多为拳头大小（图 6-1-10，图 6-1-11）。

图 6-1-10　红色疙瘩料
（北红玛瑙奇石艺术馆供图）

图 6-1-11　冰糖心疙瘩料
（德龙火玉玛瑙艺术馆供图）

五、管柱料

管柱料是指像一节节水管或柱子的玛瑙原石，其中，中空者称为“管子料”（图 6-1-12），实心者称为“柱子料”。柱子料可呈单柱状（图 6-1-13），也可呈多柱状（图 6-1-14），可粗可细，长短不一，颜色以红、黄、白色为主，形态完整的原石较少。此外，还可见截面呈同心环状的柱子料（图 6-1-15）。

图 6-1-12　管子料
（燕洪庆供图）

图 6-1-13　柱子料
（晓峰玛瑙供图）

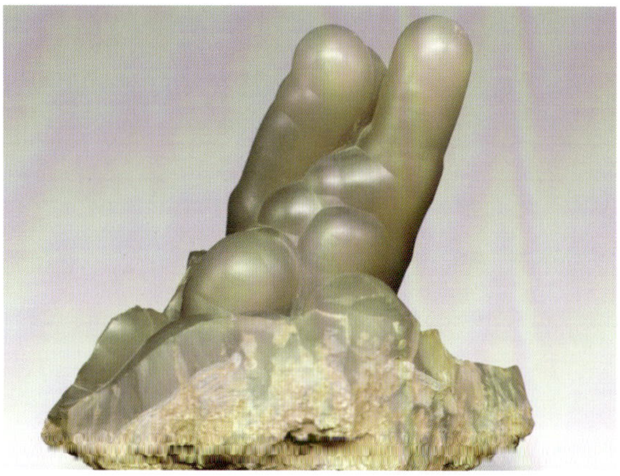

图 6-1-14　多柱子料
（晓峰玛瑙供图）

图 6-1-15　截面呈同心环状的柱子料
（燕洪庆供图）

六、特殊形状料

由于受到各种地质作用的影响，逊克玛瑙原石多数呈现上述形状外，也可呈现出各种各样酷似山水（图 6-1-16）、动物（图 6-1-17）、植物、器物（图 6-1-18，图 6-1-19）等象形造型，无须进行雕刻加工，便可作为观赏石进行应用。

图 6-1-16　似山水形状逊克玛瑙原石
（鲁智云供图）

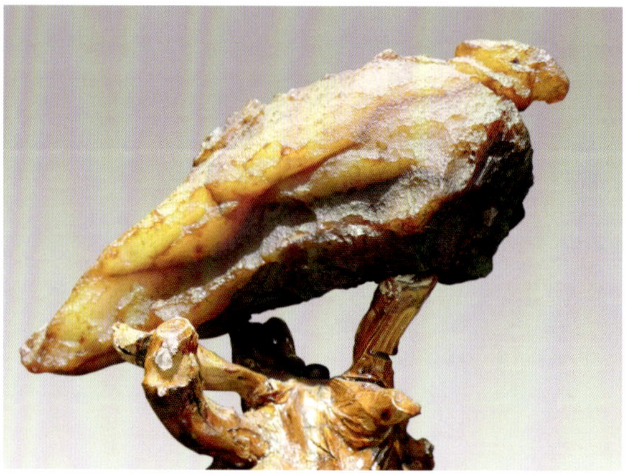

图 6-1-17　似鸟形状逊克玛瑙原石
（北红玛瑙奇石艺术馆供图）

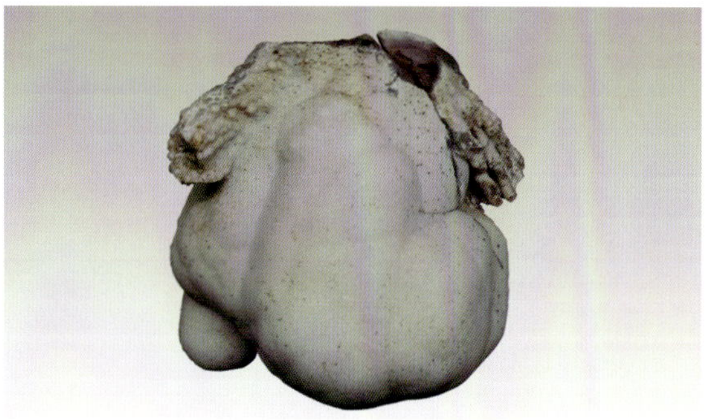

图 6-1-18　似壶形状逊克玛瑙原石
（阿廷河玛瑙供图）

图 6-1-19　似照相机形状逊克玛瑙原石
（北红玛瑙奇石艺术馆供图）

除上述 6 种特定的形状外，还有多种形状相结合的玛瑙原石，如管状和泡子结合的玛瑙原石（图 6-1-20），板状和泡子结合的玛瑙原石（图 6-1-21），以及柱状、板状和泡子结合的玛瑙原石（图 6-1-22）。

图 6-1-20　管状和泡子结合的逊克玛瑙原石

（德成玛瑙供图）

图 6-1-21　泡子和板状结合的逊克玛瑙原石

（赵军供图）

图 6-1-22　柱状、板状和泡子结合的逊克玛瑙原石

（赵军供图）

第二节　按皮色分类

通常自然界中的玛瑙经过长期的水冲、风化和溶蚀作用，会在最外层形成风化壳，其颜色和质地与内部的原石存在极大的差异。逊克玛瑙从原生的矿床剥离之后，经历了长期的风化和磨蚀，表面呈现出一层颜色不同、薄厚不均、质地有别的外壳，这层外壳通常以白色居多，常带有黄色调、灰色调、蓝色调和紫色调，也可见深色的皮色，如红色、黄褐色、深棕色、黑色和绿色等。

一、白皮

白皮玛瑙的皮色为白色，有些是纯净的白色，洁白如雪，有些历经岁月的沧桑，带有明显的其他杂色。白皮有厚有薄，厚者可达2mm，薄者通常约1mm。白皮上可有黄褐色物质浸染。白皮下方常带有一层厚度相当的黑层，黑层下往往有浓郁的红色玛瑙相连，其下进而连接白色或黄色的玛瑙，称为“多色石”。根据白皮与玛瑙的结合程度，还可分为疏松白皮（图6-2-1）、致密白皮（图6-2-2）和瓷白皮（图6-2-3），其中致密白皮和瓷白皮不易脱落，且多为泡子形态。白皮还可带蓝色调（图6-2-4）。

图6-2-1　带黄色的疏松白皮逊克玛瑙原石
（姚雨薇供图）

图6-2-2　致密白皮泡子逊克玛瑙原石
（德成玛瑙供图）

图6-2-3　瓷白皮泡子逊克玛瑙原石
（姚雨薇供图）

图6-2-4　泛蓝色调瓷白皮逊克玛瑙原石
（德成玛瑙供图）

二、红皮

玛瑙原石的皮色还可呈红色，多见于板料中。红皮通常较薄，为 1~2mm，皮上常有小绺裂，皮下常为白色的玛瑙，透明度高，质地较好，多适用于俏色巧雕和浅浮雕作品创作，也可用于观赏石中（图 6–2–5，图 6–2–6）。

图 6–2–5　红皮逊克玛瑙原石
（宝山玛瑙厂供图）

图 6–2–6　红皮逊克玛瑙原石
（北红玛瑙奇石艺术馆供图）

三、黄皮

黄皮也是逊克玛瑙皮色的一种，较为少见（图 6–2–7）。黄皮通常是白皮被氧化后呈现出来的颜色，多为黄褐色，氧化程度不均时，黄色颜色会不均匀（图 6–2–8），通常较厚，厚度约 3mm。黄皮内所包含的玛瑙多为红色，裂少，品质较佳。

图 6–2–7　黄皮逊克玛瑙原石
（北红玛瑙奇石艺术馆供图）

图 6–2–8　黄褐色皮逊克玛瑙原石
（北红玛瑙奇石艺术馆供图）

四、花皮

花皮是指玛瑙原石表面，白色与黑色或黄色相伴的皮色，厚度较大，常为 2~3mm。原石块度大小不一，大多数产于六连沙场，皮下玛瑙较为细腻，可有多种颜色，能呈现“一石多色”的效果（图 6-2-9，图 6-2-10）。

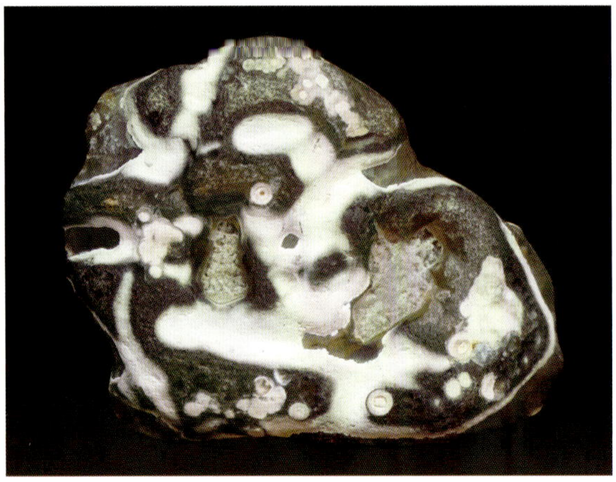

图 6-2-9　黑白皮逊克玛瑙原石
（北红玛瑙奇石艺术馆供图）

图 6-2-10　黄白皮逊克玛瑙原石
（北红玛瑙奇石艺术馆供图）

五、黑皮

单一黑皮的玛瑙原石较少，厚薄不一，薄者通常不足 1mm，厚者可达 2mm 以上（图 6-2-11，图 6-2-12）。

图 6-2-11　黑皮逊克玛瑙原石
（北红玛瑙奇石艺术馆供图）

图 6-2-12 黑皮逊克玛瑙原石
（北红玛瑙奇石艺术馆供图）

六、绿皮

绿皮逊克玛瑙非常少见，仅在阿廷河、克林矿区以球状（图 6-2-13）或管状产出，多为附着物，其中管柱状的绿皮玛瑙多产于克林，大者达 100~200kg（图 6-2-14）。目前发现的绿皮玛瑙存在偏蓝或偏黄两种不同的色调，且表面粗糙，质量一般，多作为观赏石。

图 6-2-13 绿皮逊克玛瑙原石
（北红玛瑙奇石艺术馆供图）

图 6-2-14 绿皮管状逊克玛瑙原石
（北红玛瑙奇石艺术馆供图）

第三节　按颜色分类

逊克玛瑙色彩艳丽多样，多见红色、黄色和白色，少见黑色、绿色、紫色，有时在一块原石上可见多种颜色。根据逊克玛瑙的颜色特点，可将其分为红色系、黄色系、白色系、灰色系及黑色、绿色、紫色、粉色和多色等。

一、红色系

红色是逊克玛瑙最具代表性的颜色，主色调为红色的逊克玛瑙均可归为红色系中。根据次色调及其深浅的不同，红色系逊克玛瑙可进一步分为深红、石榴红、金红、橙红、棕红等不同的品种（图 6-3-1~ 图 6-3-5）。

图 6-3-1　深红色逊克玛瑙戒面
（玉鼎玛瑙供图）

图 6-3-2　石榴红色逊克玛瑙圆珠
（宝山红玛瑙厂供图）

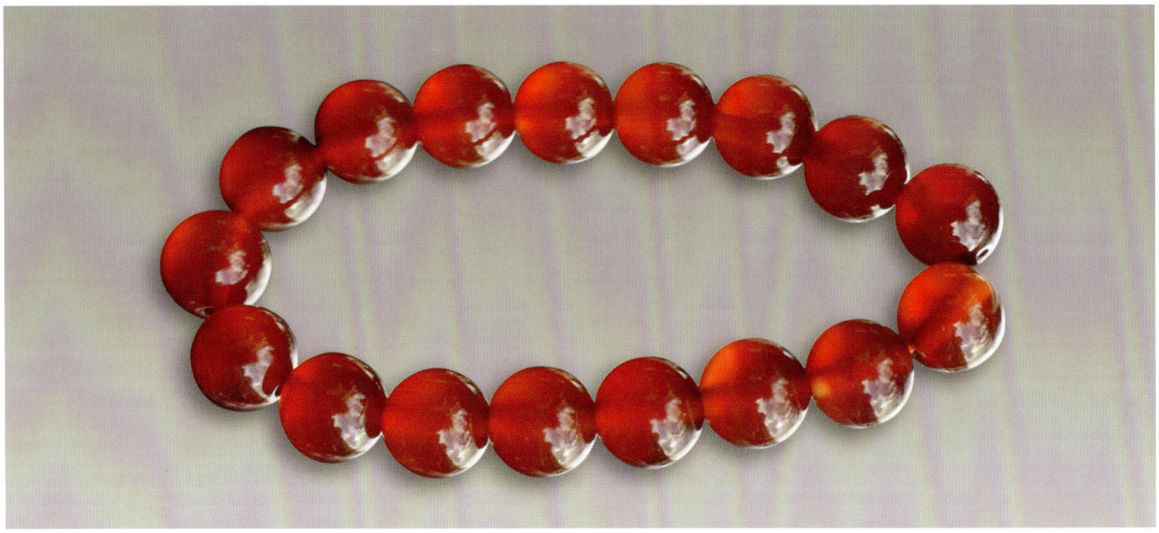

图 6-3-3　金红色逊克玛瑙手串
（王林玛瑙供图）

图 6-3-4　橙红色逊克玛瑙吊坠
（李记玛瑙供图）

图 6-3-5　棕红色逊克玛瑙戒指
（德龙火玉玛瑙艺术馆供图）

深红：深红玛瑙颜色浓郁，饱和度高，自然光下呈暗红色，透光照射时美丽透亮，呈似火焰般的艳红色，原石大者少见。

石榴红：石榴红玛瑙颜色似石榴花、石榴子般鲜艳美丽，自然光下颜色均匀浓郁，色彩艳丽光亮，产量较少。

金红：金红玛瑙的颜色就像红太阳的光芒，红中带有金色调，产量较前两者略多，产区分布广泛。

橙红：橙红玛瑙颜色较棕红玛瑙浅，主色调为红色，黄色调较前者更加明显，似橙子的颜色，纯色少见，内部多有红、黄色条带，产量较多。

棕红：棕红玛瑙是指红色中带明显暗黄色调，原石通常个头较大，纹理较多，产量较多。

二、黄色系

黄色在逊克玛瑙中也较为常见，黄色系逊克玛瑙的跨度也很广，根据色调的差异可将黄色系逊克玛瑙分为金黄、蜜黄、酒黄、棕黄、柠檬黄、淡黄等多个颜色品种（图 6-3-6~图 6-3-11）。

金黄：金黄玛瑙黄色中带有明显的红色，似早上初升的太阳般明亮，产量较少。

蜜黄：蜜黄玛瑙的黄色略带有些许褐红色调，似蜂蜜或蜜蜡的颜色，整体颜色较均匀，产量较少。

酒黄：酒黄玛瑙是黄色中带红棕色调的品种，颜色浓郁，色感厚重，似啤酒的颜色，产量较多。

棕黄：棕黄玛瑙是黄色系中颜色较酒黄色略浅的品种，黄中带褐色调，产量较多。

柠檬黄：柠檬黄玛瑙就像鲜柠檬表皮的颜色，色泽清新艳丽，是一种纯粹的黄色，产量较少。

淡黄：淡黄玛瑙的黄色较浅，透明度较高，色泽清淡，产量较多。

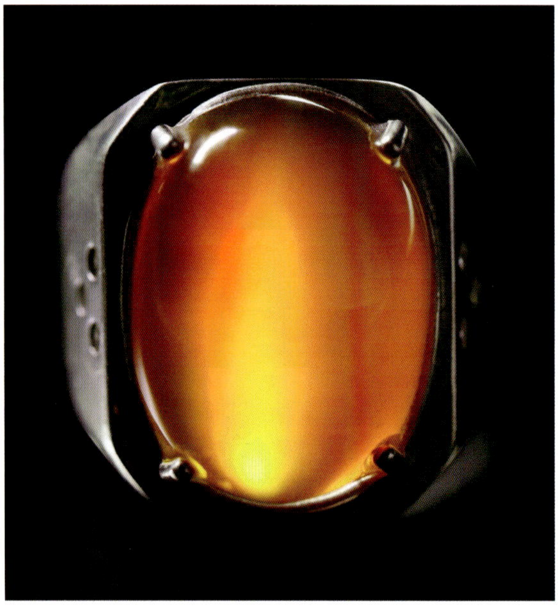

图 6-3-6 金黄色逊克玛瑙戒指
（德龙火玉玛瑙艺术馆供图）

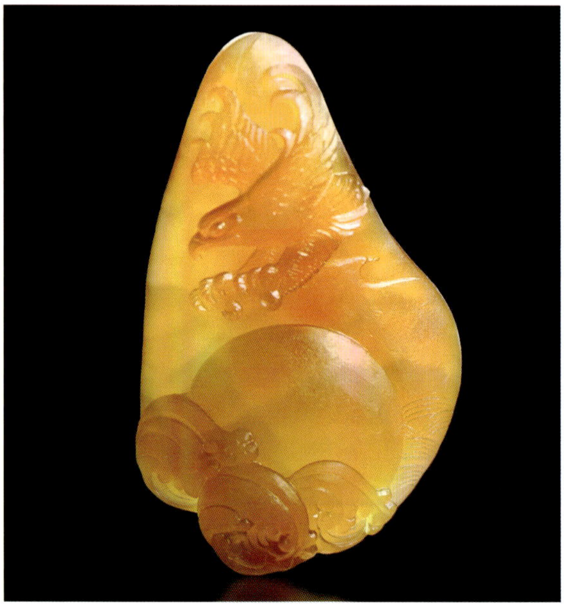

图 6-3-7 蜜黄色逊克玛瑙雕件
（德龙火玉玛瑙艺术馆供图）

图 6-3-8 酒黄色逊克玛瑙
（德龙火玉玛瑙艺术馆供图）

图 6-3-9　棕黄色逊克玛瑙雕件

（吕氏美石工作室供图）

图 6-3-10　柠檬黄色逊克玛瑙
（胡燕供图）

图 6-3-11　淡黄色逊克玛瑙
（逊克方诺玛瑙供图）

三、白色系

白色系玛瑙也是逊克玛瑙中最为常见的类型，以白色调为主，根据其透明度不同，可进一步分为冰白、乳白两种。

冰白：冰白玛瑙表面光滑，内部纯净，洁白无瑕，质地温润细腻，偏冷色调，不含其他杂色，像冰块一般，俗称“白冰”（图 6-3-12）。

乳白：乳白玛瑙为奶白色，透明度不及冰白玛瑙，质地油润而厚重，同时可带有微黄色调（图 6-3-13）。

图 6-3-12　冰白逊克玛瑙玉牌
（王林玛瑙供图）

图 6-3-13　乳白逊克玛瑙平安扣
（王林玛瑙供图）

四、灰色系

灰色系玛瑙在逊克玛瑙中也较为常见，根据灰色的深浅和透明度不同，可将灰色系逊克玛瑙分为白灰、冰灰、灰色 3 种。

白灰：白灰色玛瑙比冰白玛瑙多一丝灰调，颜色较浅，俗称“灰白”（图 6-3-14）。

冰灰：冰灰是指透明度较高的灰色，市场上称之为“灰冰”（图 6-3-15）。

灰色：灰色玛瑙呈现明显的灰色调，且灰色饱和度较高，颜色较深，市场上称其为“深灰”（图 6-3-16）。

图 6-3-14 白灰逊克玛瑙玉牌
（王林玛瑙供图）

图 6-3-15 冰灰逊克玛瑙手串
（姚雨薇供图）

图 6-3-16 灰色逊克玛瑙手持
（北红玛瑙奇石艺术馆供图）

精品雕件《山光晴岚》

（2017 年“陆子冈杯”铜奖作品，孙永供图）

五、黑色

逊克玛瑙中黑色玛瑙较为少见，因其透明度的差别，市场上分不透光和透光两种。不透光黑色玛瑙颜色均匀，在反射光下呈浓黑色（图 6-3-17）。透光黑色玛瑙多产于六连沙场矿点，光照下原石中黑色部分会微泛蓝绿色，也可夹杂其他颜色（图 6-3-18）。透光黑色玛瑙多呈半透明，颜色深浅不一，分布不均匀，透光度不同，往往色浅部位透光度好（图 6-3-19，图 6-3-20）。

图 6-3-17 不透光黑色逊克玛瑙手串
（鼎红玛瑙供图）

图 6-3-18 透光黑色逊克玛瑙原石
（阿廷河玛瑙供图）

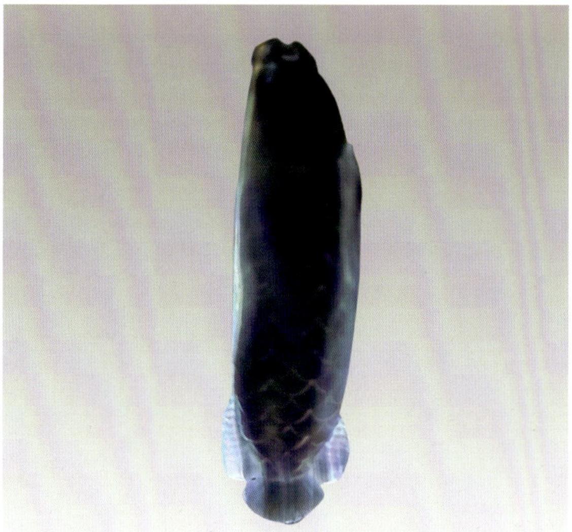

图 6-3-19 透光黑色逊克玛瑙雕件
（阿廷河玛瑙供图）

图 6-3-20 透光黑色逊克玛瑙戒面
（阿廷河玛瑙供图）

六、绿色

逊克玛瑙中绿色玛瑙更为少见，颜色分布多不均匀（图 6-3-21），为淡绿色—淡黄绿色（图 6-3-22），透明度较好，块度小。绿色逊克玛瑙位于表面的部分均出现不同程度的氧化现象，颜色也由绿色逐渐转变为黄绿色。

图 6-3-21　绿色逊克玛瑙原石
（周子钰供图）

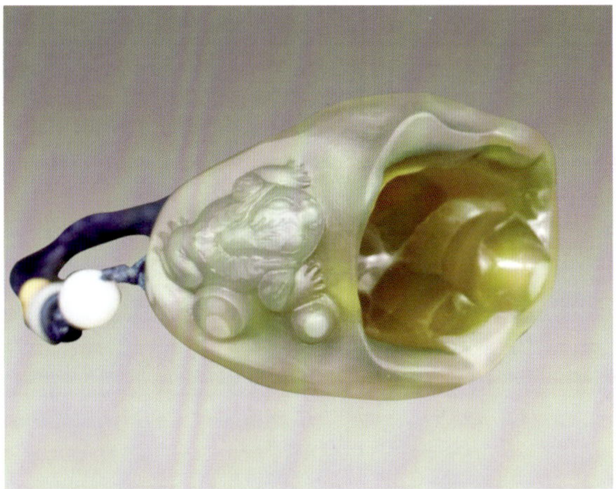

图 6-3-22　黄绿色逊克玛瑙雕件
（阿廷河玛瑙供图）

七、紫色

紫色玛瑙在自然界中非常少见，多呈单一的紫色，质优者如同紫水晶，晶莹透亮，其中以葡萄紫色为最好。而在以红、黄色居多的逊克玛瑙中，紫色玛瑙较为罕见，紫色通常中等偏浅，呈藕粉紫色，透明度较好（图 6-3-23，图 6-3-24）。

图 6-3-23　紫色逊克玛瑙戒指
（燕洪庆供图）

图 6-3-24　紫色逊克玛瑙挂坠
（燕洪庆供图）

八、粉色

在逊克玛瑙的颜色品种中，粉色逊克玛瑙更为罕见，其透明度较低，多作为观赏石应用（图 6-3-25）。

图 6-3-25　粉色逊克玛瑙原石
（北红玛瑙奇石艺术馆供图）

九、多色

除了上述单色逊克玛瑙之外，不同颜色也可在同一块玛瑙原石呈现，称为“多色玛瑙”（图 6-3-26，图 6-3-27）。多色玛瑙丰富的颜色，给予了玉雕师更多的创作空间，玉雕师根据其颜色变化，设计适宜的题材图案，加以精湛的工艺，创作出独一无二的俏色作品，在市场上深受消费者喜爱（图 6-3-28）。

图 6-3-26　多色逊克玛瑙手镯
（红瑾阁供图）

图 6-3-27　多色逊克玛瑙原石
（巧石轩供图）

图 6-3-28　多色逊克玛瑙雕件《斗战胜佛》
（2021 年阜新红玛瑙杯金奖，曲录福供图）

第四节　按条带颜色分类

除了玛瑙基底的颜色外，玛瑙的条带也有不同的颜色，根据条带颜色的不同，逊克玛瑙可分为红色条带、黄色条带、黑色条带。玛瑙基底的颜色越纯净、越透亮，条带就会越明显。未切割、未抛光的原石的条带不明显，但有经验的玉雕师通过观察原石便能看出是否有条带及条带颜色。

一、红色条带

红色条带在逊克玛瑙中很常见，尤其是在透明的白色基底中，红色条带会显得格外艳丽，并且从不同角度观察条带可看到不同的美丽，例如，从正面看的时候只是一条细线；从侧面看，则可以看到满满的红色。红色条带与底色的反差越大，越能凸显玛瑙的美丽（图6-4-1）。需要说明的是，在红色、黄色基底中，红色条带可能不明显（图6-4-2）。

图6-4-1　红色条带逊克玛瑙手镯
（德龙火玉玛瑙艺术馆供图）

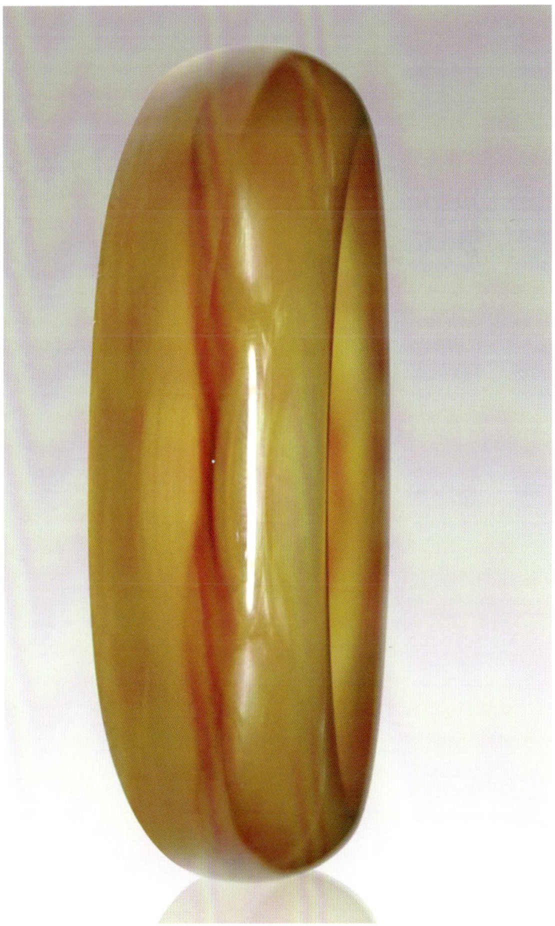

图6-4-2　红色条带逊克玛瑙手镯
（李辉玛瑙供图）

图 6-4-3　多色条带逊克玛瑙挂坠
（红瑾阁供图）

二、黄色条带

黄色条带在逊克玛瑙中也很常见，但是纯黄色条带较为少见，多与红色条带一并出现（图 6-4-3）。其与红色条带相似，在白色透明基底中，黄色条带较为明显（图 6-4-4），但若基底颜色为红色、黄色时，黄色条带的明显程度会削弱（图 6-4-5）。

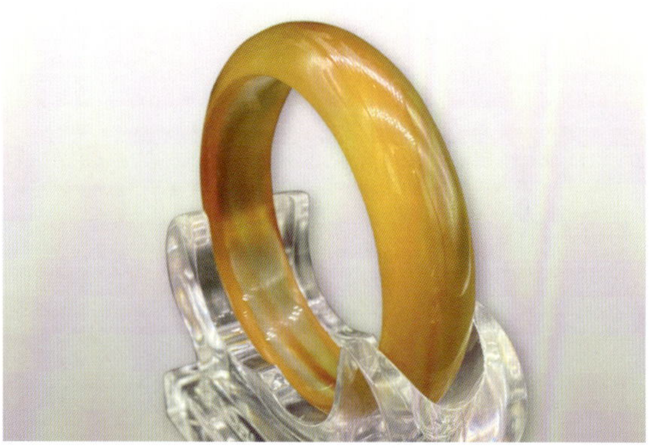

图 6-4-4　黄色条带逊克玛瑙手镯
（红瑾阁供图）

图 6-4-5　黄色条带逊克玛瑙手镯
（晓峰玛瑙供图）

三、黑色条带

黑色条带和黑色玛瑙一样在逊克玛瑙中较为少见，有时略带一点棕色调。黑色条带与透明基底搭配，与白色透明的基底形成鲜明的反差，别有一番韵味（图 6-4-6，图 6-4-7）。

图 6-4-6　黑色条带逊克玛瑙原石
（阿廷河玛瑙供图）

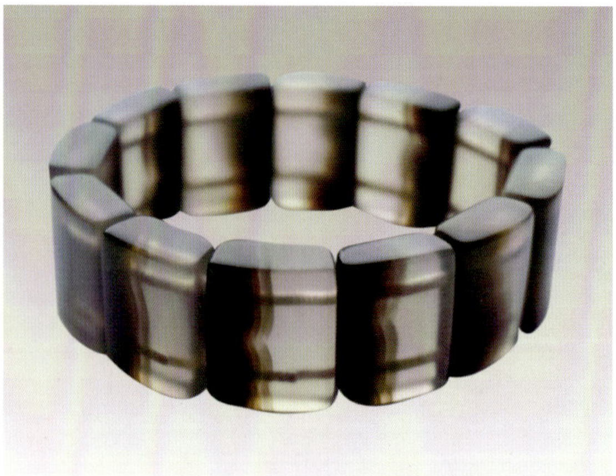

图 6-4-7　黑色条带逊克玛瑙手排
（李辉玛瑙供图）

2021 年第十五届“神工奖”金奖《苏州桥》

（孙永作品，天一孙永玉雕艺术工作室供图）

四、白色条带

逊克玛瑙中的白色条带往往为瓷白色，不透明（图 6-4-8）。

除了上述条带外，多种颜色条带也会同时出现在一块原石上（图 6-4-9）。

图 6-4-8　白色条带逊克玛瑙

（宝山玛瑙厂供图）

图 6-4-9　多色条带逊克玛瑙原石

（阿廷河玛瑙供图）

第五节 按纹理分类

自然界中的玛瑙普遍带有环带或纹理，逊克玛瑙也不例外，其条带和纹理复杂多样。根据纹理基本形状特征，可将带纹理的逊克玛瑙分为同心纹理、折角纹理、平行纹理和象形图案四大类。

一、同心纹理

逊克玛瑙的同心纹理是指玛瑙内部呈同心圆状或环状的纹理。同心纹理的层数可多可少，其色环颜色深浅、条带宽窄、透明度不一，也可出现不同色调的同心色环，例如，中心环为一种颜色，外环可呈另外一种颜色（图 6-5-1）。当同心纹理的同心圆结构明显时，呈现出来的纹理似眼睛一般，市场上也有人将其称为“天眼”（图 6-5-2）。

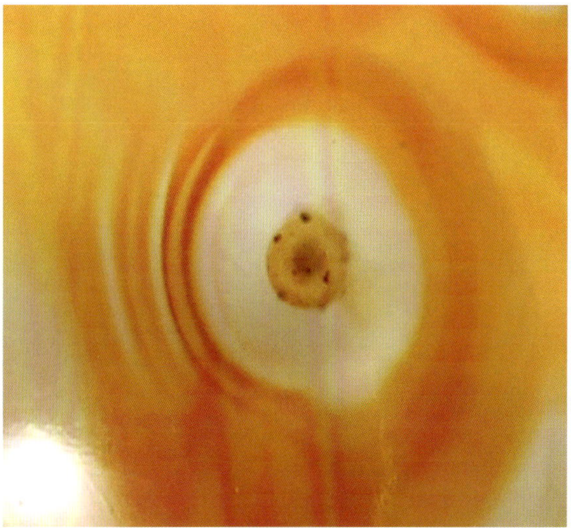

图 6-5-1 逊克玛瑙同心圆纹理
（逊克宝山玛瑙博物馆供图）

图 6-5-2 “天眼”逊克玛瑙戒指
（鼎红玛瑙供图）

精品雕件《醉红》

（翟倚卫作品，翟倚卫玉雕艺术工作室供图）

二、折角纹理

逊克玛瑙中折角纹理是指纹理在延伸过程中发生偏转，形成折角状态的纹理，有时折角偏转的方向连续多次变化，条带的粗细和颜色也可有多种变化，为观者带来独特的视觉感受（图 6-5-3，图 6-5-4）。

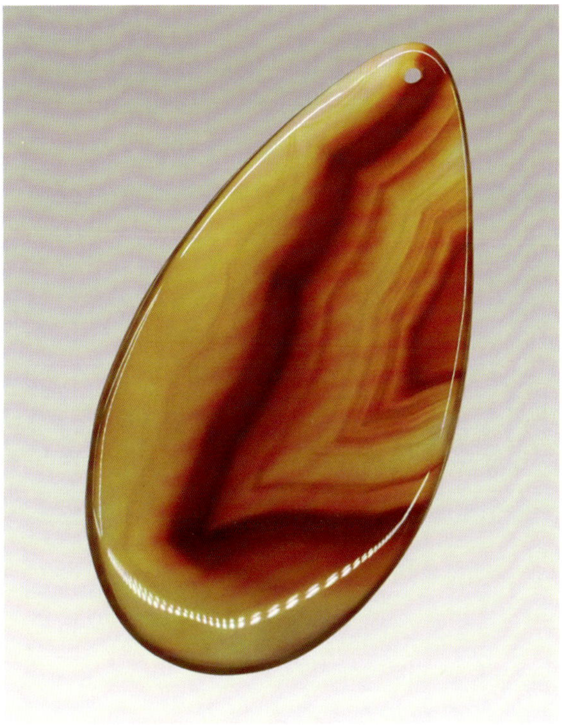

图 6-5-3　折角纹理逊克玛瑙吊坠
（姚雨薇供图）

图 6-5-4　折角纹理逊克玛瑙挂件
（王林玛瑙供图）

三、平行纹理

平行纹理在玛瑙中很常见，逊克玛瑙的平行纹理可分为两种，一种是真正的平行纹理结构，当地人又称“千层板”（图 6-5-5）。“千层板”纹理以完全平行的方式层叠而不弯折扭曲，颜色多为黄色和红色，不透明，可用来雕刻有层理的题材作品（图 6-5-6）；另一种平行纹理是在玛瑙中局部有一段相对平行的纹理，条带颜色以红色和黄色为主（图 6-5-7）。

图 6-5-5　“千层板”逊克玛瑙原石
（德成玛瑙供图）

图 6-5-6 “千层板”逊克玛瑙月饼
（王林玛瑙供图）

图 6-5-7 相对平行纹理逊克玛瑙方牌
（德龙火玉玛瑙艺术馆供图）

四、象形图案

逊克玛瑙中除了形成一些形状规则的几何纹理，还有很多形状不规则呈象形图案的纹理，似草花、山水、动物，甚至像汉字，观赏石界有人将这种纹理称为“天画”，是观赏石界最受欢迎的一类观赏石图案。

（一）草花

逊克玛瑙在形成过程中，受到地质作用的影响，会产生一些微裂隙，其他杂质矿物侵入到这些微裂隙中，形成类似草花状的象形图案。通常此类“草花”在逊克玛瑙中“肆意生长”，创作出一幅幅美丽的画卷（图 6-5-8，图 6-5-9）。

图 6-5-8 冰透逊克玛瑙中的草花象形纹理
（北红玛瑙奇石艺术馆供图）

图 6-5-9 多色逊克玛瑙中的草花象形纹理
（北红玛瑙奇石艺术馆供图）

（二）山水

山水图案在逊克玛瑙中主要由黄色、红色组成。不同颜色交织而成的纹理能在一方小小的玛瑙中呈现出广阔的天地，红色与黄色的渐变过渡似山峦叠嶂，红与白的清楚界限则似连绵的山与晴朗的天，创造出天地山川相互交融的天然美景（图 6-5-10）。

（三）动物

动物题材在玉雕作品中屡见不鲜，而有些逊克玛瑙通过天然的纹理便可展现出动物形态，有的纹理似八卦飞龙，有的似展翅的蝴蝶（图 6-5-11），形神俱佳，体现出大自然的造化，鬼斧神工。

（四）人物

逊克玛瑙通过纹理颜色与其基底颜色的反差，可呈现出好似人物的画像，有的似仙女（图 6-5-12），有的似卧佛，栩栩如生。

图 6-5-10　逊克玛瑙中的山水象形纹理
（姚雨薇供图）

图 6-5-11　逊克玛瑙中的似蝴蝶动物象形纹理
（玉鼎玛瑙供图）

图 6-5-12　逊克玛瑙中的似仙女人物象形纹理
（李辉玛瑙供图）

（五）文字

逊克玛瑙纹理中还可出现有明显汉字般的图案，一笔一画令人称奇，仿佛在向我们诉说其中的故事，这是大自然的神奇造物，可遇不可求（图 6-5-13，图 6-5-14）。

图 6-5-13　逊克玛瑙中的似“书”文字象形纹理
（姚雨薇供图）

图 6-5-14　逊克玛瑙中的似“八一”文字象形纹理
（晓峰玛瑙供图）

【章结语】

不同的角度，不同的分类方式，展示逊克玛瑙不同的魅力。逊克玛瑙原石形态多样，可分为板料、缸碴子料、疙瘩料、泡子料、管柱料和特殊形状料等；逊克玛瑙原石表面的皮壳形形色色，有白皮、黄皮、红皮、花皮、黑皮和绿皮等；逊克玛瑙颜色种类繁多，可见红色系、黄色系、白色系、灰色系，以及黑色、绿色、紫色、粉色和多色等；逊克玛瑙中的条带颜色多有不同，有红色条带、黄色条带、黑色条带、白色条带和多色条带等；逊克玛瑙的纹理纷繁多姿，有同心纹理、折角纹理、平行纹理及多种山水、草花、人物、动物、文字等象形纹理。逊克玛瑙的种类繁多，从不同的视角观察分析，才能翔实、准确、全方位地认知逊克玛瑙的美。

第七章

逊克玛瑙质量评价

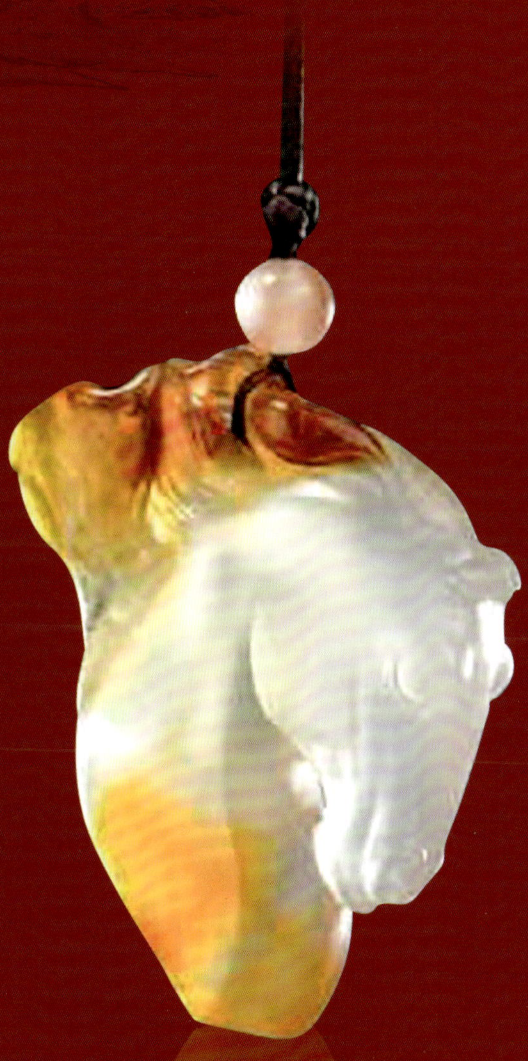

精品挂件《北疆之骏》
（罗光明作品，据孙敏，2016）

精品摆件《祥瑞》

（2021 年“红玛瑙杯”铜奖作品，曲录福供图）

逊克玛瑙之美在于颜色纯正浓艳，质地光华凝重，外形温润柔和，深受中国人民喜爱。逊克玛瑙从初期的矿石采集、原石销售发展到本地加工、成品销售生产服务，不仅带动了当地经济的发展，更体现了当地的文化。随着市场的不断完善，逊克玛瑙的质量评价与分级迫在眉睫，客观准确地对其进行评价分级，不仅可以改善市场乱象，还能有效推动逊克玛瑙产业长远发展。

第一节　颜色的质量评价

颜色是衡量逊克玛瑙价值的主要依据之一。观察和描述逊克玛瑙的颜色需要在白色背景下使用顶光照明（反射光）对玛瑙进行观察；光源需要使用日光或与之等效的光（各种波长混合的最均匀的光），通常采用色温为 5500~7200K 的白色光源（实验室中的比色灯）或与之相应的日光（晴天上午 10 点至下午 3 点的自然光）进行观察。目前由于珠宝行业商业领域评价宝石的颜色依然延续运用肉眼进行判断，因此，观察逊克玛瑙颜色时要考虑光源和人眼的色觉效应两个方面的影响因素。

在评价逊克玛瑙颜色时，应采用宝玉石专业领域常用的色调、饱和度、明度 3 个指标来衡量。色调（也称色相）是区别不同颜色的准确标准，用来描述颜色的基本外貌，可简单理解为不同的颜色就是不同的色调。饱和度（也称彩度）是指颜色的纯度或浓度，即宝玉石颜色接近单色光谱色的程度。可见光谱中的各种单色光饱和度最高，若单色光中加入白光成分时，饱和度则降低，纯白色饱和度等于零。简单来说，就是饱和度越高的颜色越浓艳。明度是指颜色的明亮程度，是人眼对宝玉石表面色彩的明暗感觉。一般来讲，宝玉石的色彩对光的反射率越高，则其明度越高。

逊克玛瑙的颜色主要为红色、黄色、白色和灰色等色系，针对红色和黄色两个色系，可运用色调、饱和度、明度三要素进行质量分级；白色系和灰色系属于非彩色系列，不存在饱和度的因素，各品种在色调和明度方面难分伯仲，并且色调与透明度关联紧密，其价值主要通过透明度来体现，可参照本章第三节透明度的质量评价；而逊克玛瑙中少见及罕见的黑色、绿色、紫色和粉色等颜色则可依据其稀少性和个人喜好择情评价，无定式标准。

一、红色系分级

红色是逊克玛瑙中的主要代表性颜色。由于逊克玛瑙的红色成因是玛瑙内部所含针铁矿和少量赤铁矿所致，因此，多数红色逊克玛瑙会混有黄色调。逊克玛瑙内部致色矿物针铁矿和赤铁矿含量的变化，会造成宏观上红色逊克玛瑙的色调、饱和度和明度随之变化。依据宝石学领域对颜色的专业评价标准，并通过多年对逊克玛瑙原石及市场成品的考察、筛选，将红色系中的逊克玛瑙品种按照色调纯正程度、饱和度大小、明度高低分为五级，见表 7-1-1 和图 7-1-1~ 图 7-1-5。

红色纯正、饱和度极浓且明度高而明亮的石榴红色，可列为一级；红色中微带黄色调、饱和度为浓且明亮的金红色，列为二级；红色调较为纯正、饱和度极浓、明度偏暗的深红色，列为三级；红色中掺有少量黄色调、饱和度中等且明度达到明亮的橙红色，列为四级；略带有棕色调、饱和度较浓且明度中等的棕红色，可列为五级。红色系逊克玛瑙中其色调、饱和度、明度达不到该五级要求者可列为等外品。

表 7-1-1　逊克玛瑙红色分级表

级别	一级	二级	三级	四级	五级
俗称	石榴红	金红	深红	橙红	棕红
色调	红	红(微黄）	红	红（偏黄）	红（微棕）
饱和度	极浓	浓	极浓	中等	较浓
明度	明亮	明亮	偏暗	明亮	中等

图 7-1-1　石榴红色逊克玛瑙戒面
（宝山红玛瑙厂供图）

图 7-1-2　金红色逊克玛瑙戒指
（于俊庆供图）

图 7-1-3　深红色逊克玛瑙戒指
（王林玛瑙供图）

图 7-1-4　棕红色逊克玛瑙戒指
（德龙火玉玛瑙艺术馆供图）

图 7-1-5　橙红色逊克玛瑙雕件
（赵军供图）

二、黄色系分级

黄色是逊克玛瑙的另一主要色系，其颜色成因与红色系相同，但其内部致色矿物的含量及比例各不相同，尤其是赤铁矿的含量更为稀少，因此，纯黄色者少见，多见条带。根据黄色系逊克玛瑙中各品种色调、饱和度、明度的特点，可将其分为六级，如表 7-1-2 和图 7-1-6~ 图 7-1-11 所示。

黄色中带有少量明显红色调、饱和度浓艳且明亮的金黄色，列为一级；黄色中微带有褐红色调、饱和度为浓且明亮的蜜黄色，列为二级；黄色纯正清新、饱和度中等且明亮的柠檬黄色，列为三级；黄色中带有棕色调、饱和度中等且明亮的棕黄色，列为四级；色调为褐黄色、饱和度为浓、明度中等的酒黄色，列为五级；黄色较浅、饱和度较淡且明亮的淡黄色，列为六级。黄色系逊克玛瑙中其色调、饱和度和明度达不到此六级要求者可列为等外品。

表 7-1-2　逊克玛瑙黄色系分级表

级别	一级	二级	三级	四级	五级	六级
俗称	金黄色	蜜黄色	柠檬黄色	棕黄色	酒黄色	淡黄色
色调	黄（微红）	黄（微褐红）	黄	黄（微棕）	黄（微褐）	浅黄
饱和度	浓	浓	中等	中等	浓	淡
明度	明亮	明亮	明亮	明亮	中等	明亮

图 7-1-6　金黄色逊克玛瑙摆件

（德龙火玉玛瑙艺术馆供图）

图 7-1-7 蜜黄色逊克玛瑙戒指
（王林玛瑙供图）

图 7-1-8 柠檬黄色逊克玛瑙戒指
（胡燕供图）

图 7-1-9 棕黄色逊克玛瑙挂件
（德龙火玉玛瑙艺术馆供图）

图 7-1-10 酒黄色逊克玛瑙挂件
（王婧雯供图）

图 7-1-11 淡黄色逊克玛瑙戒面
（德龙火玉玛瑙艺术馆供图）

第二节　纹理的质量评价

逊克玛瑙受人喜爱的一个重要原因便是其天然生长的花纹图案。不同颜色的玛瑙条带相互搭配，颜色和谐，图案优美，可以形成让人想象不到的各种花纹和图案。玛瑙天然的图案配合喜爱之人的想象力，更被人们赋予美好的寓意，表达出人们对美好生活的向往和热爱。美丽独特的逊克玛瑙就像大自然之手打造的一件件赐予人类的艺术品，图案的精美远远超出人类的想象。总体来说，条带规整、图案完整、颜色搭配协调为佳。对逊克玛瑙的纹理进行评价时，需根据不同情况具体分析，本节主要针对普通纹理中的平行纹理、折角纹理和波浪纹理及较为特殊的同心纹理和象形图案进行评价，每一种纹理可分为四级，达不到四级要求者可视为等外品。

一、普通纹理分级

普通纹理主要包括平行纹理、折角纹理和波浪纹理。逊克玛瑙普通纹理分级的主要依据是纹理细致规整程度、丝纹是否细密、走向是否优美等。通常平行纹理要求纹理平行规整，折角纹理要求折角规整清晰，波浪纹理则要求纹理的走向优美充满动感。通常将普通纹理分为四级，见表 7-2-1 和图 7-2-1~ 图 7-2-4。

表 7-2-1　逊克玛瑙普通纹理分级表

级别	级别			
	一级	二级	三级	四级
平行纹理	纹理规整	纹理大部分规整	纹理小部分规整	纹理不规整
折角纹理	折角规整	折角较规整	折角较不规整	折角不规整
波浪纹理	走向优美 有动感	走向较优美 较有动感	走向较不优美 微有动感	走向不优美 无动感

图 7-2-1　逊克玛瑙一级纹理
（玉鼎玛瑙供图）

图 7-2-2　逊克玛瑙二级纹理
（德龙火玉玛瑙艺术馆供图）

图 7-2-3　逊克玛瑙三级纹理
（阿廷河玛瑙供图）

图 7-2-4　逊克玛瑙四级纹理
（姚雨薇供图）

二、特殊纹理分级

逊克玛瑙特殊纹理主要包括同心纹理和象形图案。其中具有同心纹理的逊克玛瑙通常称为“天眼”，是由同心圆形纹理构成的眼状图纹。“天眼”作为天然玛瑙纹理的特征之一，在逊克玛瑙中较为常见，通常以眼状纹理是否完整清晰、是否生动作为其分级的主要依据，分为四级，见表 7-2-2 和图 7-2-5~ 图 7-2-8。象形图案是指逊克玛瑙中由纹理构成的似草花、山水、动物、汉字等形象的图案（奇石界有人称之为“天画”），通常以图案是否形象、是否清晰逼真作为评价依据，也分为四级，见表 7-2-2 和图 7-2-9~ 图 7-2-12。

表 7-2-2　逊克玛瑙特殊纹理分级表

纹理	级别			
	一级	二级	三级	四级
同心纹理	清晰完整生动	清晰完整较生动	清晰完整欠生动	较清晰完整不生动
象形图案	形象清晰逼真	形象较清晰逼真	形象清晰欠逼真	形象欠清晰欠逼真

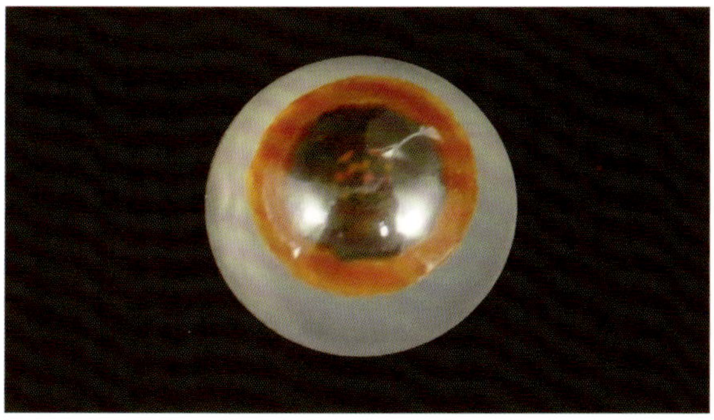

图 7-2-5　逊克玛瑙一级“天眼”
（天赐源玛瑙工作室供图）

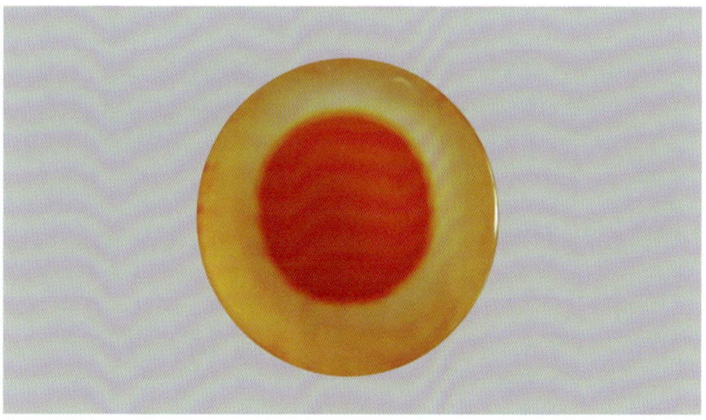

图 7-2-6　逊克玛瑙二级“天眼”
（德龙火玉玛瑙艺术馆供图）

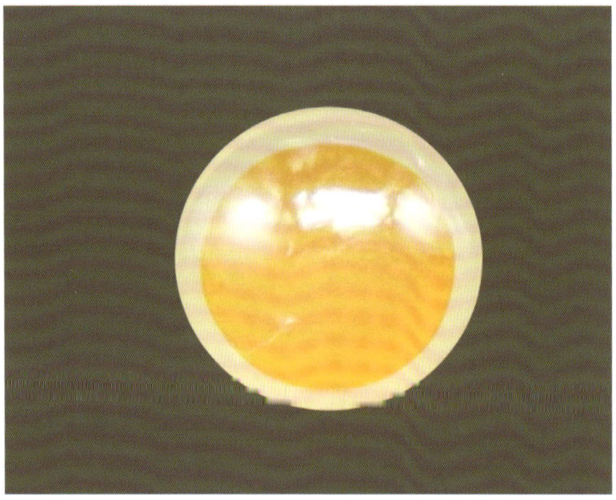

图 7-2-7　逊克玛瑙三级“天眼”
（天赐源玛瑙工作室供图）

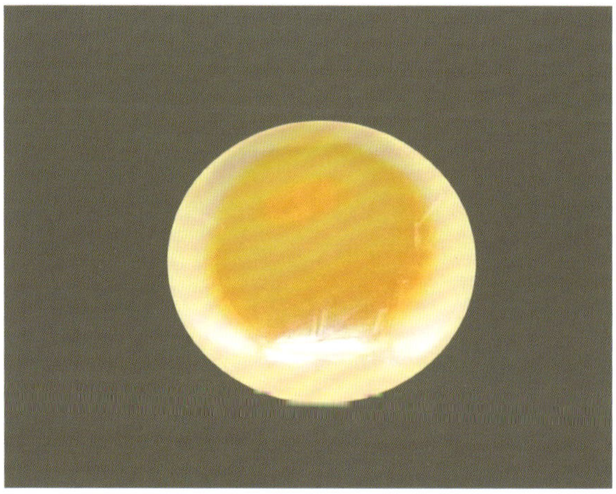

图 7-2-8　逊克玛瑙四级“天眼”
（姚雨薇供图）

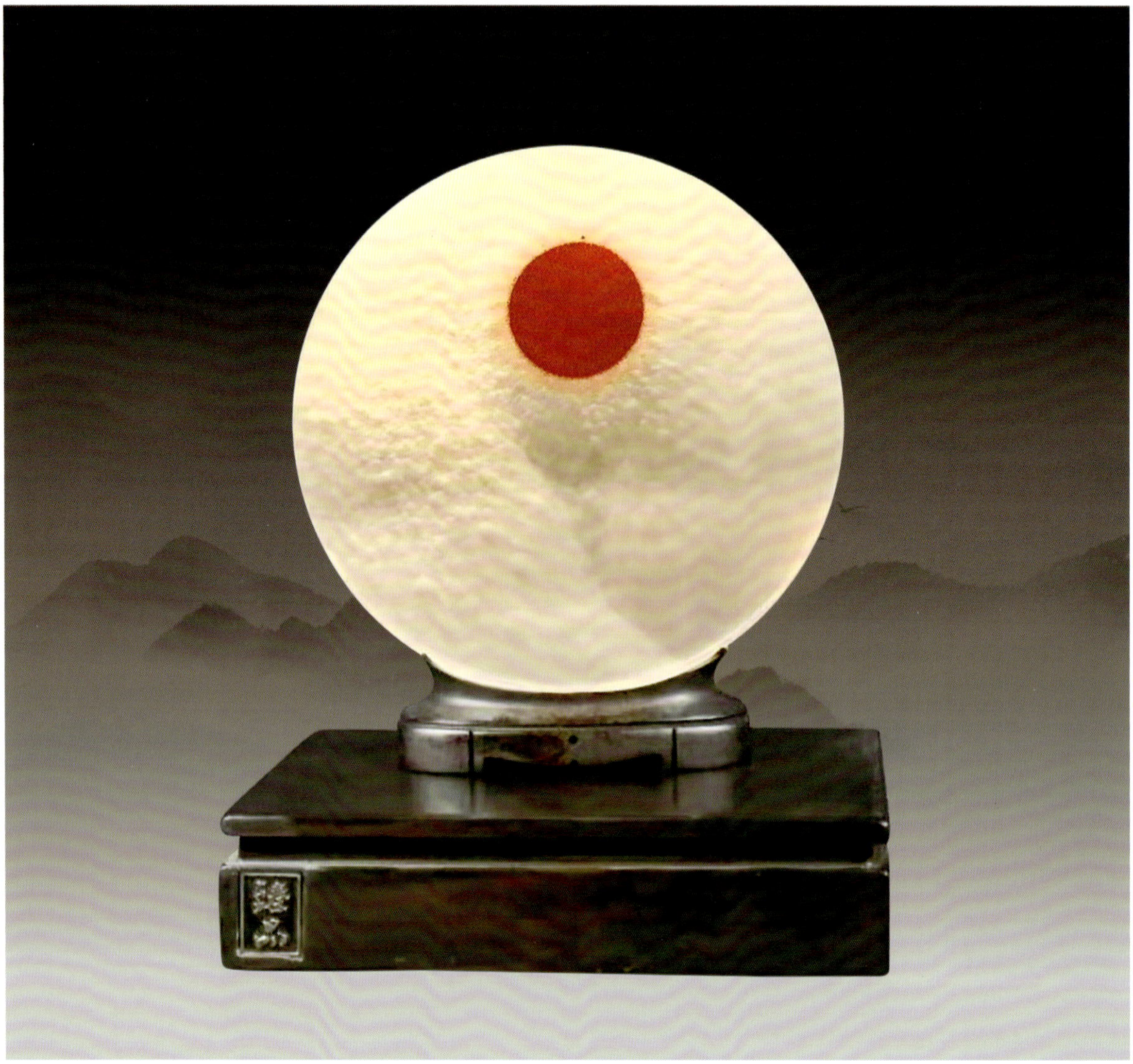

图 7-2-9　逊克玛瑙一级“天画”
（李萌玛瑙供图）

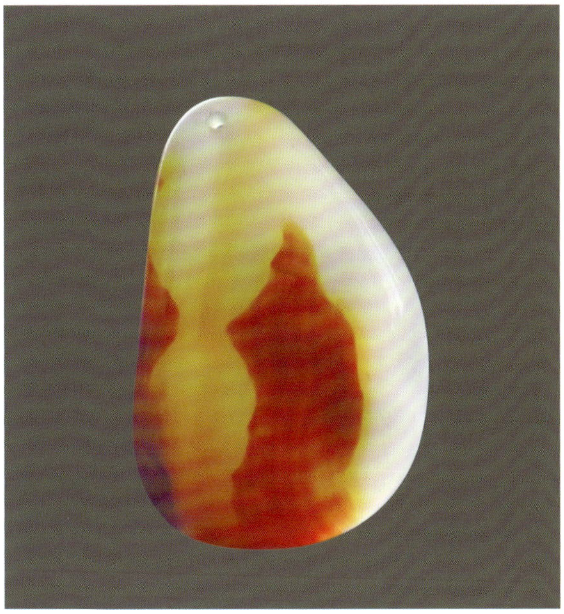

图 7-2-10　逊克玛瑙二级“天画”
（李辉玛瑙供图）

图 7-2-11　逊克玛瑙三级“天画”
（王婧雯供图）

图 7-2-12　逊克玛瑙四级“天画”
（德成玛瑙供图）

第三节　质地和透明度的质量评价

质地和透明度是评价宝玉石品质的两个重要指标，尤其是作为玉石的玛瑙，质地细腻、透明度高往往是成为宝石级优质玛瑙必不可少的条件。

一、质地分级

玛瑙质地的优劣决定着逊克玛瑙的美观性和耐久性。玛瑙的质地细密程度与其组成矿物颗粒的大小和矿物颗粒间结合的紧密程度有关。如果组成玛瑙的矿物颗粒度小，颗粒之间的空隙也小，即颗粒间结合的紧密程度高，则玛瑙的质地就细腻。

由于同一块玛瑙不同部位组成矿物颗粒的大小可能出现较大的变化，因此，玛瑙的粒度应根据组成矿物的平均大小或占优势地位的粒度大小进行判定。逊克玛瑙一般为隐晶质结构，颗粒较为细小，肉眼难以观察清楚，可根据其断口面的光滑细腻程度进行质地评价，可将逊克玛瑙的质地分为极细、细、较细、较粗和粗 5 个等级（表 7-3-1）。

表 7-3-1　逊克玛瑙质地分级表

质地级别	粒径大小（d）/mm	特征	断口描述
极细	$d<0.1$	肉眼不可见颗粒	非常光滑细腻
细	$0.1\leq d<0.5$	肉眼难见颗粒	光滑细腻
较细	$0.5\leq d<1.0$	肉眼可见颗粒	较光滑细腻
较粗	$1.0\leq d<2.0$	肉眼易见颗粒	略粗糙
粗	$d\geq 2.0$	肉眼明显易见颗粒	粗糙

图 7-3-1　质地极细的逊克玛瑙
（北红玛瑙奇石艺术馆供图）

对于逊克玛瑙来说，质感是品鉴其好坏的重要指标。逊克玛瑙主要为二氧化硅隐晶质集合体，通常肉眼不可见矿物颗粒，所以大多数逊克玛瑙质地坚韧细密，晶莹剔透，粒度均匀。但也有少量质地粗糙和较为粗糙的逊克玛瑙，肉眼可见颗粒。由于其质地较粗，很少有人将其雕刻成成品在市场上进行销售。此外，质地的好坏也会影响玛瑙光泽的强弱。光泽是逊克玛瑙对自然可见光的反射能力。逊克玛瑙的质地不同，显现出的光泽也不同。一般来说，质地致密则光感强，质地粗糙疏松则光感弱，如图 7-3-1~ 图 7-3-5 所示。

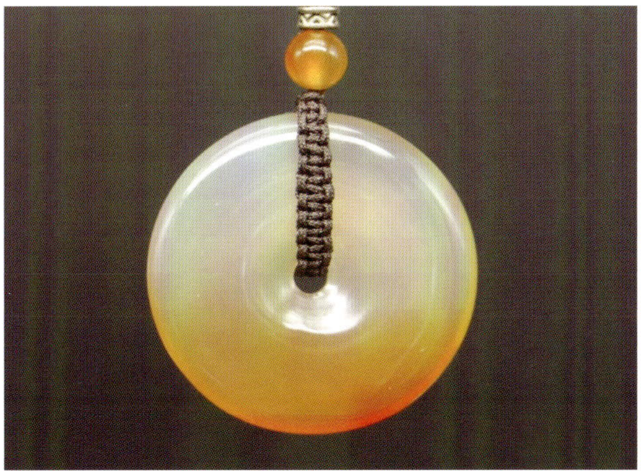

图 7-3-2　质地细的逊克玛瑙
（玉林玛瑙供图）

图 7-3-3　质地较细的逊克玛瑙
（吕氏美石工作室供图）

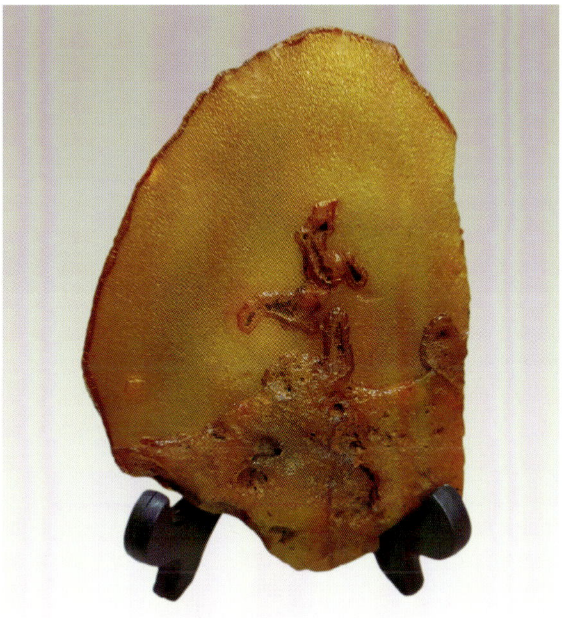

图 7-3-4　质地较粗的逊克玛瑙
（逊克方诺玛瑙供图）

图 7-3-5　质地粗的逊克玛瑙
（北红玛瑙奇石艺术馆供图）

二、透明度分级

透明度是指物体透过可见光的能力。量化透明度，需要引入透过率的概念。在入射光通量自被照面或介质入射面至另外一面离开的过程中，投射并透过物体的辐射能与投射到物体上的总辐射能之比，称为该物体的透过率（T）。透过率越高，说明该物体的透明度越高。

逊克玛瑙的透明度变化很大，从接近于玻璃般的透明程度到不透明。透明度对逊克玛瑙的外观和价值有着直接的影响。透明度较好的玛瑙，呈现出一种温润柔和的美感，透明度差的玛瑙则少了些许灵动感。同一件玛瑙制品的透明度会有不同程度的差异，需要观察其不同部位的透明度变化情况。

影响玛瑙透明度的因素主要有以下几个方面。

1）玛瑙厚度的影响：厚度越大，玛瑙的透明度越低。

2）玛瑙颜色的影响：对于同一颜色系列的玛瑙来说，颜色越深，透明度越低。

3）杂质对透明度的影响：由于杂质使入射光在传播中发生折射、散射等，会使通过玛瑙的光强度降低，从而影响玛瑙的透明度。

4）结构对透明度的影响：玛瑙的透明度受到组成矿物颗粒的大小和颗粒间结合紧密程度的影响。玛瑙颗粒的粒度越不均匀，排列越紊乱，边缘接触越不平直，其对光的折射和散射作用越强，透明度则越低。

逊克玛瑙的透明度从高到低依次可划分为透明、亚透明、半透明、微透明和不透明 5 个等级，如表 7-3-2 和图 7-3-6～图 7-3-11 所示。

需要说明的是，同一色系中同种颜色的逊克玛瑙，透明度越高其价值越高。透明度对于白色系和灰色系逊克玛瑙更为重要，其品种多以透明度进行划分，其中透明度较高的“白冰”和“灰冰”品种的逊克玛瑙价值高于透明度较低的乳白、瓷白、灰白、白灰和灰色等逊克玛瑙品种的价值。此外，逊克战国红玛瑙的透明度最低，因此，作为饰品在市场上流通时其价值普遍较低。

表 7-3-2　逊克玛瑙透明度分级表

级别	观感描述	透过率（T）/ %	俗称
透明	能透光，内部特征较为清楚	$T \geqslant 90$	冰透料
亚透明	能透光，内部特征不太清楚	$T \geqslant 70$	冰料
半透明	部分能透光，内部特征模糊	$60 \leqslant T < 70$	糯冰料
微透明	仅边缘可透光	$50 \leqslant T < 60$	有石性
不透明	不可透光	$T < 50$	石性重

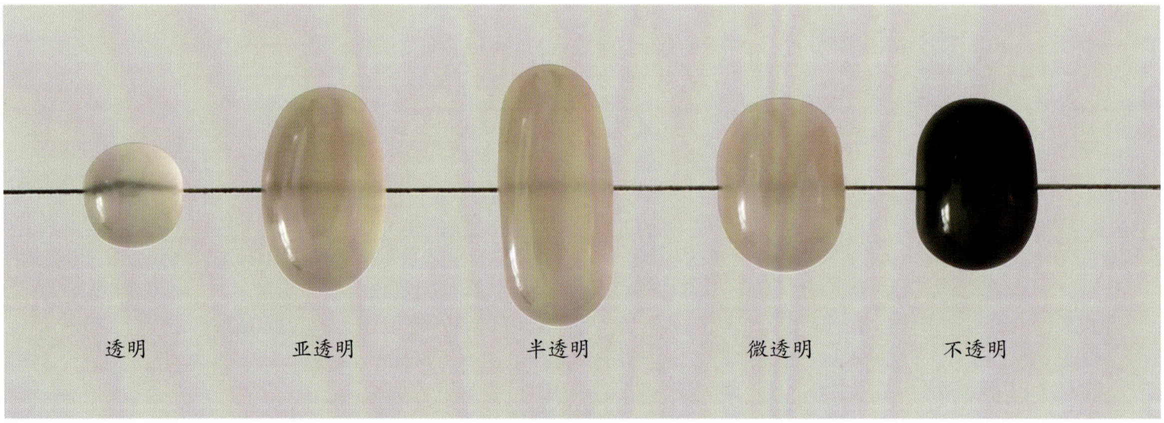

图 7-3-6　由左至右透明度逐渐降低的逊克玛瑙示意图

（姚雨薇供图）

图 7-3-7　透明逊克玛瑙
（德龙火玉玛瑙艺术馆供图）

图 7-3-8　亚透明逊克玛瑙
（阿廷河玛瑙供图）

图 7-3-9　半透明逊克玛瑙
（北红玛瑙奇石艺术馆供图）

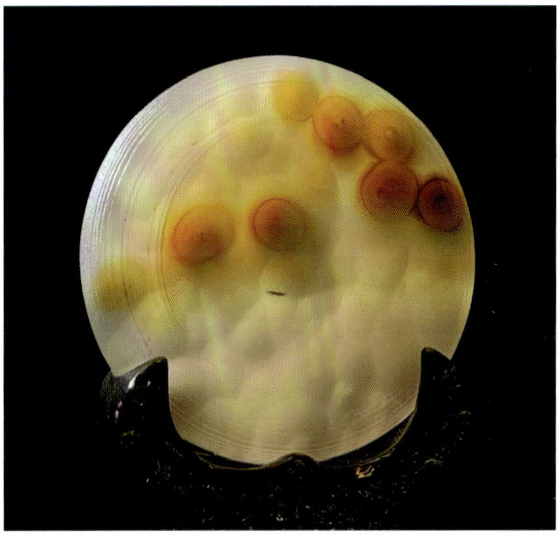

图 7-3-10　微透明逊克玛瑙
（北红玛瑙奇石艺术馆供图）

图 7-3-11　不透明逊克战国红玛瑙
（赵军供图）

首届“汉风杯”最佳创意奖《慈母手中线》

（孙永作品，天一孙永玉雕艺术工作室供图）

第四节 净度的质量评价

净度，顾名思义，是指洁净程度。玛瑙的净度是指能够影响玛瑙外观完善性的各种因素存在的多少及其程度。对逊克玛瑙而言，能够影响净度的主要因素有绺裂、水晶芯、脏点和黑块等。这些因素通常会给逊克玛瑙的外观带来负面的影响，有时也被称为瑕疵。

一、影响净度的因素及其识别

（一）绺裂

绺裂又称裂纹，是未经愈合的裂隙，可延伸至玛瑙表面。在影响玛瑙外观的诸多瑕疵中，裂纹对玛瑙的净度影响最大，同时会影响玛瑙制品的耐久性。裂纹的形成原因有很多种，剧烈的地质活动、原料的开采运输、成品的加工打磨抛光都有可能破坏玛瑙的连续性和完整性，形成不同程度的裂纹。通常在玛瑙制品中发现的裂纹大致可分为微裂纹、细裂纹和大裂纹 3 种。这 3 种不同程度的裂纹给玛瑙品质和价值带来的影响也各有不同。

1. 微裂纹

裂纹的走向与成品表面之间有一定的角度，而且角度很小，进入成品表面少许，视为微裂纹。微裂纹对玛瑙制品的品质和价值影响稍小。部分浮现于表面的微裂纹也可根据器形适当修磨去除。部分较浅的微裂纹较为细小，肉眼难以察觉，需要在某些特定角度利用特定光源或借助放大镜才能发现（图 7-4-1）。

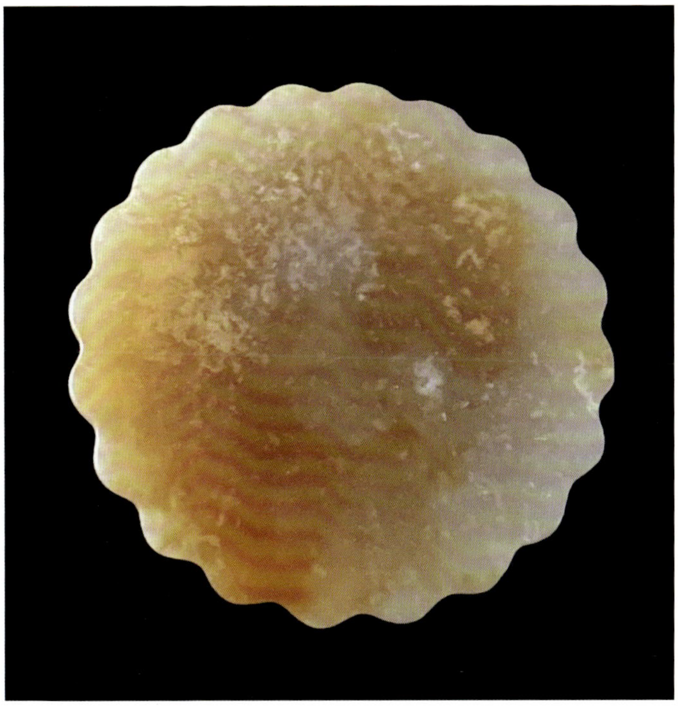

图 7-4-1 逊克玛瑙中的微裂纹
（王婧雯供图）

2. 细裂纹

细裂纹一般出现在玛瑙制品表面的某一部位，具有一定的长度，且近似于垂直成品

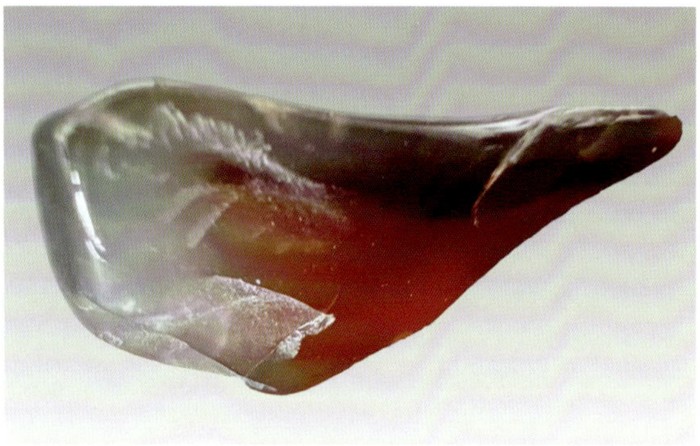

图 7-4-2　逊克玛瑙中的细裂纹
（王婧旻供图）

图 7-4-3　逊克玛瑙中的大裂纹
（姚雨薇供图）

表面并深入其内部一定深度，一般是在自然环境变化过程中形成的。部分微裂纹的位置具有隐蔽性，在普通光线下不容易发现，可借助手电光进行观察。与微裂纹相比，细裂纹对玛瑙品质和价值的影响较大（图 7-4-2）。

3. 大裂纹

大裂纹一般指在玛瑙成品表面和内部形成的闭合、半闭合裂隙，部分裂纹甚至贯穿整个玛瑙制品（图 7-4-3）。大裂纹一般在开采前就已经形成，推测其和玛瑙形成时发生的剧烈地质活动有关。大裂纹对于玛瑙制品品质和价值的影响是很大的，同时会对其耐久性产生较大的负面影响。此外，具有大裂纹的玛瑙在加工、佩戴和把玩的过程中均存在碎裂的危险。

（二）水晶芯

玛瑙中的水晶芯是指在玛瑙中普遍出现的结晶石英颗粒（俗称“砚”），多出现于玛瑙中心位置（图 7-4-4），也可出现于其他位置（图 7-4-5）。水晶芯的存在有利有弊，若在玉雕摆件作品中，玉雕师会将其巧妙运用在设计中，巧思俏用，为其所设计的玉雕题

图 7-4-4　逊克玛瑙中的水晶芯
（玉鼎玛瑙供图）

图 7-4-5　水晶芯
（姚雨薇供图）

材作品锦上添花（图 7-4-6，图 7-4-7）；若在佩戴的首饰成品中，由于水晶芯与玛瑙主材质的硬度不同，琢磨时会出现表面平整度和光泽不一致的现象，并且会影响首饰成品的抛光度和耐久性，也会对后期玛瑙首饰的保养清洁增加难度。

图 7-4-6　巧妙运用水晶芯的雕刻作品《北极情》

（马宝军供图）

图 7-4-7　巧妙运用水晶芯的雕刻作品《傲雪寻梅》

（2019 年“天工奖”优秀作品，曲录福供图）

（三）脏点和黑块

除了绺裂和水晶芯之外，玛瑙中还可常有呈点状、斑状、丝状或带状的暗色或黑色部分，这些不同形态的暗色或黑色部分可能是由不同原因造成的，并且在矿物组成上也会有很大的差异，一般是铁的氧化物或氢氧化物。这些脏点或黑块通常会对玛瑙制品的美观性造成一定程度的负面影响，但也有例外，若这些暗色斑点在玛瑙基底上自然形成一种象形图案时（图 7-4-8），也可以作为观赏石或玛瑙饰品进行应用，会提升自身的价值。

图 7-4-8　脏点形成象形图案的逊克玛瑙挂件

（北红玛瑙奇石艺术馆供图）

二、净度分级

逊克玛瑙净度的等级取决于其所存在的瑕疵对外观完美性和美观性的影响程度。通常在垂直或斜向照明的情况下，用肉眼观察（可用透射光）瑕疵可见的难易程度进而判断其对玛瑙外观完美性和美观性的影响程度。根据瑕疵的影响程度，逊克玛瑙的净度可分为极纯净、纯净、较纯净、尚纯净和不纯净5个级别，如表7-4-1和图7-4-9～图7-4-13所示。

表7-4-1　逊克玛瑙的净度级别

级别	特征
极纯净	看不出或很难看出瑕疵
纯　净	仔细观察不易看出瑕疵
较纯净	仔细观察可见脏点或微裂纹
尚纯净	易见裂纹或脏点
不纯净	可见明显的裂纹和脏点或黑块等

图7-4-9　极纯净的逊克玛瑙挂件
（李萌玛瑙供图）

图7-4-10　纯净的逊克玛瑙挂件
（王林玛瑙供图）

图7-4-11　较纯净的逊克玛瑙手镯
（姚雨薇供图）

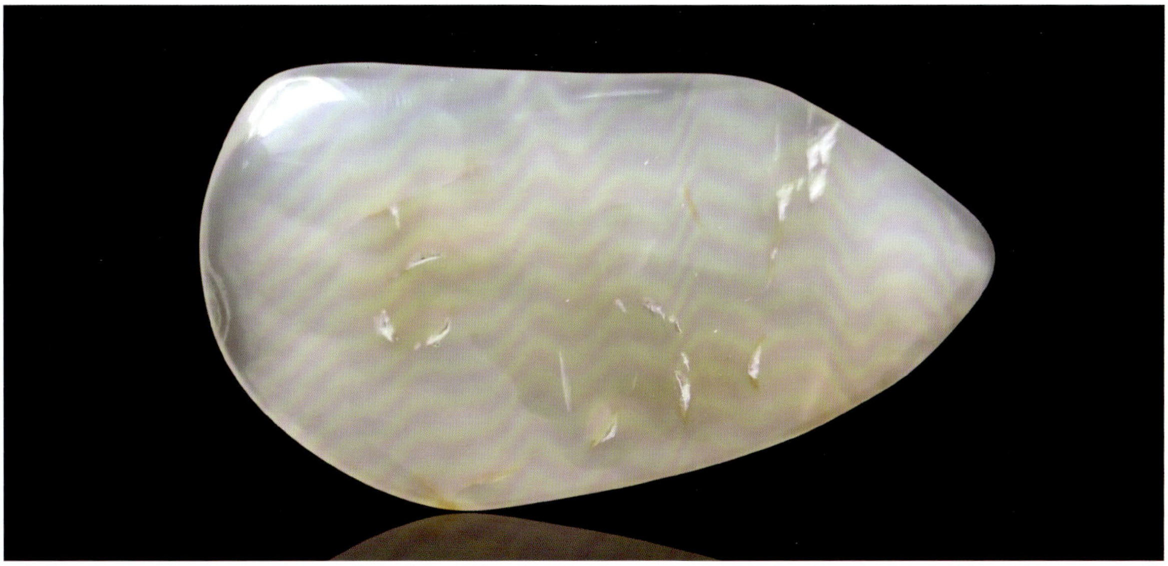

图 7-4-12　尚纯净的逊克玛瑙
（姚雨薇供图）

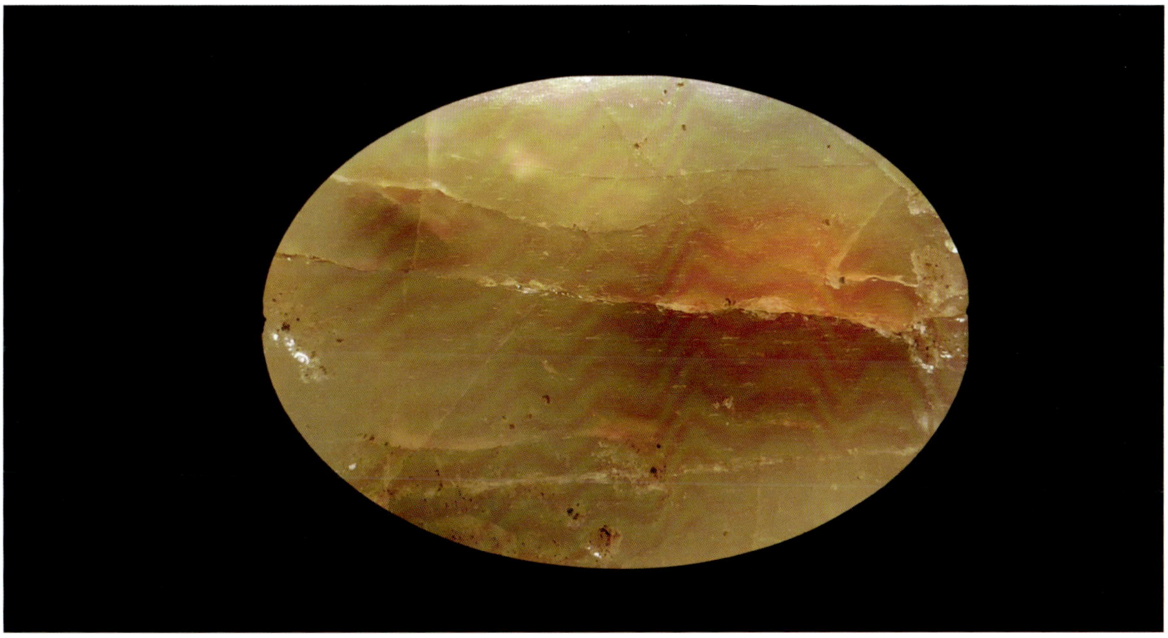

图 7-4-13　不纯净的逊克玛瑙
（姚雨薇供图）

需要关注的是，在影响玛瑙制品完美性和美观性的净度因素中，裂纹对玛瑙制品品质和价值的影响最大。此外，不同的玛瑙制品对外观完善程度的要求有所不同，这就增加了玛瑙制品净度级别划分的难度。通常素面玛瑙制品（如戒面、玉镯等）的瑕疵易于认定；而雕件制品上的瑕疵一般难以判定，如杂色常被用作俏色加以利用，微裂纹常被雕刻的线条所掩盖（俗称“遮绺”）。因此，同样的瑕疵在不同类型的玛瑙制品上的明显程度不一样，如玛瑙雕件上的小瑕疵可能会被表面起伏的花纹掩盖而不容易被发现。

第五节　逊克玛瑙的综合质量评价

逊克玛瑙作为石英质玉石的一个重要品种，既具有石英质玉石普遍存在的宝石学性质中的共性（化学成分、折射率、密度、硬度等），也由于其地质背景和形成环境的不同，造就了逊克玛瑙在颜色、透明度、结构构造等方面的个性差异，因而呈现出复杂多样的颜色、多姿多彩的纹理和不同的质地及透明度（图 7-5-1~ 图 7-5-4），并且根据前述质量评价要素对其进行分级时，只有少数逊克玛瑙中的各个要素能够同时对应分级表中的同一等级，绝大多数逊克玛瑙往往是分散对应的。例如，某逊克玛瑙颜色分级为一级，纹理分级是二级，净度分级为三级，透明度分级为三级，此时就无法简单认定其等级。因此，对逊克玛瑙的质量评价需要综合考虑多方面的因素，全面考量其各项分级要素的权重，进行综合评估，才能得出最终的等级定论。

图 7-5-1　逊克玛瑙挂件
（德龙火玉玛瑙艺术馆供图）

图 7-5-2　逊克玛瑙玉雕摆件
（吕氏美石工作室供图）

图 7-5-3　逊克玛瑙俏色摆件
（逊克方诺玛瑙供图）

图 7-5-4　逊克玛瑙手镯
（红瑾阁供图）

一、全面分析各要素的权重

自然产出的每一块逊克玛瑙都有其独有的特点。由于逊克玛瑙属于彩色宝玉石品种，根据国际宝石界惯例和中国“红尊黄贵”的传统理念，并参照我国现有的玉石分级标准和国际市场商贸规则，逊克玛瑙中的颜色权重最大，可占 50% 左右。通常纯色或单色的颜色在市场交易评价时有着“正、阳、浓、匀”为优的规则，其中“正”对应着颜色要素中色调的纯正，不偏色；“阳”对应着颜色要素中明度的最高级别，明亮鲜艳；“浓”对应着颜色要素中饱和度的最高值，浓郁饱满；“匀”则要求颜色在观赏面的分布要均匀一致，无色差。目前，逊克玛瑙颜色品种的价值为红色系 > 黄色系 > 白色系 > 灰色系，如图 7-5-5 和图 7-5-6 所示。至于稀少的黑色、绿色和罕见的紫色、粉色，可视具体情况单独评价。

图 7-5-5　价值较高的红色逊克玛瑙戒面
（德龙火玉玛瑙艺术馆供图）

图 7-5-6　价值较低的红色、黄色、白色逊克玛瑙珠子
（姚雨薇供图）

由于逊克玛瑙多具有颜色条带和多色的现象，因此，优质的纯色或单色玛瑙更显得珍贵，其价值往往在多色和条带玛瑙之上。对于多色和条带玛瑙颜色的评价，宝玉石行业讲究“和”或“俏”，是指多色或条带在同一块玛瑙上颜色非常和谐美观俏丽，别有一番美感，价值较高。若多种色彩或多色条带在同一块玛瑙上生硬别扭不美观，则其价值较低。至于纹理、质地、透明度和净度等要素的评价权重，可根据实际情况进行具体分析，并结合基底颜色产生的共同美感和效果进行均衡考量，如图 7-5-7 和图 7-5-8 所示。

图 7-5-7　纹理、透明度、质地、净度俱佳的逊克玛瑙挂件
（德龙火玉玛瑙艺术馆供图）

图 7-5-8　颜色、纹理、透明度、净度俱佳的逊克玛瑙挂件
（群一玛瑙艺术馆供图）

此外，对逊克玛瑙进行综合质量评价时，还要考虑尺寸与质量的影响因素。尺寸和质量不仅仅是玛瑙计价的依据，而且也是稀有性的重要体现。一般来说，玛瑙优先以尺寸来划分（图 7-5-9~ 图 7-5-12），不容易量化尺寸的，以质量划分。在同品质、同器形的前提下，尺寸、质量越大的逊克玛瑙级别越高、价值越大。对于高品质的玛瑙来说，尺寸和质量更是影响其价值的重要因素，随着尺寸加大、质量增加，其价值可实现极大的增长。对于低品质的玛瑙来说，尺寸和质量对价值的影响相对较小一些，但是在其他评价要素大致相同的情况下，尺寸和质量较大者仍具有较高的价值。

图 7-5-9 同品质、尺寸不同的逊克玛瑙制品
（于俊庆供图）

图 7-5-10 尺寸较大的逊克玛瑙手镯
（北红玛瑙奇石艺术馆供图）

图 7-5-11 尺寸较小的逊克玛瑙雕件
（李记玛瑙供图）

图 7-5-12 尺寸较大的逊克玛瑙雕件
（北红玛瑙奇石艺术馆供图）

二、原石与成品的分级

在综合评价逊克玛瑙时，无论是原石还是成品，都要考虑颜色、纹理、质地、透明度和净度因素的影响，同时还要兼顾尺寸与重量的大小。

（一）原石的分级

评价逊克玛瑙原石时，要衡量颜色、纹理、质地、透明度和净度等因素的影响程度，其中颜色和净度会对其价值产生较大的影响，尤其是净度要素中的瑕疵在原石评价中显得尤为重要。瑕疵严重（尤其是存在不同程度的裂纹）的逊克玛瑙原石会严重影响逊克玛瑙的美观性和耐久性，因而价值较低，很少用于加工制作，这也是极少在市场上发现有裂纹的逊克玛瑙成品的原因。

通常情况下，具有浓艳的红色或纹理优美、结构致密、质地细腻、透明度高且净度较完美的逊克玛瑙原石价值较高（图 7-5-13，图 7-5-14）。由于一些原石未经抛光或带有皮壳，有经验的从业者可借助聚光手电进行挑选和评价逊克玛瑙原石（图 7-5-15）。有些原石虽透明度低瑕疵多，但其形状或条带花纹较为独特（图 7-5-16），可作为观赏石或奇石应用（见第八章）。根据颜色、纹理、质地、透明度、净度和块度等方面，可对逊克玛瑙原石进行综合评价并分为四级（表 7-5-1），未达到四级标准的原石属于等外品。

表 7-5-1 逊克玛瑙原石综合评价分级表

评价要素	分级			
	一级	二级	三级	四级
颜色	“正、阳、浓、匀、和”满足5项	“正、阳、浓、匀、和”满足3项	“正、阳、浓、匀、和”满足2项	“正、阳、浓、匀、和”满足1项
纹理	优	较优	中等	较差
质地	细腻	较细腻	较粗	粗
透明度	透明	亚透明	半透明	微透明
净度	极纯净	纯净	较纯净	尚纯净
块度	大	较大	较小	小

图 7-5-13 不同颜色的玛瑙原石
（姚雨薇供图）

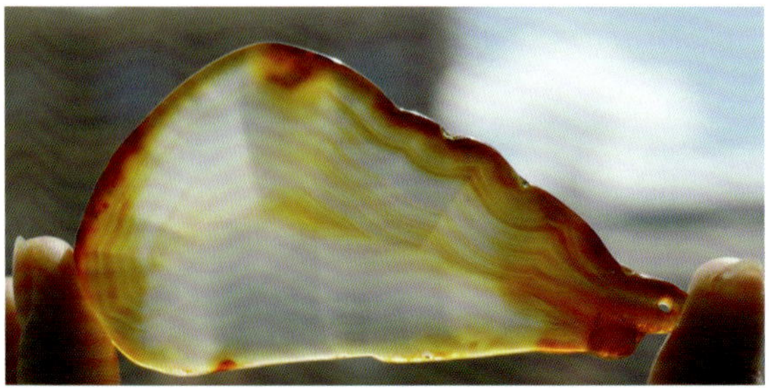

图 7-5-14 缠丝玛瑙片料
（于俊庆供图）

图 7-5-15 聚光手电灯光下的逊克玛瑙原石
（北红玛瑙奇石艺术馆供图）

图 7-5-16 逊克玛瑙观赏石
（北红玛瑙奇石艺术馆供图）

（二）成品的分级

根据用料和工艺性特点，逊克玛瑙成品可分成素件制品和雕刻制品两大类型。玛瑙素件制品的类型有戒面、圆珠、桶珠、手镯、扳指、挂坠、牌、手排和器皿等类型；雕刻制品一般可分为花牌、挂坠、手把件、摆件和其他等类型，每一类型的制品都有各自不同的工艺指标（见第九章）。在不同类型的逊克玛瑙制品的评价过程中，各评价要素的占比不同。

图 7-5-17　逊克玛瑙素面饰品
（逊克方诺玛瑙供图）

在评价逊克玛瑙素件制品时，颜色、透明度和净度对其价值的影响较大，要求无明显内眼可见的瑕疵；其次，美丽规整或具有特殊象形意义的纹理也可以提高逊克玛瑙的价值。此外，好的加工工艺可以极大地提升其美观程度和商业价值。对于素件制品的设计加工评价，主要看成品的轮廓形态是否优美、比例是否恰当、加工工艺是否精细等。一般来说，颜色艳丽、纹理优美、透明度高、净度完美、工艺精湛和尺寸适当的逊克玛瑙饰品价值较高（图 7-5-17，图 7-5-18）。

图 7-5-18　逊克玛瑙器皿
（吕氏美石工作室供图）

评价逊克玛瑙雕刻制品时，对原料的要求没有素件制品那么严格，主要评价其成品的设计是否充分发挥原料的优点和特点、造型是否具有创意、俏色是否巧用、雕工和抛光工艺是否优良、设计雕工是否恰到好处地展现逊克玛瑙的美感并传达出美好的寓意等。通常好的雕刻工艺可以化腐朽为神奇或达到锦上添花的效果（图 7-5-19，图 7-5-20）。除了设计雕工外，评价逊克玛瑙雕刻制品也需要兼顾颜色、纹理、质地、透明度、净度和尺寸等评价要素。

图 7-5-19　逊克玛瑙雕刻吊坠
（群一玛瑙艺术馆供图）

图 7-5-20　逊克玛瑙黑白皮俏色雕刻吊坠
（群一玛瑙艺术馆供图）

需要说明的是，逊克玛瑙加工成器时，特定器形的留料率在一定程度上影响其价值。例如，在素件制品系列中，手镯的基本定价是最高的，其次是戒面，然后是怀古和玉扣等制品，而雕刻制品一般均低于素件制品的基本定价，这也体现了材料大小、品质和稀有程度对逊克玛瑙价值的影响。手镯所需要的材料尺寸最大，质地、净度等品质要求最严格，稀有性最大；戒面的体积虽小，但是对颜色、净度、透明度等要求较高；玉扣等制品对材料的要求较宽一些，要求材料没有明显的瑕疵。一般有瑕疵的材料可用来制作雕刻制品。但是，这并不代表同种器形的情况下，制品的尺寸和质量越大越好。玛瑙制品的大小受到可用性的约束，符合正常尺寸最为恰当。

总体来讲，对于逊克玛瑙成品的质量评价与分级，要具体且全面地考量其各项要素权重，综合进行等级评估，才能得出最后的分级（表 7-5-2）。

表 7-5-2　逊克玛瑙成品综合评价分级表

评价要素	分级			
	一级	二级	三级	四级
颜 色	“正、阳、浓、匀、和”满足5项	“正、阳、浓、匀、和”满足3项	“正、阳、浓、匀、和”满足2项	“正、阳、浓、匀、和”满足1项
纹 理	优	较优	中等	较差
质 地	细腻	较细腻	较粗	粗
透明度	透明	亚透明	半透明	微透明
净 度	极纯净	纯净	较纯净	尚纯净
尺寸质量	恰当	较恰当	尚恰当	不恰当
设计雕工	优	良	中等	差

【章结语】

评价逊克玛瑙时，主要考虑颜色、纹理、质地、透明度和净度等因素。逊克玛瑙颜色丰富，针对其彩色系列——红色系和黄色系进行质量分级。红色系分为五级，以石榴红色为上品；黄色系分为六级，以金黄色为上品。逊克玛瑙纹理千变万化，有较为普通的平行纹理、折角纹理和波浪纹理，还有较为特殊的同心纹理和象形图案，每一种纹理分级均有 4 个等级，总体以条带规整、图案完整、颜色搭配协调为佳。对逊克玛瑙质地、透明度和净度方面进行分级时，均分为五级，一级品质地细腻、透明度高、内部纯净无杂质。此外，尺寸和质量也会影响逊克玛瑙的价值。逊克玛瑙加工成品还需关注其加工工艺水平。逊克玛瑙的质量评价是一门专业性很强的技能，需要长期的经验积累，并综合考量逊克玛瑙的多方面特性，才能使其价值评估客观准确。

第八章

逊克玛瑙自然美与艺术美

逊克玛瑙观赏石《寒江独钓》

（北红玛瑙奇石艺术馆供图）

逊克玛瑙观赏石《鹊笑鸠舞》

（北红玛瑙奇石艺术馆供图）

自然美，从定义上来说是指本属于自然界，非人工创造或未经各类现代加工工艺改造过的物体所展示出美感的代名词，通常以最基础的色、线、形表现，不以人的意志为转移，需要人们根据自身的艺术认知、审美情趣来体会。艺术美是由心灵产生的，是再生的美，它包括内在美与形式美。内在美反映人的本质，也体现社会美的本质；形式美包括物体形象、结构、色彩、工艺之美。

逊克玛瑙观赏石是自然美与艺术美完美结合的产物，从自然美的角度进行美学鉴赏是极为重要的观赏方式，而在设计和创作过程中如何更好地彰显其独特的自然之美，赋予它恰当的内容，则是广大玛瑙爱好者和设计艺术家所需要考量的重要问题。本章我们从观赏石分类和鉴赏两个角度深入了解逊克玛瑙的美学特征，始于赏“形”，终于品“意”，感受逊克玛瑙低调的神韵美。

第一节　琳琅满目的观赏石

逊克玛瑙观赏石（奇石）是大自然的产物，图纹色彩天然形成，花色品种千姿百态，颜色组合自然随意，纹带线条排列流畅，各种内含物组合诗情画意，让你产生无尽的遐想。这种鬼斧神工的妙趣，令人惊叹和陶醉。逊克玛瑙观赏石种类繁多，依据人们的鉴赏传统与习惯、人文意识与审美取向及观赏石呈现的艺术形式和特点，可将其划分为造型石和图纹石两大类型。

一、造型石

传统意义上的造型石泛指以体现雕塑艺术感为主的观赏石，主要包括以模山范水为主的景观石，以拟人状物为主的具象石，以艺术造型为主的抽象石和以瘦、皱、漏、透为审美标准的传统赏石。逊克玛瑙观赏石中造型石比比皆是，但多以具象石为主。不论是以单石塑造人物、动物、植物等具象事物的“象形石”，还是多石配合讲述精彩故事的“组合石”，求其形、赏其貌，件件形态逼真，直观生动，寓意深刻，引人遐思。

（一）象形石

象形石是指纯天然形成未经过人工打磨修饰具有象形特质的观赏石，其形态与世间万物相像，并能与实际生活联系起来，花鸟鱼虫，才子佳人，应有尽有，如天作之合，具有可辨识的特征。由于象形石非常难得，因此，历代藏石者都把象形石列为首选。好的象形石就像是雕塑大家的艺术作品，典雅、大气，富有立体感。由于观赏石追求天然性，所以每一方好的象形石都是独一无二的，这就奠定了其珍贵性。逊克玛瑙象形石较为多见，但只有达到比例适当、貌全、动感、线条流畅、轮廓清晰、形神皆备等审美条件者，方可视为极品石。

在逊克玛瑙观赏石中，象形石较为多见，动物、花草、水果……应有尽有，灵巧生动。天地给了石头不一样的生命力，置身石前，我们不由感叹大自然的鬼斧神工。眼睛又圆又亮，嘴巴扁扁小小，这样的小黄鸭笨拙却不失可爱，黄色逊克玛瑙上凸起的纹路仿佛是小黄鸭的美丽羽毛，头部黑色的眼睛画龙点睛，逊克玛瑙象形石《黄嘴鸭子》栩栩如生、憨态可掬、惹人怜爱（图 8-1-1）；生命是破壳小鸡，迎接新生，白色部分为残存蛋壳，红色部分是顶壳而出的小鸡，逊克玛瑙象形石《破壳新生》小巧玲珑、形象生动（图 8-1-2）；巢中幼鸟刚刚长满鲜亮的羽毛，小嘴一张一合，叽叽喳喳，微翘着尾巴，睁开懵懂的眼睛探望着世界，逊克玛瑙象形石《雏鸟》惟妙惟肖，描绘出子望母归之景，弘扬仁爱慈善的博大胸怀（图 8-1-3）；潮平两岸阔，风正一帆悬，逊克玛瑙象形石《一帆风顺》（图 8-1-4）的形态像极了海面上扬起的白帆，它呼啸在暴风中，腾跃在波谷里，急行在骤雨中，喧嚣在狂浪中，穿行于礁石间……如海上行舟，一帆风顺，驶进更美丽广阔的碧海蓝天。逊克玛瑙象形石的造型诉不尽、道不完，各式各样的形态（图 8-1-5，图 8-1-6）都以一种最直观的方式展示着自然的美好，也向世人传播着积极向上的精神力量。

图 8-1-1　逊克玛瑙象形石《黄嘴鸭子》
（北红玛瑙奇石艺术馆供图）

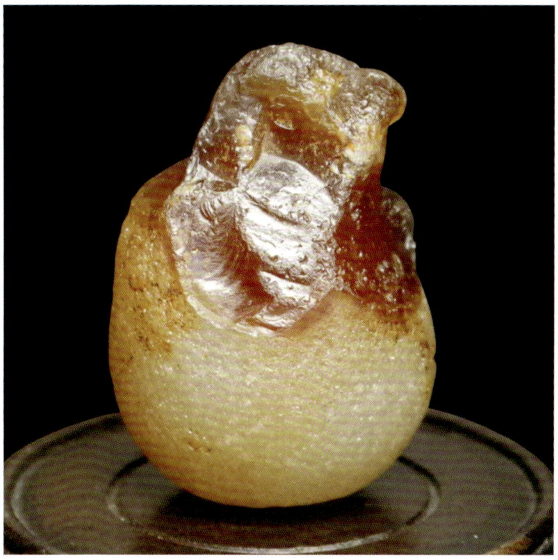

图 8-1-2　逊克玛瑙象形石《破壳新生》
（北红玛瑙奇石艺术馆供图）

图 8-1-3　逊克玛瑙象形石《雏鸟》
（北红玛瑙奇石艺术馆供图）

图 8-1-4　逊克玛瑙象形石《一帆风顺》
（逊克宝山玛瑙博物馆供图）

图 8-1-5 逊克玛瑙象形石《仙桃》
（北红玛瑙奇石艺术馆供图）

图 8-1-6 逊克玛瑙象形石《佛手》
（姚雨薇供图）

（二）组合石

一件好的象形石，能够无限接近所描绘的事物，灵巧自然，栩栩如生。然而，单石形式在内涵表现上容易受到限制，将其进行组合搭配却能产生奇妙的效果。因此，这种集创作和欣赏于一体的组合石新玩法便应运而生。

所谓组合石，狭义来讲，是指通过精心构思和巧妙布局，将两块及两块以上的奇石进行搭配组合，最终达到形成一个整体、描绘一个场景或讲述一个故事的目的。组合石更多地关注其艺术美感、主题演绎和形成难度，是艺术性、人文性、科学性三者的有机统一。

在偌大的自然界里，能够用来收藏和欣赏的奇石不可多得，有时在寻觅过程中偶然遇到的一些小石头，纵使色彩质地极佳，但因缺少一部分弃之实属可惜，不如试着将其加以组合，拼凑出一个完美的整体，或许同样能够收获一份意想不到的惊喜。逊克玛瑙组合石《蘑菇》（图 8-1-7）和《悟道佛》（图 8-1-8）就是由两块或两块以上的石体组合而成，最

图 8-1-7 逊克玛瑙组合石《蘑菇》
（北红玛瑙奇石艺术馆供图）

图 8-1-8 逊克玛瑙组合石《悟道佛》
（北红玛瑙奇石艺术馆供图）

终呈现的整体效果令人惊艳。让每一块石头都充分发挥其作用，将缺憾凝聚成美丽，是组合石存在的意义之一。

奇石组合不仅能够“变废为宝”，还能以一种独特的方式演绎世间实景、讲述永恒经典。有些奇石组合本身就能“讲好故事”，再加上正确的摆放和环境的烘托，足以彰显其不凡的价值。逊克玛瑙组合石《米芾拜石》两石相对而立（图8-1-9），单有表现米芾主题的奇石远远不够，一方颜色厚重、奇巧至极的古典赏石与其配合，遥相呼应，共同将米芾爱石迷石之深情展现得淋漓尽致；逊克玛瑙组合石《杏坛讲学》两石一上一下（图8-1-10），恰似孔子弦歌讲学、授业解惑之景，是圣人孔子“诲人不倦”的缩影图。有些组合石能够讲好中华经典故事，同样还有部分奇石组合能够表现一些温情愉快的常见场景，如逊克玛瑙组合石《窃窃私语》（图8-1-11）、《津津有味》（图8-1-12），真实的生活场景引人入胜，带赏石者在石中寻觅人世痕迹。

图8-1-9　逊克玛瑙组合石《米芾拜石》
（北红玛瑙奇石艺术馆供图）

图 8-1-10　逊克玛瑙组合石《杏坛讲学》
（北红玛瑙奇石艺术馆供图）

图 8-1-11　逊克玛瑙组合石《窃窃私语》
（赵军供图）

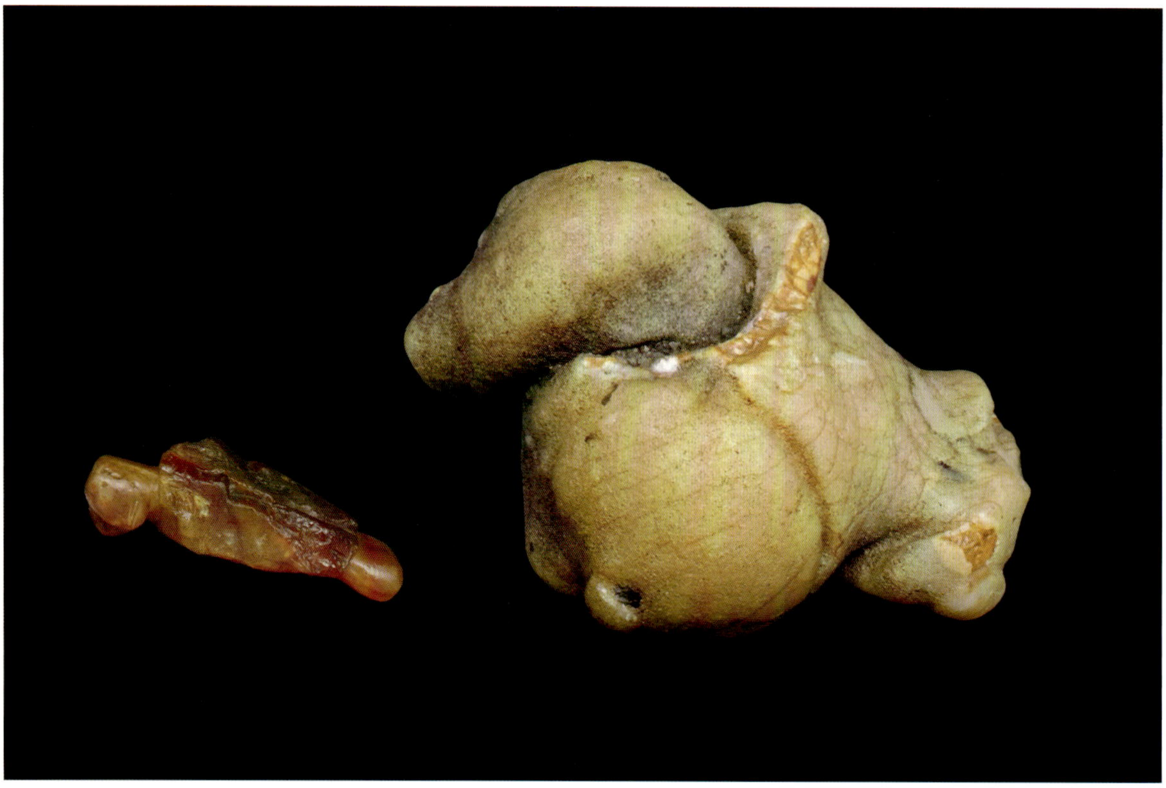

图 8-1-12　逊克玛瑙组合石《津津有味》
（赵军供图）

如若奇石自身的表现力存有意犹未尽或是力有不逮之处的时候，可以添加一些合适的道具小物搭配演绎，尽可增一丝雅趣，长一分韵味。逊克玛瑙组合石《对弈》（图 8-1-13），通过两个似人物的奇石，配合一个棋盘奇石、几个黑白棋子道具和一棵造型奇特的松树，组合出一幅对弈的场景；一大一小、一高一低两块奇石组合在一起，遥相呼应，配以椅子、植物、案几等道具，组成了一个古代经典故事《四郎探母》（图 8-1-14）。

图 8-1-13　逊克玛瑙组合石《对弈》
（北红玛瑙奇石艺术馆供图）

图 8-1-14　逊克玛瑙组合石《四郎探母》
（北红玛瑙奇石艺术馆供图）

如果说，单品奇石是做减法，排除了任何附属品的话，那么组合奇石便是做加法，附加了一些深化主题演绎的石头和道具，展现了思想情趣和艺术素质的有机组合。立意先行、搭配和谐、空间有余、辅以道具，组合石的价值在于意境美，有品位、有主题、有趣味的逊克玛瑙组合石更具艺术价值、欣赏价值和收藏价值。

二、图纹石

大自然中的各种事物和现象在观赏石中均有所体现，特别是在图纹石上表现得淋漓尽致。不得不说，神奇的大自然在图纹石中渲染了一个令人惊喜的世界。图纹石以体现绘画艺术感为主，其家族成员众多，逊克玛瑙观赏石中多见绘山水描实物的“画面石”、具形意之奇和笔趣之妙的“文字石”和“数字石”及于抽象中寻意韵的“纹理石”。图纹石以其丰富多样的造型、变化万千的形式和生动形象的效果将自然界中的景观、人物、动物、花草、文字等包罗其中，令人爱不释手。

（一）画面石

画面石强调颜色，通过奇石表面色彩差异形成图案，颇有特色。逊克玛瑙画面石上，由各种天然的矿物脉络形成颜色不一的线条和纹路，可勾勒出层次分明、细节清晰的形象画面。《八卦飞龙》白色基底上的一抹红色绘出神龙之形，飞龙在天，空灵游弋，气势恢宏（图 8-1-15）；《卧佛》红色纹理勾画出卧佛形象，依山静卧，如意安详（图 8-1-16）；《笑口常开》当各色线条出现在同一平面时，一幅明眸皓齿、笑容可掬的孩童面容跃然眼前，明媚阳光，灿烂自得（图 8-1-17）；《猫头鹰》红黄相间勾勒出生动的猫头鹰形象，没有威严凶猛之感，却多了一份可爱与呆萌（图 8-1-18）；《红日》圆形红纹和结构似一轮红日于东方缓缓升起，在山之巅、海之涯温暖整个世界（图 8-1-19，图 8-1-20）。用色彩绘出一幅幅或生动或绝妙的画面，逊克玛瑙画面石堪称大自然的艺术画作。

图 8-1-15　逊克玛瑙画面石《八卦飞龙》
（于俊庆供图）

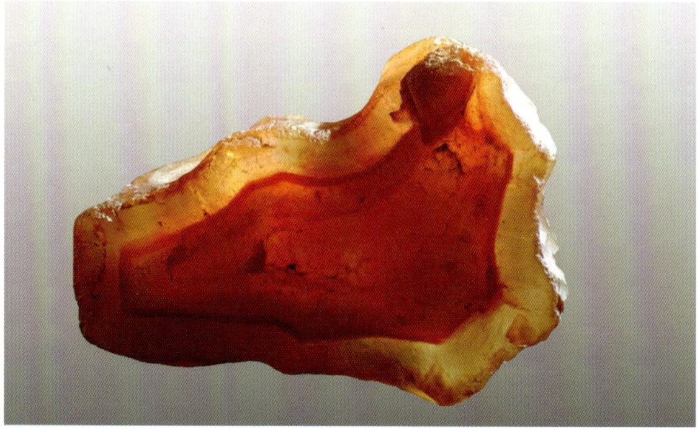

图 8-1-16　逊克玛瑙画面石《卧佛》
（北红玛瑙奇石艺术馆供图）

图 8-1-17　逊克玛瑙画面石《笑口常开》
（逊克宝山玛瑙博物馆供图）

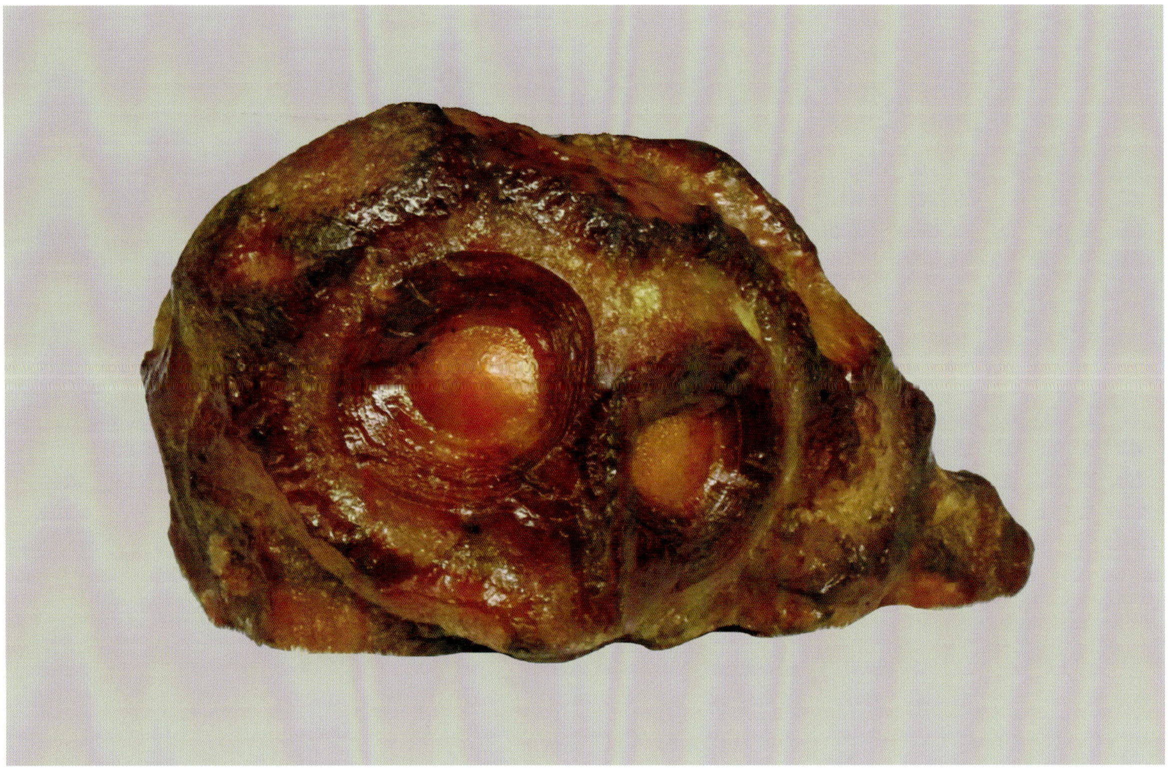

图 8-1-18　逊克玛瑙画面石《猫头鹰》
（赵军供图）

图 8-1-19　逊克玛瑙画面石《红日》
（赵军供图）

图 8-1-20　逊克玛瑙画面石《日出》
（赵军供图）

（二）文字石和数字石

文字石是图纹石中的一种特殊类型，以纹理和色彩的深浅变化展现其内涵。逊克玛瑙的文字石不但有纹理上的字意，更有书法上的笔意，是具有书法意蕴的文字石。逊克玛瑙文字石中多见人文汉字（图 8-1-21，图 8-1-22），也可见具象数字（图 8-1-23），自然天成、形象逼真，有的笔法苍劲，有的行云流水，极致展现“石上书法”之美。

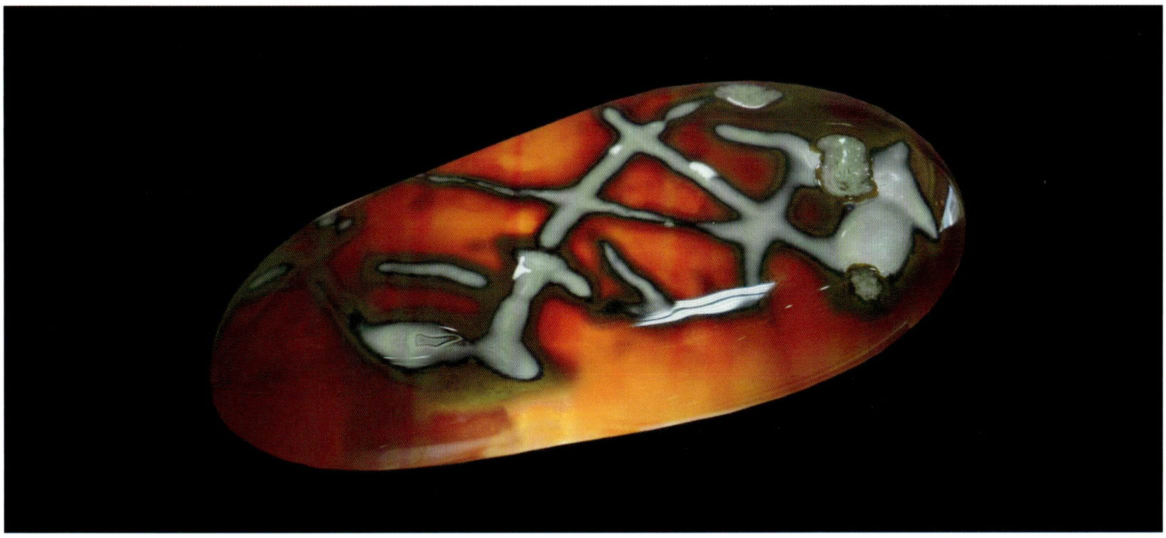

图 8-1-21 逊克玛瑙文字石《梦》
（姚雨薇供图）

图 8-1-22 逊克玛瑙文字石《寿》
（玉鼎玛瑙供图）

图 8-1-23 逊克玛瑙数字石《58》
（阿廷河玛瑙供图）

（三）纹理石

纹理石是由天然的原生或次生纹理、裂隙形成规则线条、交错网络或各种图案的观赏石，可由单一或不同颜色纹理形成。纹理石的纹理大致可以分为两类，一类为隐于石表的平面纹理；另一类为凸于石表的皱褶肌理。平面纹理属于二维空间，凹凸皱褶一般可以视为三维空间特征。逊克玛瑙纹理丰富，有凸于石表的皱褶肌理，形似鸡爪纹，好像在雪地中遍布着飘散零落的竹叶（图 8-1-24）；有凹凸不平的皱褶，仿佛在石头上开了一朵花

（图 8-1-25）；有气势浑宏的褶皱构造，似黄河之水天上来，源远流长（图 8-1-26）；还有部分隐于石头表面的条带状纹理，虽为平面纹理，但好似一幅水墨画，意境深远（图 8-1-27）。

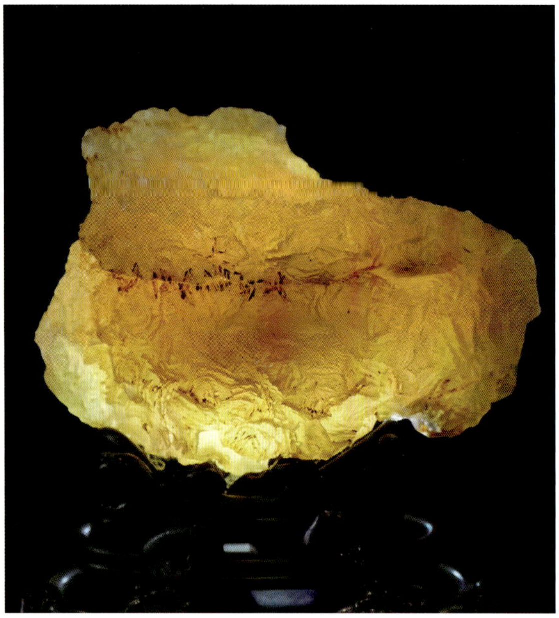

图 8-1-24 逊克玛瑙纹理石《雪上竹叶》
（北红玛瑙奇石艺术馆供图）

图 8-1-25 逊克玛瑙纹理石《石上花》
（北红玛瑙奇石艺术馆供图）

图 8-1-26 逊克玛瑙纹理石《源远流长》
（久鸿玛瑙艺术馆供图）

图 8-1-27 逊克玛瑙纹理石《高山流水》
（北红玛瑙奇石艺术馆供图）

精品雕件《光明妙境》
（卢智勇作品，据孙敏，2016）

第二节　清石雅韵，妙趣天成

独立成景，自然成画，逊克玛瑙观赏石以其独特的韵味让越来越多的收藏家、鉴赏家和知名人士心向往之。随着观赏石文化的不断发展，逊克玛瑙观赏石的特性成了关注重点，更是破解逊克玛瑙观赏石魅力的艺术密码。形、质、色、纹构其韵，锦上添花绘其境，赏石之“形”是起点，品石之“意境”是终点。鉴赏有方，评价有据，才能切实感受逊克玛瑙观赏石中蕴藏的美学内涵和思想情趣。

一、奇特的形态之美

观赏石的形态是指其几何尺寸与外部形状综合表现出的状态，是奇石在大自然的重重考验中斩获的外在美。赏石从“形”始，在观赏石的鉴定与评价中，重点要考量其形态奇特、形象逼真、寓意深刻及石体的完整程度等要素。

逊克玛瑙形态各异，为塑造生动有趣的形象奠定了基础。成串的葡萄颗颗似珍珠（图8-2-1）、火红石榴硕果累累（图8-2-2）、弧状皮壳形同“簸箕”（图8-2-3）、可爱小猪憨态可掬（图8-2-4）……逊克玛瑙观赏石中还有更多能够形成似山川、花鸟虫兽、人物器具、抽象图案等的各种形态，这些独特的形态之美，为观赏者和设计师提供了无限的想象力与创造力。一块好的逊克玛瑙观赏石拥有完整的石体，形态或奇特优美、或端庄典雅，石面完整无瑕，形象生动逼真，意境深远，引人遐思。

图8-2-1　逊克玛瑙观赏石《葡萄》
（赵军供图）

图 8-2-2　逊克玛瑙观赏石《石榴》
（赵军供图）

图 8-2-3　逊克玛瑙观赏石《勃勃生机》
（赵军供图）

图 8-2-4　逊克玛瑙观赏石《福猪》
（北红玛瑙奇石艺术馆供图）

二、百变的质地之美

观赏石的质地是指其结构的致密程度，通常在石质和石肤的细腻感上有所体现。石质的细腻感与矿物颗粒的大小密切相关。一般情况下，矿物颗粒越细小，石质越细腻。石肤是观赏石经水体冲刷、浸润、氧化，或由风蚀、日晒等表生地质作用在其表面形成的皮壳或膜，表面细腻无破损的石肤能够增加观赏石的美观程度。

逊克玛瑙的质地多种多样，千变万化，妙不可言。不同的质地能够创造出不同的表现效果，在造型的加持下，营造出不同的意境。有时，不同质地的奇石组合也颇有氛围感，同样不失为一件极具特色的逊克玛瑙观赏石作品。逊克玛瑙观赏石作品《仰山之高》左侧人物奇石质地细腻、油润光泽，右侧山形奇石质地粗糙，若嶙峋高山、万壑千岩，两石对比鲜明，意境深远（图 8-2-5）。

图 8-2-5　逊克玛瑙观赏石《仰山之高》
（北红玛瑙奇石艺术馆供图）

三、绚丽的色彩之美

在这个五彩斑斓的世界，人们对于颜色的认知越发丰富。色彩不仅能够带来感官上的刺激，更是人心理、阅历的外在反映。赏石界有“一色遮百丑”之说，针对彩色奇石，色彩明亮者优于色彩暗淡者，色彩纯净者胜过色彩脏乱者，色彩丰富者强于色彩单一者。颜色给奇石披上了靓丽的外衣，其重要性不言而喻，色彩丰富、鲜艳亮丽的奇石更具观赏性。

逊克玛瑙色彩丰富，变化巧妙。鉴赏逊克玛瑙观赏石的色彩，往往是以其表现出可直接通过肉眼观赏的色彩组合为依据，结合色度学和普遍美学原理进行直观评价。逊克玛瑙观赏石因产地成因造就出极具特色的色彩分布，从宏观上可以将其分为单色和多色两大类。单色以形为主（图 8-2-6，图 8-2-7），多色以纹取胜（图 8-2-8，图 8-2-9），二者各有其妙。

图 8-2-6　单色逊克玛瑙观赏石《龙头》
（北红玛瑙奇石艺术馆供图）

图 8-2-7　单色逊克玛瑙观赏石《小鸭嬉戏》
（赵军供图）

图 8-2-8 多色逊克玛瑙观赏石《鸳鸯戏水》
（王林玛瑙供图）

图 8-2-9 多色逊克玛瑙观赏石《福禄》
（姚雨薇供图）

四、多样的纹理之美

鬼斧神工，自然成纹，因纹而美，因纹成画。纹理通常是指奇石表面显示的图形肌理，包括抽象性的纹理与具象性的纹理，它是观赏石艺术性的表现。作为观赏石鉴赏与评价的标准之一，纹理的重要程度可想而知。自然流畅、曲折飘逸的纹理能够营造美的意境，上等观赏石纹理整体协调，堪称大自然的艺术佳作，让人爱不释手。

逊克玛瑙的纹理十分丰富，主要有色彩纹、凹凸纹和裂隙纹 3 种纹式，可组合形成各种各样抽象性或具象性的图案、花纹或文字等。逊克玛瑙经过亿万年的日晒雨淋及江水的侵蚀冲刷，大自然的鬼斧神工使天然的“花鸟虫鱼”“高山飞瀑”“人物雄姿”和“历史典故”等自然轮廓竞相展现于石上，形成了纹理与色彩极富生命力和感染力的图案（图 8-2-10，图 8-2-11），这也正是逊克玛瑙纹理之美的魅力所在。通常，纹理自然流畅、曲折变化与整体造型相匹配、构图方式多元、图面刻画细致入微的逊克玛瑙观赏石可称上品。

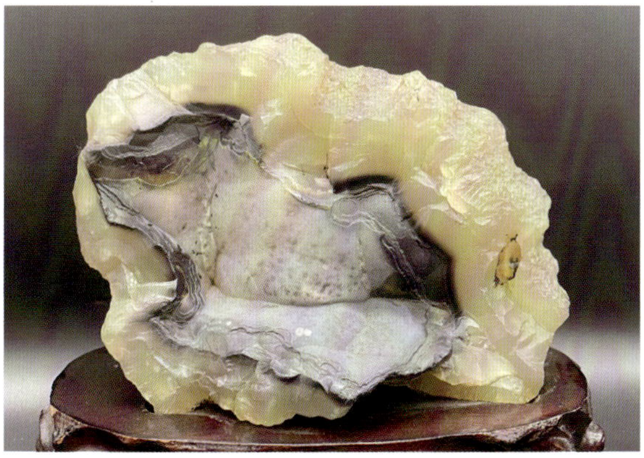

图 8-2-10 逊克玛瑙观赏石《忠犬》
（北红玛瑙奇石艺术馆供图）

图 8-2-11 逊克玛瑙观赏石《腊肉》
（赵军供图）

五、锦上添花

除观赏石本身外，赋予观赏石艺术性和文化性兼备的命题并为其搭配适宜的配座也是一门了不起的学问。一方面，立意先行，一个立意新颖、贴切生动且文化内涵丰厚的命题能够为营造悠远深长的意境打下扎实的基础，闻其名、赏其景、窥其意，引人入胜，如临其境；另一方面，搭配适宜得当的配座可以使整个观赏石进一步完善和升华，起到相得益彰、锦上添花的效果，是设计师进行艺术美的再创作。

当我们将目光投注到群山之巅、险峰极顶时，往往忽略了基石的作用。瑰丽雄奇、群峰矗立的极致美景，都来自顶峰之下每一块石砾的支撑与衬托。对于观赏石作品来说，同样如此。作品的主体往往是最吸引眼球的，但主体之下的底座，也同样功不可没。在底座的承托下，观赏石作品的完整性得以提升，要传达的内容和思想更加完整与丰满。观赏石的配座一般采用木质、石质、紫陶、陶瓷等材料，包括底座、落嵌、沙盘及其他配饰。配座的设计和制作，要充分考虑与观赏石是否协调，以及因石适材、工艺精湛等因素，才能起到为观赏石加分的作用。逊克玛瑙观赏石《长寿龟》选用四脚底座，配合奇石，进一步丰富了长寿龟的形象（图 8-2-12）；逊克玛瑙观赏石《点赞》采用拳形底座模拟四指，配合奇石，展现“大拇指”造型，为世间一切美好点赞，也为开启时代新篇章点赞（图 8-2-13）。

图 8-2-12　逊克玛瑙观赏石《长寿龟》

（北红玛瑙奇石艺术馆供图）

图 8-2-13　逊克玛瑙观赏石《点赞》
（北红玛瑙奇石艺术馆供图）

形、质、色、纹各具特色的逊克玛瑙，是在天然条件下因地质构造变化自然形成的。逊克玛瑙的结构构造与多彩变化，呈现出自然生存状态的形式美，是大自然的馈赠，属于天然的艺术珍品，能激发鉴赏者主体的艺术审美意识和审美情趣。逊克玛瑙观赏石同其他艺术品一样，既有普遍的共同艺术因素，同样兼备独具特色的特殊品格和韵味。这种韵味源于人的情感与观赏石本身高度融合，是鉴赏者透过形态、质地、色泽和纹理四要素对观赏石产生的认知或感悟，甚至是顿悟或灵感。奇特的形态之美、百变的质地之美、绚丽的色彩之美、多样的纹理之美及恰到好处的锦上添花共同打造出逊克玛瑙观赏石的高雅韵致，是其品质价值的重要影响因素。对于逊克玛瑙观赏石而言，品质决定了它天然艺术性的“身

精品摆件《蟾趣》
（庞建新作品，据孙敏，2016）

份”，兼具形、质、色、纹之美，保留最原始纯朴的石韵，再添点睛一笔，“神韵”呼之欲出，这般高品质的逊克玛瑙观赏石方可称为上品，具有较高的收藏和鉴赏价值（图 8-2-14~ 图 8-2-17）。

图 8-2-14 逊克玛瑙观赏石《悟道》
（北红玛瑙奇石艺术馆供图）

图 8-2-15 逊克玛瑙观赏石《哺》
（北红玛瑙奇石艺术馆供图）

图 8-2-16 逊克玛瑙观赏石《螣蛇》
（北红玛瑙奇石艺术馆供图）

图 8-2-17　逊克玛瑙观赏石《其乐融融》
（北红玛瑙奇石艺术馆供图）

“一叶一世界，一草一天国”，通过逊克玛瑙观赏石的鉴赏与评价，足见中国人以小见大的智慧。清石雅韵，妙趣天成，自然美与艺术美的结合，天地内涵与人文精神的汇聚，使逊克玛瑙观赏石成为东方传统美学最有魅力的形式之一，它具有蓬勃向上的生命韵律，不论是豪放粗犷之美，抑或是婉约细腻之美，从中呈现出中国的美学思想依旧隽永深刻、回味悠长。

【章结语】

似而不似，不似而似。似与非似之间，弥漫着中国传统艺术美的传神写意。逊克玛瑙奇石涵天地之精华，汇山川之美妙，神奇的大自然和上千年的中华文明赋予其通体灵气，将石之艺术和石之文化灌注其中。色备五彩，气势如云，形态逼真，巧夺天工，逊克玛瑙观赏石是自然美与艺术美的综合体现，是“会说话”的石头。一方小小的奇石，凝练了东方传统美学，融汇着漫漫几千年的精神文明，令人震撼。不妨在逊克玛瑙观赏石中寻一方天地，以生命情致呼应宇宙万物，在韵律之中感应生命隽永，于情致之间显露人生哲思，意趣深远，回味悠长。

第九章

逊克玛瑙工艺艺术

逊克玛瑙精品雕件

（李萌玛瑙供图）

精品摆件《空相》
（曹春华作品，据孙敏，2016）

“玉不琢不成器”“玉虽有美质，在于石间，不值良工琢磨，与瓦砾不别”，这就是说，如果没有工艺师鬼斧神工般地精心雕刻，一块玉石很难体现出其真正价值。逊克玛瑙种类繁多，千变万化的结构构造、质地和丰富多彩的色泽、纹理，为工艺师提供了设计创作的灵感和源泉。匠心独运的工艺师们“因材施艺”，既可对略加切割打磨即可展露富有自然韵律或象形图案的逊克玛瑙观赏石进行巧妙设计，又可对美感深藏的逊克玛瑙原石进行深度设计加工，创作出深受大众喜爱的素件、雕件和赋予时尚感的镶嵌饰品。本章从逊克玛瑙的素件、雕件和镶嵌饰品加工工艺入手，带您领略逊克玛瑙工艺之美展现的价值和魅力。

第一节 逊克玛瑙素件加工工艺

逊克玛瑙颜色丰富，质地多样，既晶莹剔透，溢彩流光，又具有丰富的纹理、图案，有时采用简单的素件加工方式，不用施以复杂的雕刻工艺，便能凸显逊克玛瑙材质的自然美。

逊克玛瑙素件是指玛瑙表面没有进行雕刻的光面制品，主要有平面和弧面两种表现方式，市场上常见的形制主要有：素面、圆珠、桶珠、手镯、随形挂坠、平安扣、素牌、器皿、手排和印章等。素件的形制特别适合表现玉石的质感与色彩的特色，对逊克玛瑙进行素件加工，可以充分体现逊克玛瑙的质地与色彩之美。

一、素件加工工艺流程

逊克玛瑙素件加工时使用的设备主要有锯片切割机、轮磨机、倒棱预形机、震桶抛光机、机械钻孔机等。

玛瑙素件加工一般分为4道工序：设计—切割—研磨—抛光。

（一）设计

要想设计出精美的素件，需根据逊克玛瑙原石的颜色和质地，结合色彩构成和平面构成原理设计形制，尽可能在保留原料的同时获得最大的艺术价值和经济价值。

逊克玛瑙的颜色变化大，设计的时候要尽量保留最佳颜色和纹理，注意避免有裂纹的地方，在去除裂纹的同时尽可能保留原料（图9-1-1）。

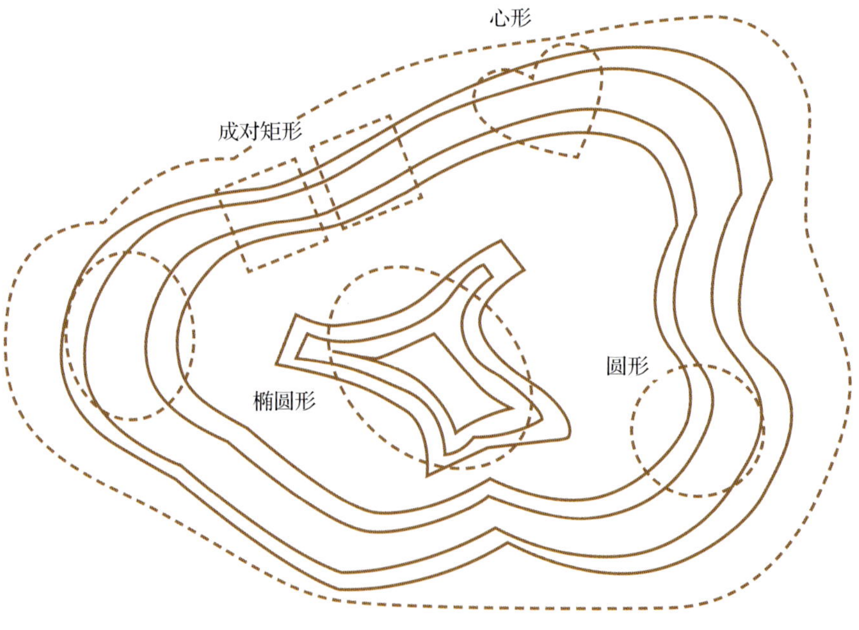

图9-1-1 在玛瑙原石上设计加工图样
（据刘自强和陈炳忠，2011）

（二）切割

图 9-1-2　逊克玛瑙切割
（姚雨薇供图）

切割逊克玛瑙时，在锯片切割机上，根据设计好的图样，用带有磨料的合金锯片直接对逊克玛瑙进行切割，将玛瑙原石切割成合适的块度。金属刀就是指以纯金属（如纯钢）或者合金作为刀基，上附有或镀有金刚石粉等磨料的圆盘。在机械马达的带动下，金属刀通过反复地线性磨削来切割开玛瑙原料（图 9-1-2）。

对原料实施锯切时，首先要清理切割机的载石台，然后开启切割机和冷却水开关。手持逊克玛瑙原石，用力均匀而平直地推向锯片，让锯片沿着事先画好的切割线进行切割。刚进料时，速度要慢，用力要适当，否则极易伤及手指。中途进料顺畅时可适当加快进料速度。当玛瑙快切割完毕时，务必降低进料速度，以免产生崩口。

（三）研磨

研磨是指利用硬质的磨具固着或游离磨料将宝石磨削、研磨的过程，俗称“打磨”。使用轮磨机将合适块度的逊克玛瑙研磨出具体素件的造型，需要多次反复研磨（图 9-1-3），寻求器型、纹理、色彩的平衡，以使最终成品达到器型饱满、规整，色彩、纹理优美的工艺要求；使用倒棱预形机可对方块形态的逊克玛瑙进行加工，使之边棱变圆滑，用于圆珠的成形。这种加工设备是将玛瑙坯料夹在成一定角度装置的两个空管之间，它们分别在两个电机的带动下以相反的方向转动，玛瑙坯料在其间不停地转动和滚动，整个球形表面将均匀地受到磨削，圆珠也就很快成形（图 9-1-4）。

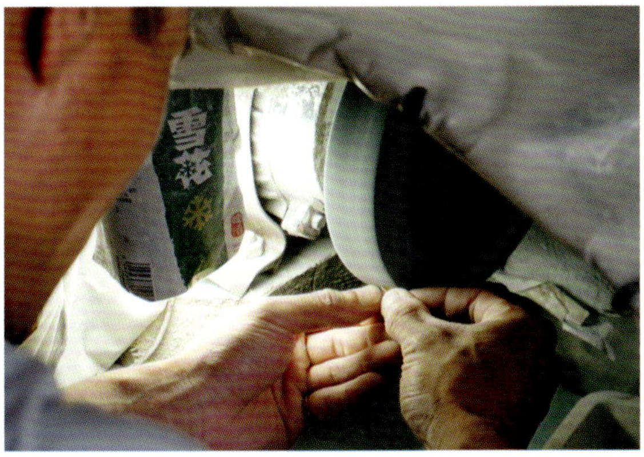

图 9-1-3　逊克玛瑙素件研磨
（姚雨薇供图）

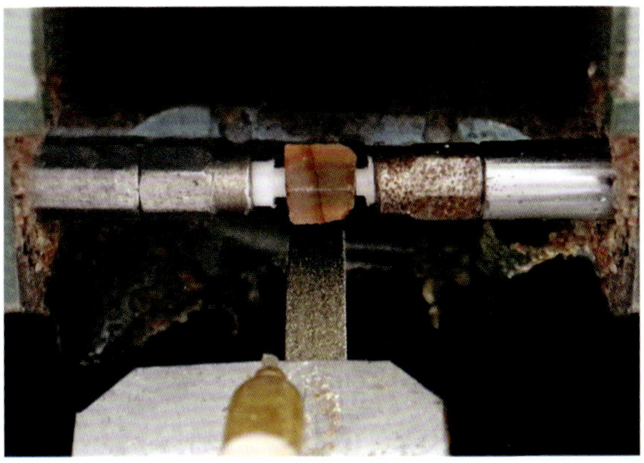

图 9-1-4　倒棱机为圆珠成形
（姚雨薇供图）

图 9-1-5　逊克玛瑙素件机械震桶式抛光

（姚雨薇供图）

图 9-1-6　机械钻孔机

（姚雨薇供图）

（四）抛光

逊克玛瑙的抛光是打磨表面的磨料从低目数到高目数逐渐递进的过程，有手动和机械两种方式。尺寸较大，为防止破损，通常采用借助机械的半手工抛光；机械震桶式抛光机适合大批量、圆润边角的素件（尤其是圆珠）抛光（图 9-1-5）。除了将切磨好的素件放于震桶抛光机之中，还需要添加一些绿色的沙条，俗称“小料”，不仅可以防止素件相互磕碰损伤，还有利于素件进一步打磨加工。该工序整体需要 3~4 天的时间完成。

根据素件成品表面光洁度的不同，抛光分为高光和哑光两种。同一块逊克玛瑙，如抛高光，则表面光洁度高，视觉感受到的色纯度更接近真实色彩；如抛哑光，表面光洁度降低，视觉感受到的色纯度有所降低，可给人更柔和的感觉。加工过程中，要根据原料质地、色彩等因素选择对素件抛高光还是抛不同程度的哑光。普遍来讲，艳丽的色彩适合抛高光，而较暗淡的色彩适合抛哑光，适合的抛光方式可以提升素件的美感。但当同一素件上有多种材质混合时，应该控制好抛光的力度和协调性，否则会出现光感不一、深浅不同的情况。

另外，抛光后的素件逊克玛瑙可根据需要进行后期的打孔穿绳。机械钻孔机（图 9-1-6）通常用于珠型玛瑙的打孔，电动机通过皮带轮带动钻杆转动，当磨料随钻杆转动时就可以磨削玛瑙，形成孔眼。

二、素件常见的形制

逊克玛瑙加工初期，其原石相对较多，加工者并不惜料，多无视原石的形状、纹理，设计较少，一般直接将其切成坯料，然后磨制成品，少有对纹理形态的考量，只考虑做出更多的数量或更大的尺寸。加工工艺较粗放随意，珠子少有正圆，章、牌形状普遍不够规整，器物的弧面、平面都不太平整圆润，多有棱线。但因初期地表、浅层料少裂且颜色艳丽，一部分极品也产自这一时期。

（一）素面

素面在逊克玛瑙素件中是很常见的一种形制（图 9–1–7），上部多为弧面型，底部为外凸或平面，腰线为圆形或椭圆形或马眼形，也有少数上部为平面的方形，多用于镶嵌戒指（其中方形主要用于男戒），也可做吊坠和耳饰，还可以做实用器物，如围棋子（图 9–1–8）。在加工工艺上要求素面的腰围轮廓不仅要圆滑优美、上下左右对称，而且长度和宽度还需要达到一定的比例要求。此外，对素面的弧面和底面的形状也有一定的要求，弧面的高度要能够满足素面具有浑圆饱满外观的要求，即素面的厚度和宽度之间也有一定的比例关系。素面的工艺标准是弧面圆润，腰线形状规整，整体对称度高。

需要说明的是，品质上乘的逊克玛瑙原石，按照工艺要求加工成素面时，其观赏面往往会呈现出一种游离的晕光，在行业内被称为“起莹”现象（图 9–1–9，图 9–1–10）。通常颜色越浅的素面，“起莹”越明显。在相同颜色的前提下，“起莹”的素面几乎成了最优等级素面的代名词，受到众多玛瑙爱好者的追捧。

图 9–1–7 不同形状的逊克玛瑙素面

（德龙火玉玛瑙艺术馆供图）

图 9–1–8 逊克玛瑙围棋子

（久鸿玛瑙艺术馆供图）

图 9-1-9 “起莹”的白冰逊克玛瑙素面
（德龙火玉玛瑙艺术馆供图）

图 9-1-10 “起莹”的黄冰和红冰逊克玛瑙素面
（德龙火玉玛瑙艺术馆供图）

（二）圆珠

从几何角度计算比率，圆珠最为费料。加工时，首先将逊克玛瑙原石切成立方体坯料，再由立方体磨成圆珠，理论留料率只有 52.4%。考虑到逊克玛瑙原石的不规则形状，实际制成圆珠留料率不超过 30%，甚至更低。圆珠通用性强，加工量大，可单珠佩戴，也可双珠做耳饰，还可多珠串成手串或项链佩戴（图 9-1-11~ 图 9-1-13），市场易接受。圆珠的工艺标准是器型正圆，打孔位置选在不影响圆珠整体美感的位置或取瑕疵部位打孔，孔道需顺直。

图 9-1-11 逊克玛瑙圆珠
（逊克宝山玛瑙博物馆供图）

图 9-1-12　逊克玛瑙圆珠手串
（德龙火玉玛瑙艺术馆供图）

图 9-1-13　逊克玛瑙圆珠手串
（王佳供图）

（三）桶珠

逊克玛瑙桶珠多为中间粗、两端渐细的桶形珠，留料率高于圆珠。桶珠常用作菩提等珠串的配饰，也可单粒佩戴（图 9-1-14，图 9-1-15）。桶珠的工艺要求是截面形状端正，弧面圆滑，打孔顺直。

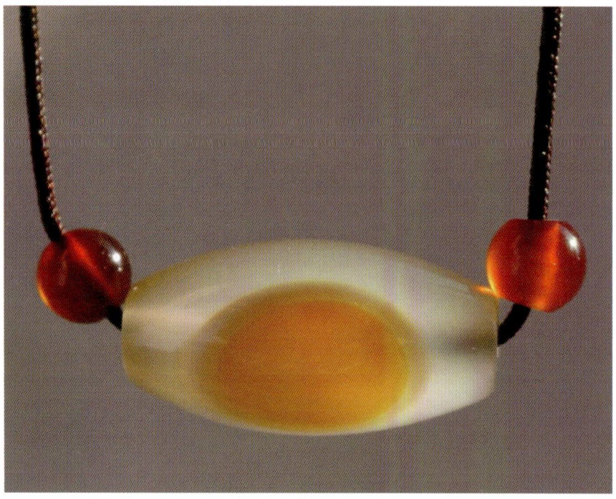

图 9-1-14　逊克玛瑙桶珠项链
（宝山红玛瑙厂供图）

图 9-1-15　逊克玛瑙桶珠
（宝山红玛瑙厂供图）

（四）手镯

手镯是逊克玛瑙素件中最为重要的品种之一，一块尺寸够大的玛瑙原料在审料时首先考虑是否能做手镯。加工手镯对原石要求较高，需要无裂的、大块逊克玛瑙原石。根据手

图 9-1-16　逊克玛瑙圆条手镯
（北红玛瑙奇石艺术馆供图）

镯内外径的尺寸和形状，目前市场上的逊克玛瑙手镯有圆条、扁条和异形之分；根据宽窄、大小又可分为宽条镯、窄条镯和童镯等类型。不同类型的手镯有着不同的切工参数，一般要求充分发挥原料的特点，达到造型优美、纹理清晰、色泽明亮通透。一只颜色、质地、工艺均完美无瑕的逊克玛瑙手镯，十分难得。得益于目前套制手镯的工艺，手镯虽然选料难，但留料率高，套下的手镯芯亦可加工成其他器物。手镯的工艺要求是弧面规整，整体圆滑明亮（图 9-1-16~ 图 9-1-19）。

图 9-1-17　**逊克玛瑙异形手镯**

（李记玛瑙供图）

图 9-1-18　**逊克玛瑙宽扁条手镯**

（王林玛瑙供图）

图 9-1-19　**逊克玛瑙扁条手镯**

（逊克方诺玛瑙供图）

图 9-1-20　逊克玛瑙扳指
（宝山红玛瑙厂供图）

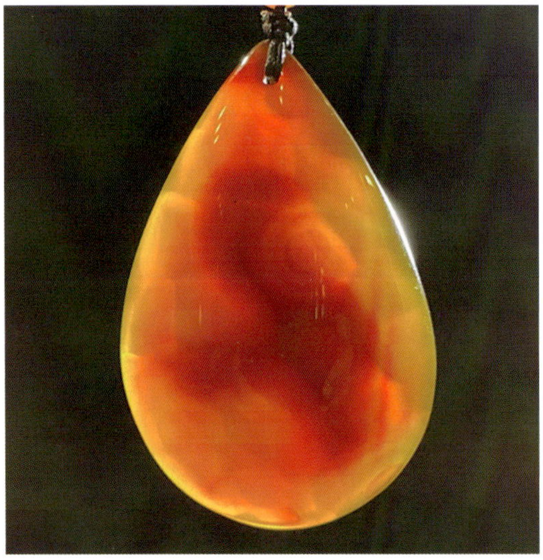

图 9-1-21　逊克玛瑙水滴形挂坠
（北红玛瑙奇石艺术馆供图）

（五）扳指

玉扳指是古时尚武骑射套在拇指上的装饰，是由玉韘这种非常古老的玉器形式演化而来的。古时弓箭手将玉韘戴在拇指上，张弓放弦不磨手指，耐力持久不易疲劳，是弓箭手的至爱之物。直到春秋战国、秦汉时期，随着弩机的发明，韘的实用性减退，由韘逐渐演变为两种形制的玉器，一种为佩带的韘型佩，一种就是玉扳指。逊克玛瑙素件扳指表面无纹饰，上端为斜面形或平滑的弧形，中间有圆孔，正好可以套入成年人的拇指（图 9-1-20）。逊克玛瑙素件扳指的工艺要求与手镯相同，只是尺寸不同而已。

（六）随形挂坠

逊克玛瑙素件随形挂坠的品种多样，依据其形状的不同，可有水滴形坠、斧形坠、葫芦形坠等（图 9-1-21~ 图 9-1-23），其尺寸一般较小，依据原石的形状而进行设计，留料率高，重在突出逊克玛瑙的颜色、质地和纹理。素件挂坠工艺要求其形状饱满，表面圆滑且光泽明亮。

图 9-1-22　逊克玛瑙斧形挂坠
（北红玛瑙奇石艺术馆供图）

图 9-1-23　逊克玛瑙葫芦形挂件
（德龙火玉艺术馆供图）

（七）平安扣

平安扣是始于古时候的环、块等礼器的一种饰品，留料率高，是逊克玛瑙加工较多的一种器型（图9-1-24）。平安扣的工艺要求是轮廓正圆，圆润饱满，弧面规整，厚薄要适中，若过薄则外观不丰满，若过厚则有笨重感。

图 9-1-24 逊克玛瑙平安扣
（李记玛瑙供图）

（八）素牌

素牌有方牌（图9-1-25）、圆牌（图9-1-26）等形状，其表面和侧面可平直也可微弧，因而对逊克玛瑙纹理的表现效果较好。素牌对厚度要求不高，一般厚度为7~12mm。素牌一般在上端打牛鼻孔穿绳佩戴，也可整体镶嵌佩戴。素牌的工艺要求为：方牌切磨平整规矩，横平竖直，形状规则；圆牌弧面圆润、饱满。

图 9-1-25 逊克玛瑙方牌
（德龙火玉玛瑙艺术馆供图）

图 9-1-26 逊克战国红玛瑙圆牌
（赵军供图）

（九）器皿

器皿是玉器中非常重要的一种形制，无论何种玉料，其加工时对原料材质的要求都非常高。逊克玛瑙也不例外，制作器皿的原石必须质地细腻均匀，无砂粒和裂纹，且块度符合器皿尺寸的要求。若原石上有美丽象形的图纹，制成鼻烟壶时还可省去内画的工序（图9-1-27），充分体现了逊克玛瑙的自然美与工艺美的完美结合。

图 9-1-27　逊克玛瑙鼻烟壶
（宝山红玛瑙厂供图）

制作逊克玛瑙器皿的工序中需要用到掏膛技法，所以工艺要求更为严格，要求形状优美，比例协调，壶盖紧密（图 9-1-28）。

手排是将逊克玛瑙多块小方牌打孔后串成一体（图 9-1-29），为素牌和手串的折中选择，腰带与手排相似，只是玛瑙的小方牌数量多且多了皮带扣而已（图 9-1-30）。手排和腰带的留料率高，纹理表现力好。

印章是中华文化的一枚独特瑰宝，文人墨客皆对印章推崇备至。逊克玛瑙作为宝玉石，也可被用来制章，多以方章为主。印章的留料率虽然较高，但因印章对原石的长、宽、高都有要求，所以适合制章的原石并不多，市场上多用逊克玛瑙中的战国红来制章（图 9-1-31），但若印章中含有裂隙则会影响印章的耐久性和价值，选料时需格外用心。

手排和印章的加工工艺标准为底面及长、宽的比例适当，整体切磨规整。

图 9-1-28 逊克玛瑙茶壶
（逊克宝山玛瑙博物馆供图）

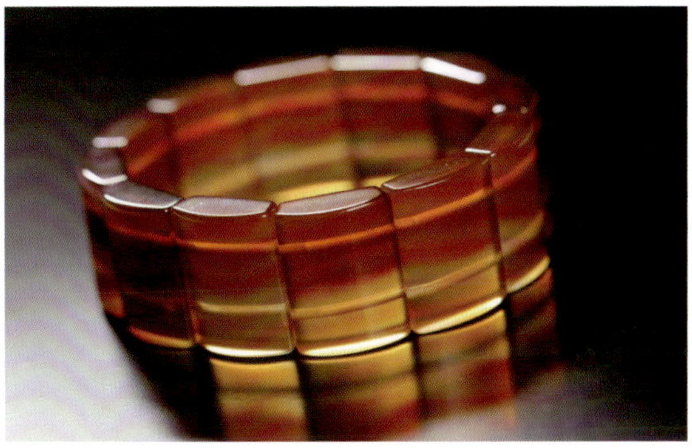

图 9-1-29 逊克玛瑙手排
（德龙火玉玛瑙艺术馆供图）

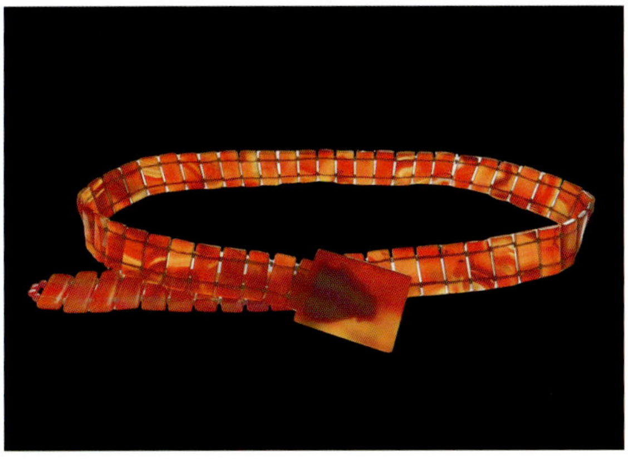

图 9-1-30 逊克玛瑙腰带
（张天翼供图）

图 9-1-31 逊克战国红玛瑙印章
（德龙火玉玛瑙艺术馆供图）

第二节　逊克玛瑙雕刻工艺

逊克玛瑙自身蕴含的独特自然美，需要设计者匠心独运，施以精湛工艺，方能创作出独一无二的雕刻作品，最大限度地实现其天然美和技艺美的完美结合。

一、雕刻设备与工具

玉雕设备与工具，是琢玉人在制造玉器过程中使用的器具，它与制成的玉器质量的优劣关系密切。玉器行业有“三分活，七分工具”“做活就是要家什”的谚语。随着科技的进步，玉雕设备与工具也在不断发展。除了与素件加工设备雷同的切割机外，还有雕刻机、吊磨机、各种工具卡头和四维数控雕刻机等。

（一）雕刻机

雕刻机是玉器加工过程中最重要的机器设备，主要由机身、传动和轴 3 部分组成（图 9-2-1）。电动机转动的速度，可以根据需要调节；工具安装在主轴上，操作非常方便。另外，还有照明、吊秤、供水、砂圈、挡板等辅助设备。

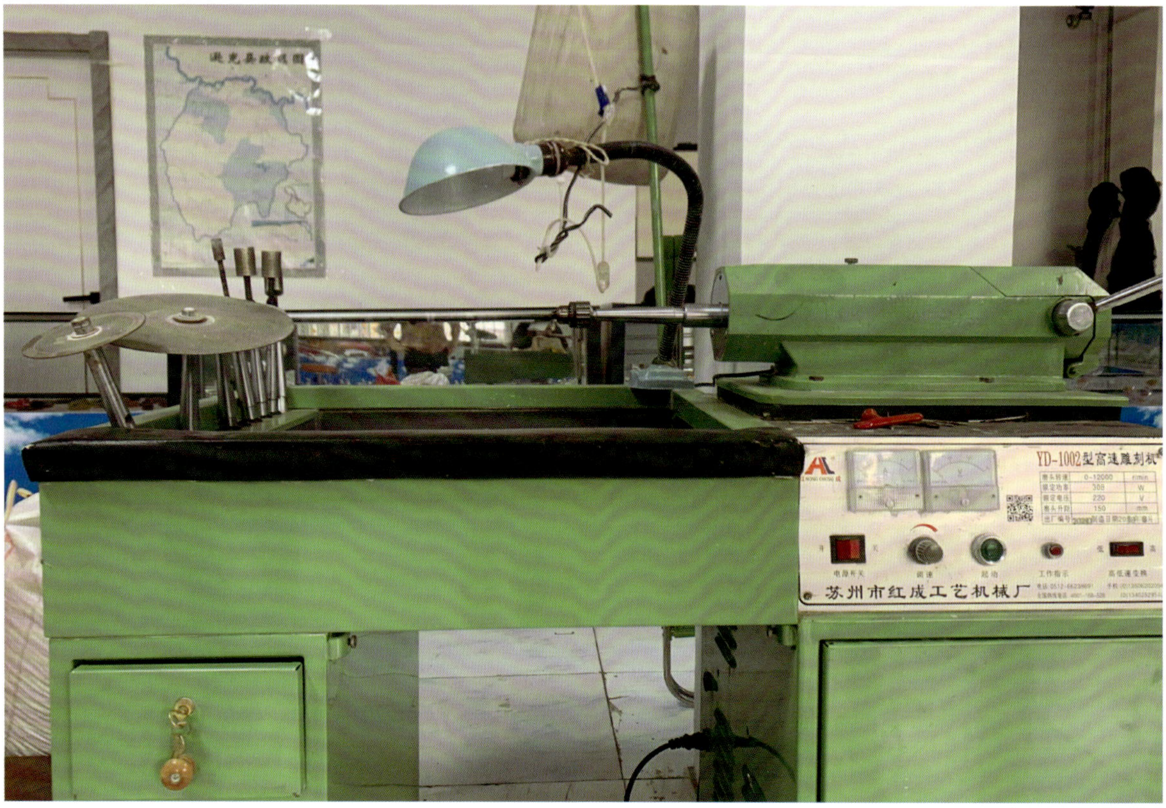

图 9-2-1　雕刻机

（姚雨薇供图）

（二）吊磨机

吊磨机也是常用的一种磨玉机器，也叫蛇皮机，由电钻、软轴和工具卡头3部分组成（图9-2-2）。电机转动会通过软轴传给工具卡头，使其转动起来琢磨玉器。这种设备轻便，可以手提，能加工产品的各个部位，灵活方便，使用广泛。

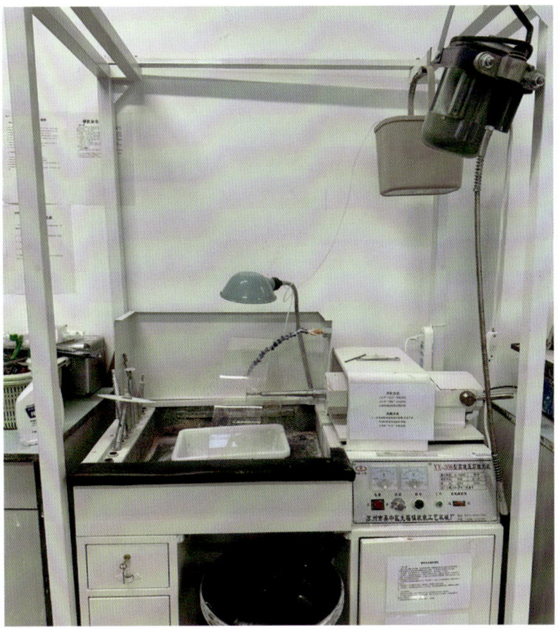

图9-2-2 吊磨机

（姚雨薇供图）

（三）工具卡头

工具卡头按其功能分类，有铁制工具、钻石粉工具、钻孔工具、抛光工具等。

1. 铁制工具

铁制工具主要用于切削和研磨，主要有铡砣、錾砣、碗砣、冲砣、磨砣、轧砣、勾砣、钉砣、擦条等（图9-2-3）。

将铡砣安装在磨玉机上，转动起来带动金刚砂，相当于圆形锯，主要用于铡去无用的玉石部分；錾砣，是小型铡砣，用于出坯；碗砣，用于旋碗；冲砣，用于冲磨大的平面；磨砣，根据大小不同的要求，可以磨出玉器造型的大样，如人头、手足等，使作品初具细

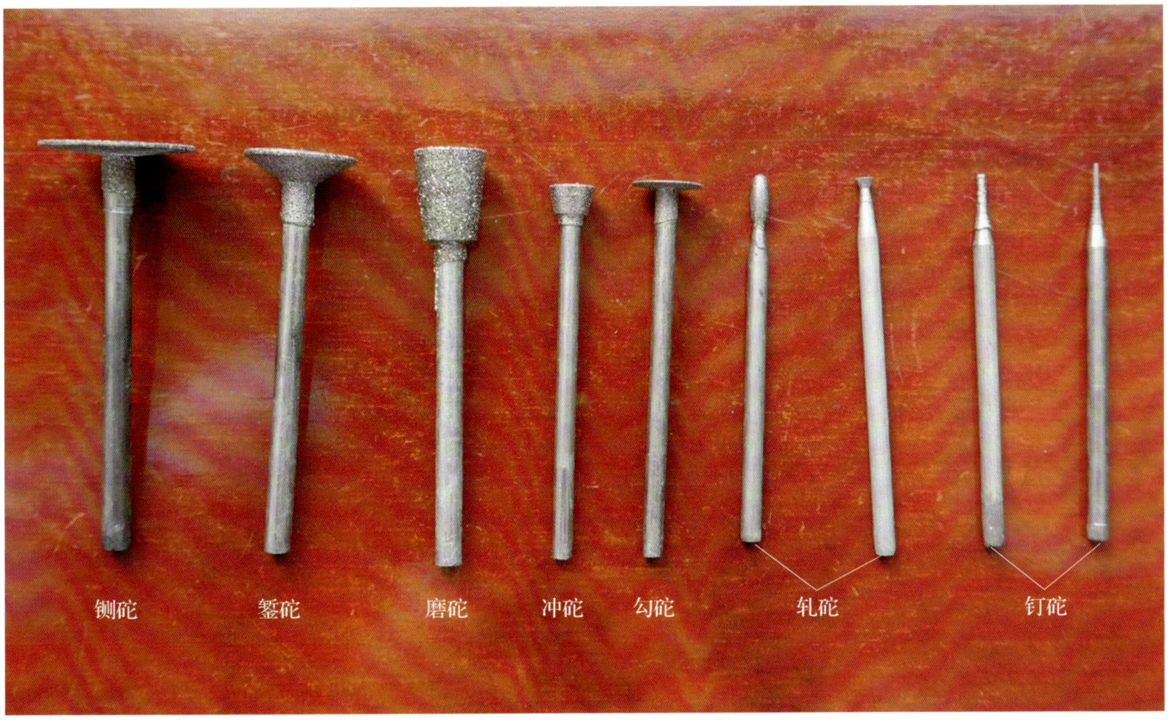

图9-2-3 铁质工具卡头

（姚雨薇供图）

致模样；轧砣，用于对造型做进一步细部加工；勾砣，用于勾出更加细致的纹饰；钉砣，其平面可以顶撞，向更里面掏掖等；擦条，用于摩擦孔眼不平滑的地方。

2. 钻石粉工具

钻石粉工具，又称“磨头工具”“金刚石工具”“人造钻石粉工具”等。钻石粉工具是指在琢玉工具的工作面上，涂有人造钻石粉的一类制玉工具。其形状、规格、功能与铁制工具一样，区别在于它不能像铁制工具那样，使用钢锉进行修理。

3. 钻孔工具

钻孔是玉雕工艺中不可或缺的一道工序。玉器挂绳和透雕需要穿孔，雕琢链、环、香炉等需要穿空或者掏料，这些都得依靠钻孔工具。钻孔有打眼、钻孔、套料取芯3种不同情形。钻孔工具包括钻杆、钻弓和管钻。管钻又分金属管钻和钻石粉管钻两种。

4. 抛光工具

玉雕的抛光工具包括不同目数的砂条、不同目数的砂纸、牛皮、羊毛毡、橡胶打磨轮、毛刷等（图 9-2-4）。此外，玉器抛光还需要有磨料和抛光粉等辅助材料。目前，玉石加工业内多使用人工合成的磨料，抛光粉的种类很多，大多是各种氧化物。

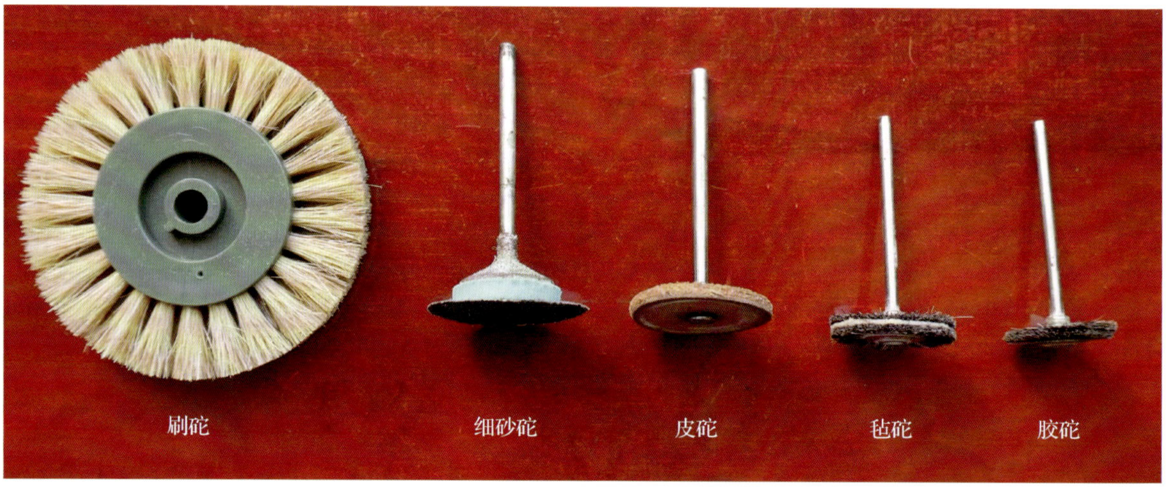

图 9-2-4　抛光工具卡头

（姚雨薇供图）

（四）四维数控雕刻机

近些年，数控技术的创新发展，使其在玉石雕刻行业领域有了非常重要的应用，机器雕刻的快速精准使加工精度显著提高，使玉雕生产效率也大大得到提升（图 9-2-5）。立体数控雕刻技术是通过计算机辅助完成立体图形设计，利用编程媒介输入计算机辅助生产制造设备，确保设备能够完成自动化数控加工，对原材料完成自动雕刻，获得与设计相同的原模。在立体数控雕刻技术具体应用过程中，使用的刀具较小，可进行复杂、精细化程度高的加工（图 9-2-6），但加工对象尺寸相对较小，产品一致性较为明显，更适用于批量加工生产小型逊克玛瑙作品（图 9-2-7）。

图 9-2-5　四维玉石雕刻机
（姚雨薇供图）

图 9-2-6　四维玉石雕刻机雕刻运行中
（姚雨薇供图）

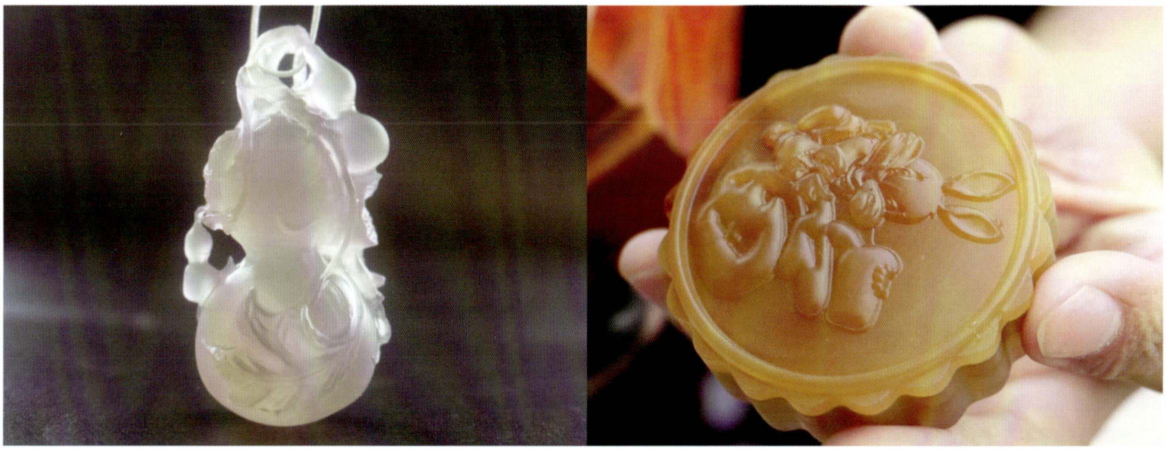

图 9-2-7　四维雕刻机雕刻成品
（王林玛瑙供图）

二、雕件加工工艺流程

逊克玛瑙雕刻作品的加工需要由选料、解料、设计、雕刻、抛光等工序完成，其中以设计和雕刻的工序最为复杂。

图 9-2-8 选料
（姚雨薇供图）

（一）选料

在逊克玛瑙制作过程中，首要的一步是选料（图 9-2-8）。选料分为“主动选料”和“被动选料”两种类型。主动选料是原料决定题材，就是根据玛瑙原料的大小、形状、色彩等，因形就势，决定制作什么题材；被动选料是题材决定原料，就是根据题材的需要选择玛瑙原料。主动选料比较容易，对原料的浪费较小；被动选料较难，因为无论长、宽、厚，多了需要去掉，既浪费原料又浪费工夫，少一点就不能用。所以在实际制作过程中，通常采取主动选料的方法。

（二）解料

经过对一块逊克玛瑙原料的质地、色彩、瑕疵、外形和轮廓的正确鉴定之后，要对其进行恰当的分解，称为解料，以便达到充分利用和合理使用原料的目的，也称“量料取材”。方法是将荒料用切割机去掉外皮，使里面的颜色和质地充分暴露出来，这时就形成了一块料坯。如果已经大概确定这块料要制作成的作品形态，还可以继续对其切割得更为具象一点。切忌不可盲目切割，避免造成大材小用或原料的浪费（图 9-2-9）。

图 9-2-9 切割
（姚雨薇供图）

（三）设计

一件完美的逊克玛瑙工艺品，应该是材质美和造型美的高度和谐，而造型美则取决于仔细研究了原料之后的设计方案，因此，设计就显得尤为重要。设计工作并不只在玛瑙制作之前进行，往往贯穿于整个制作过程。设计师要根据玛瑙原料在制作中发生的变化及制作者的能力和水平，随时改动设计稿，逐步引导完成制作。

经过对逊克玛瑙料坯的综合考虑，设计蓝图确定后，设计师就要在料坯上直接“画活”了。画活是经过“量料取材”和形象构思后，设计师用铅笔或水笔在这块料胚上勾画出要雕刻作品的形象轮廓（图 9-2-10）。

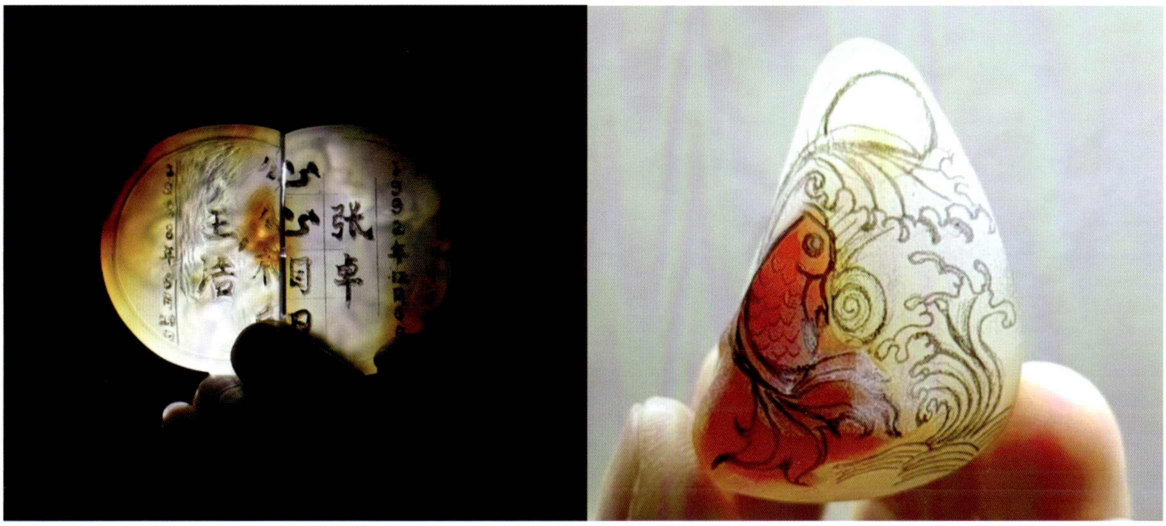

图 9-2-10 设计

（左：姚雨薇供图；右：李萌玛瑙供图）

（四）雕刻

逊克玛瑙雕件的制作是一种在玛瑙料坯上直接进行的技艺，主要以雕刻为主，具有不可复原性，这就要求雕刻师在雕刻前就将设计意图变成具体而细微的雕刻形象（图 9-2-11）。另外，在雕刻前还应确定出先做什么，后做什么，怎样才能使材料具有修改的余地。总之，只有具备了“成竹在胸”的充分部署才能开始雕刻，通常需要按照“先减荒，后出型，然后再细工”的步骤进行。

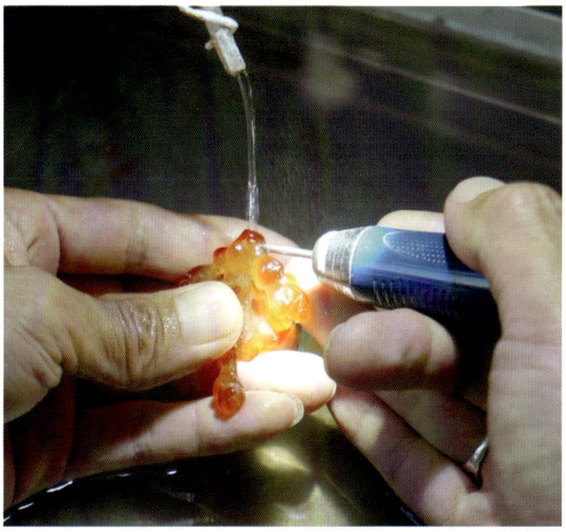

图 9-2-11 雕刻

（姚雨薇供图）

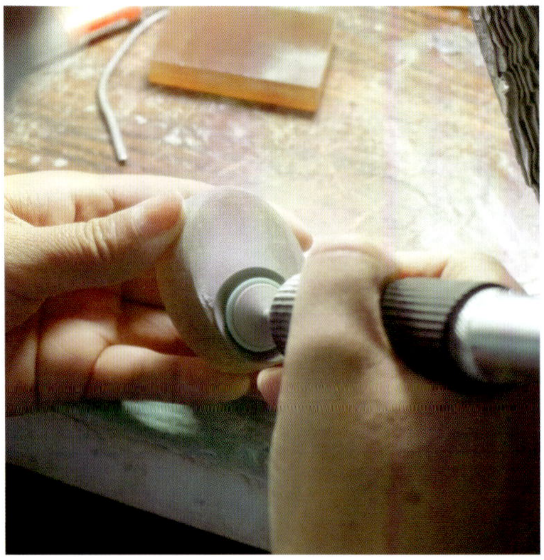

图 9-2-12　抛光
（姚雨薇供图）

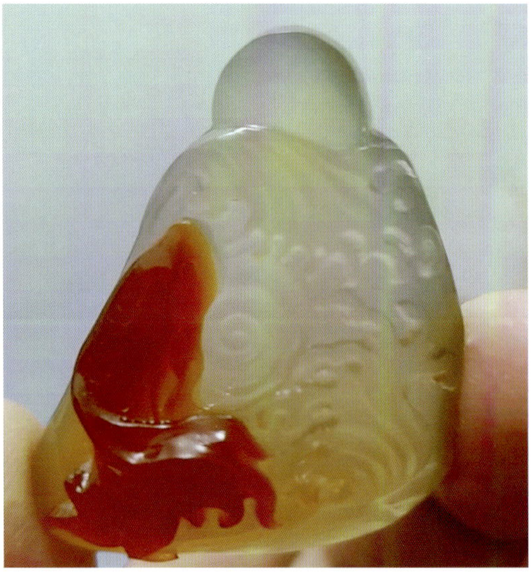

图 9-2-13　逊克玛瑙抛光后成品
（李萌玛瑙供图）

（五）抛光

抛光是玉器制作最后一道工序，业内惯称“光活”。简单来说，抛光就是先将作品各部位磨细后，再用抛光工具用力摩擦作品表面，使其表面平整、细腻光滑，产生镜面反射，达到镜面般明亮的效果（图 9-2-12）。玛瑙经抛光后会呈现出温润美丽的光泽，使其艺术价值得到充分的体现（图 9-2-13）。

三、逊克玛瑙雕刻技法

通常玉器雕琢技法一般分为圆雕、浮雕、透雕、俏色巧雕、镂空雕、薄胎、钮雕、链雕等，这些技法在逊克玛瑙雕刻工艺中同样得到了充分的应用。

（一）圆雕

圆雕为三维立体的雕刻造型，又称立体雕，是艺术在雕件上的整体表现，观赏者可以从不同角度看到物体的各个侧面。它要求雕刻者从前、后、左、右、上、中、下全方位进行雕刻。好的逊克玛瑙圆雕作品，主体鲜明，视觉冲击力强，耐人品味（图 9-2-14，图 9-2-15）。

图 9-2-14　逊克玛瑙圆雕摆件《圭首》
（北红玛瑙奇石艺术馆供图）

图 9-2-15　逊克玛瑙圆雕摆件《运旺福长》
（第十届“玉玦杯”银奖作品，曲录福供图）

（二）浮雕

浮雕的空间构造可以是三维的立体形态，也可以兼备某种平面形态，既可以依附与某种载体，又可相对独立地存在。浮雕与圆雕的不同在于它相对的平面性与立体性。根据图像造型进行深浅程度不同的雕刻，又可分为浅浮雕（图 9-2-16）和高浮雕（图 9-2-17）。浅浮雕是单层次雕像，内容比较单一，高浮雕则是多层次造像，内容较为繁复。

图 9-2-16　逊克玛瑙浅浮雕挂件

（左：久鸿玛瑙艺术馆供图；右：玉鼎玛瑙供图）

图 9-2-17　逊克玛瑙深浮雕挂件

（久鸿玛瑙艺术馆供图）

逊克玛瑙精品玉雕《姑苏风情》

（高俊华作品，逊克宝山玛瑙博物馆供图）

（三）镂空雕

镂空雕是在浮雕基础上镂空其背景，表现物象立体空间层次的一种雕刻技法。它是吸收了镂雕、圆雕、浮雕和绘画的优点，融会贯通而形成的一种独特雕刻艺术。镂空雕有平面镂空雕和立体镂空雕之分。平面镂空雕是一般镂雕，作品有一定厚度，刻画的形象层层叠叠、交错穿插（图 9–2–18）。立体镂空雕是在圆雕基础上的多维空间表现手法，在艺术形式上以镂空雕刻画取胜（图 9–2–19）。

图 9–2–18　逊克玛瑙平面镂空雕摆件

（姚雨薇供图）

图 9–2–19　逊克玛瑙立体镂空雕摆件

（久鸿玛瑙艺术馆供图）

（四）俏色巧雕

俏色巧雕是指在玉雕过程中，巧妙运用颜色，尽可能地保留逊克玛瑙原石上的颜色，并且尽量将它们巧妙地运用到雕刻的题材中，使作品和谐一致，浑然天成。俏色以玛瑙主色为底，兼色作俏，根据原石的自然纹路、天然形态，进行合理的想象、巧妙的设计，化瑕为瑜，琢制成美丽的玉器，起到点石成金的作用。俏色技法通常包括本体俏色、皮色俏色、内含物俏色与围岩俏色 4 类，逊克玛瑙的俏色巧雕主要以本体俏色和皮色俏色为主。

1. 本体俏色

本体俏色是根据玉石本体的色彩差异进行俏色巧雕，在逊克玛瑙这种本身颜色就很丰富的玉石品种上运用得更多。创作中可巧用玛瑙的色彩分布，利用玛瑙的层理、色带设计俏色作品浑然天成、惟妙惟肖（图 9–2–20，图 9–2–21）。

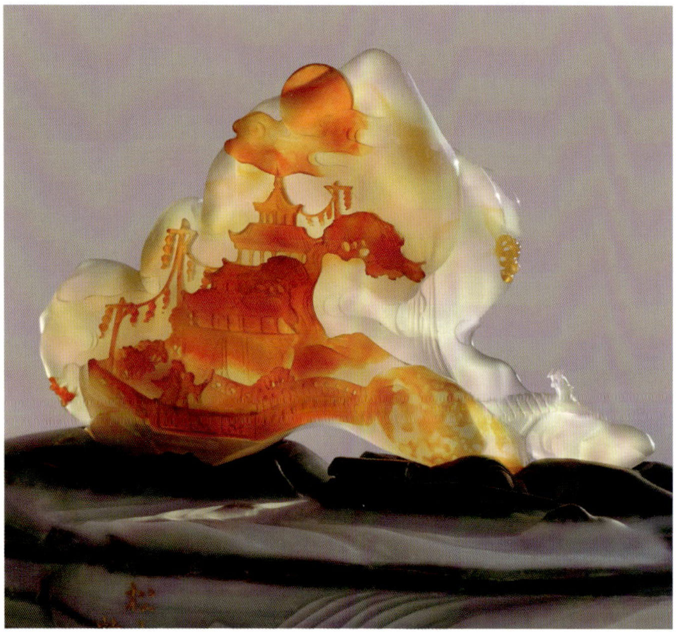

图 9-2-20　逊克玛瑙本体俏色巧雕摆件
（李记玛瑙供图）

图 9-2-21　逊克玛瑙本体俏色巧雕摆件
（赵军供图）

2. 皮色俏色

皮色俏色是利用玉料皮壳的颜色、内部肌理与质地进行俏色巧雕，也有人将这种雕刻技法称作“留皮”，与竹刻中的“留青”原理极为相似。逊克玛瑙中带有皮壳的原石可运用皮色俏色技法进行创作。根据皮色巧妙设计，玛瑙的肉质美和皮色的天然美都能和谐地表现出来（图 9-2-22，图 9-2-23）。

图 9-2-22　逊克玛瑙皮色俏色巧雕摆件
（第十届“玉玦杯”铜奖作品，群一玛瑙艺术馆供图）

图 9-2-23　逊克玛瑙皮色俏色巧雕摆件
（2022 年“红玛瑙杯”银奖作品，李萌玛瑙供图）

（五）薄胎

薄胎玉器轻巧、秀丽，薄如蝉翼、轻若鸿毛、亮似琉璃，让人爱不释手，制作薄胎玉器的工艺称为“薄胎技艺”，它是玉器工艺中最高深的技法之一。薄胎技艺非常复杂，耗时费工，用逊克玛瑙做出的薄胎玉器，更显其玉质细腻温润，其间夹杂的缠丝使作品更有意境和韵味（图 9-2-24）。

图 9-2-24 逊克玛瑙薄胎茶碗

（吕氏美石工作室供图）

（六）钮雕

钮雕是专指印章上部钮饰的一种雕刻技法，起到装饰印章的作用，具有丰富的立体感。钮雕属圆雕范畴，具有 3 个特点：限于印章的规模，物象小（一般在 $10cm^2$ 以下）；只表现物象的上方而不需要全方位表现（下方位被印章所替代），这是与圆雕的最大差异；表现内容多为动物，特别是古代传说中的动物，显得古雅不凡。这些动物有螭、狮、龙、凤、虎、貔貅、麒麟、蛇、鳌、龟、熊、蝙蝠等，因此，钮雕又称“兽钮”（图 9-2-25）。

图 9-2-25 逊克玛瑙钮雕印章

（群一玛瑙艺术馆供图）

（七）链雕

链雕又称“活环”技艺，是把一块石材镂空，雕出一整条活动石链的雕刻技法，是高难度的玉雕技艺，古代多用于雕刻瓶、炉等摆件，作为提梁和瓶体等之间的装饰性链接，环孔较大。链雕对玛瑙原石的要求极高，要质细性坚、纯而无格。在链雕过程中，最为关键的在于雕环。其技法要求极细致，难度极高，稍有差池，就会造成链条裂断，一切努力付之东流。因此，逊克玛瑙运用链雕技法加工时，一定要心灵手巧、艺高胆大，且具耐心和毅力，方能制作出形神具备的优秀作品（图 9-2-26）。

图 9-2-26　逊克玛瑙链雕摆件
（李记玛瑙供图）

四、雕件常见形制

由于逊克玛瑙雕件注重的是雕刻工艺技法，其形制没有素件的品种多，多数为雕牌、挂件、摆件，少数为器皿、印章等。

（一）雕牌

逊克玛瑙雕刻的玉牌会比素件的玉牌稍厚一些，为了给予雕刻足够的空间，给人更多的立体空间感（图 9-2-27，图 9-2-28）。一块小小的玉牌，方寸间融绘画、书法、雕刻及故事文化于一身，使天生丽质的玛瑙经过一番雕刻修饰后拥有了生命。

图 9-2-27 逊克玛瑙雕刻玉牌
（李记玛瑙供图）

图 9-2-28 逊克玛瑙雕刻玉牌
（王林玛瑙供图）

（二）挂件

雕刻的逊克玛瑙挂件比素件的挂坠多了一份设计感、层次感和立体感，再加上俏色的应用，整件作品显得生动、有灵气。考虑到雕刻加工的留料率，挂件的尺寸可大可小，范围较广，小者可作为项坠，大者可作为手把件应用（图 9-2-29，图 9-2-30）。挂坠要注意孔的位置，孔要打在牌子的顶端中央，这样佩戴时会显得十分端正，也不影响挂坠整体的美感。

图 9-2-29 逊克玛瑙雕刻项坠
（李记玛瑙供图）

图 9-2-30 逊克玛瑙雕刻手把件
（群一玛瑙艺术馆供图）

（三）器皿、印章等

器皿、印章等其他雕件，往往是根据原石的形态并结合材质设计选择的形制，通常仅在制品的局部进行雕刻，其留料率较高。此类形制虽然数量少，但要么端庄大气，要么小巧精致，有些还兼具实用功能，深受爱好逊克玛瑙的文人墨客和风雅之士的喜爱（图9–2–31~ 图 9–2–33）。

图 9–2–31　逊克玛瑙雕刻器皿
（逊克方诺玛瑙供图）

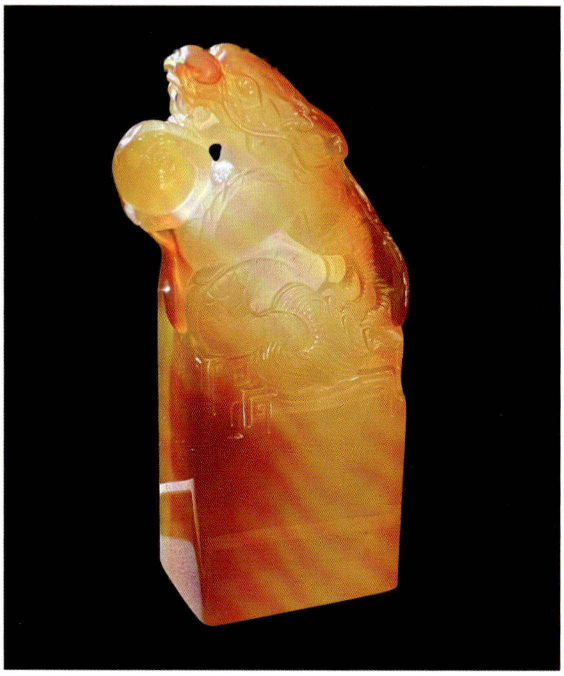

图 9–2–32　逊克玛瑙钮雕印章
（北红玛瑙奇石艺术馆供图）

图 9–2–33　逊克玛瑙笔筒、毛笔、雕花项坠和簪子
（逊克方诺玛瑙供图）

（四）摆件

玉雕摆件这种形制在逊克玛瑙雕件品种中所占的比例最大，这是因为逊克玛瑙原石尺寸从小到大范围很广，每一块原石的结构构造、质地、形态、色泽、纹理、透明度各不相同，根据不同的原石进行设计雕刻的品种也会很多，并且不论是在设计方面，还是雕刻技法方面，都是对玉雕师更大的挑战（图 9-2-34，图 9-2-35）。好的玉雕摆件表现自然，兼具一定的装饰性和功能性，让摆件自然地成为陈设空间的一部分，与空间融为一体。

图 9-2-34　逊克玛瑙雕刻摆件

（逊克宝山玛瑙博物馆供图）

图 9-2-35　逊克玛瑙雕刻摆件《吉祥如意》
（2017 年“天工奖”优秀作品奖，李萌玛瑙供图）

五、雕件工艺评价

设计雕刻及加工工艺作为评价逊克玛瑙制品的核心指标之一，其重要性有时会超过其他评价指标。逊克玛瑙的原料品种丰富，若加上巧妙的设计和精湛的加工工艺，便可提升其经济价值和艺术价值。逊克玛瑙成品设计雕刻加工的质量评价，主要包括造型、艺术性、比例、美感、雕刻和抛光工艺等因素的综合评价。

逊克玛瑙雕件的工艺评价内容与素件有着明显的区别，主要从雕刻图案寓意是否美好（图必有意，意必吉祥）、用料干净与否、追色是否完善、俏色的利用是否恰当、造型是否优美、雕工是否精细、底座的题材是否相符等几个方面进行评价。通常雕刻图案具美好寓意、雕件上无明显肉眼可见的瑕疵、充分显示出色彩的美感、俏色的利用巧妙、造型优美、形象清晰逼真生动、雕工精细、底座形态优美与玉雕作品相得益彰的雕刻作品为上品（图 9-2-36，图 9-2-37）。

图 9-2-36 逊克玛瑙雕刻摆件
（吕氏美石工作室供图）

图 9-2-37 逊克玛瑙雕刻摆件
（久鸿玛瑙艺术馆供图）

需要说明的是，许多颜色和质地俱佳的优质逊克玛瑙小料（包括一些加工剩余的边角料），可以因材施艺，雕刻成精美的小雕刻件（图 9-2-38），既可以摆放观赏，也可以进一步镶嵌加工，成为逊克玛瑙镶嵌首饰进行应用。

图 9-2-38 逊克玛瑙雕刻精品《花香蝶舞》
（2019 年“玉华奖”金奖，李可供图）

2017年“天工奖”优秀奖《一带一路》
（李可作品，李可玉雕工作室供图）

第三节　逊克玛瑙镶嵌工艺

对于逊克玛瑙首饰而言，除了圆珠成串、雕刻成型外，镶嵌类首饰也是最具有实用性的玛瑙产品，也是深受广大消费者喜爱的产品形式。

一、镶嵌工艺流程

通常镶嵌类玛瑙首饰的制作过程需要经过设计、起版（雕蜡或“3D”建模）、倒模、执模、镶嵌、抛光电镀等步骤完成。

（一）设计

这是玛瑙首饰制作的第一步，珠宝设计师根据已有的玛瑙造型，将自身设计思路或与客户沟通后的成熟构思绘制成首饰设计图（图 9-3-1），定稿后，进一步制定出制作方案。该阶段是玛瑙镶嵌加工首饰过程中的基石，奠定了后续工艺的基调和加工目标与效果。

图 9-3-1　逊克玛瑙首饰设计图

（刘宇婷供图）

设计图的绘制可以是徒手绘制，也可以用电脑软件绘制，无论用什么方法一定要绘制 1:1 的图纸，这样才能准确制作出所设计的首饰样式。

（二）起版

目前首饰起版以“3D”电脑建模为主，主要使用 JewelCAD、犀牛等软件进行“3D”建模（图 9-3-2），这种建模方法工作效率高，节省人工成本并可以预算出材料成本。“3D”

建模后，需要进行喷蜡成型（图 9-3-3）。如果需要多个同一造型的首饰，可以制作胶模，然后做出多个蜡板进行批量生产。另一种起版方式是手工雕蜡，这种起版的方式多适用于自然形态的造型，对雕蜡师傅的水平要求较高。 如需要做多个同款造型，必须先进行浇铸制作母模，做出胶膜后再做出多个蜡模，种出蜡树，等待浇铸出金属造型，这样就可以生产出多个相同的首饰。

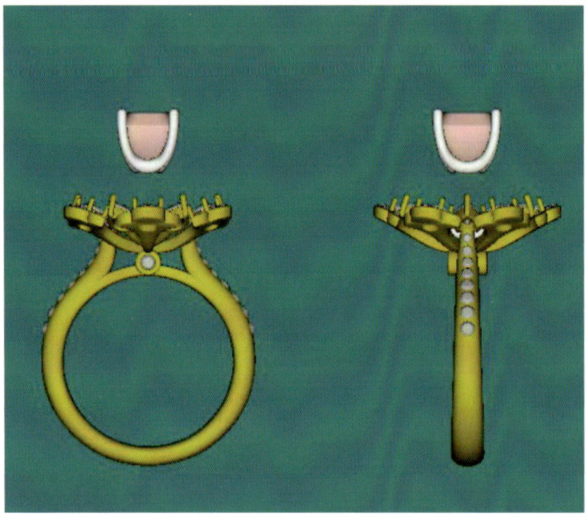

图 9-3-2　首饰“3D”建模

（刘宇婷供图）

图 9-3-3　首饰蜡模

（刘宇婷供图）

图 9-3-4　浇铸出的首饰金属模

（刘宇婷供图）

（三）倒模、执模

首饰的蜡模做好后，需要用专用石膏制作浇铸模具，然后根据要求浇铸出金、银、铜等金属。这个工序多在专业的浇铸工场完成，石膏模的制作与浇铸都对材料与工艺技术有较高的要求，在专业的工厂制作往往可以降低生产成本，节省制作时间。

浇铸出的金属件（图 9-3-4），需要剪去水口并对金属件进行修整，这个工序称为执模（图 9-3-5）。执模是首饰制作很重要的工序，如果执模师傅水平不高，修出的首饰会显得粗糙或变形。

图 9-3-5　执模
（刘宇婷供图）

（四）镶嵌、抛光

这是玛瑙镶嵌类饰品手工制作过程中最为关键的一步。在镶嵌玛瑙类首饰时，先将玛瑙放在准备好的金属架上，首先检查玛瑙尺寸是否合适于预定位置，再看金属的爪钉和金属托架是否与玛瑙主石相吻合（图 9-3-6），这都需要非常精细的调整，从而保障镶嵌时玛瑙主石放置得更加稳固安全（图 9-3-7）。

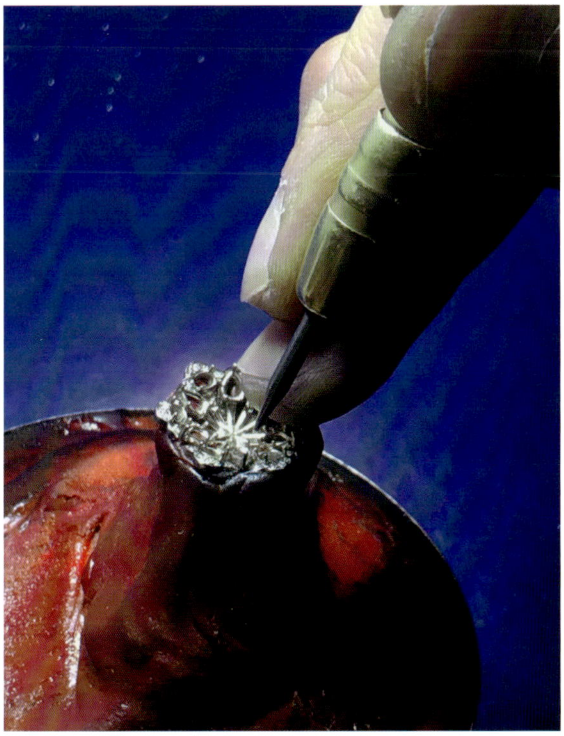

图 9-3-6　检查和调整镶口尺寸
（刘宇婷供图）

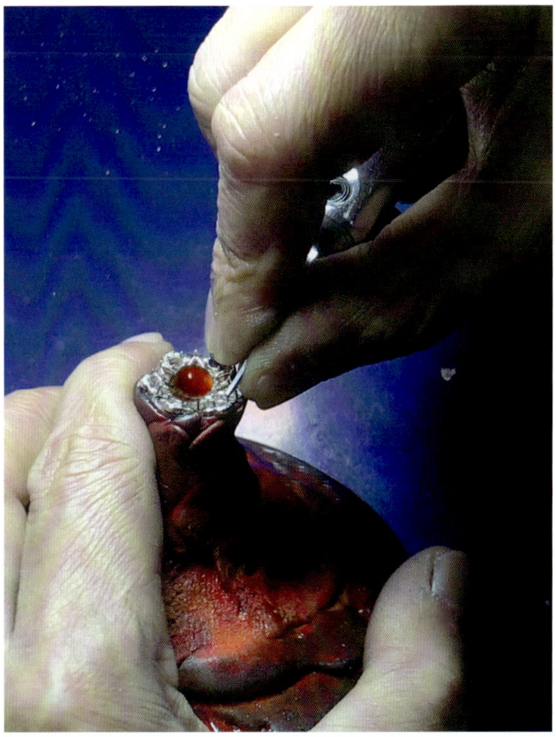

图 9-3-7　镶嵌玛瑙
（刘宇婷供图）

镶嵌工艺对师傅的技术水平要求非常高，镶嵌技术不好就会出现掉石现象。如果设计的款式比较简单，镶嵌时相对容易些；若设计的款式涉及复杂工艺，或是需要镶嵌搭配大量宝石与钻石，那么难度就会加大。

首饰金属托架做好后，需要用抛光轮对金属表面进行抛光处理，以提高金属表面和细节部分的光滑度与亮度。抛光轮一般是用多层帆布、毛毡或皮革叠制而成，两侧用金属圆板夹紧，在圆轮边缘涂由微细粉磨料和油脂等调和而成的抛光剂。抛光时，抛光轮高速旋转作用在抛光件上，使其表面更加光亮（图 9-3-8，图 9-3-9）。玛瑙首饰可以先进行镶嵌再进行抛光处理。

图 9-3-8　抛光首饰花头
（刘宇婷供图）

图 9-3-9　抛光首饰戒臂
（刘宇婷供图）

（五）电镀

电镀是首饰行业应用最广泛的金属件表面优化处理技术，其目的主要是起到保护与光亮的效果，使首饰表面更加美观。首饰电镀有本色电镀与异色电镀之分。本色电镀是指与首饰金属材料本色相同的电镀，如 18K 金电镀 18K 金色（图 9-3-10）；异色电镀是指与首饰金属材料本色不同的电镀色，如 925 银电镀黄金色。银质、铜质首饰经过镀金处理后会形成较稳定的电镀层，就不容易出现变色氧化现象（图 9-3-11）。电镀工艺比较复杂，并且电镀过程中所产生的废水会污染水源，所以电镀工序最好在专业的电镀厂完成。

图 9-3-10　本色电镀金后首饰
（刘宇婷供图）

图 9-3-11　异色电镀金后首饰
（姚雨薇供图）

二、逊克玛瑙镶嵌首饰评价

目前，镶嵌还未成为加工逊克玛瑙的主要工艺，市场上多见的是素面逊克玛瑙镶嵌而成的戒指和项坠（图 9-3-12，图 9-3-13），镶嵌的金属多为银、铜或合金，在工艺上也只是进行简单镶嵌，用粘胶加以辅助。

图 9-3-12　逊克玛瑙镶嵌戒指
（王佳供图）

图 9-3-13　逊克玛瑙镶嵌项坠
（德龙火玉玛瑙艺术馆供图）

现代宝玉石镶嵌的工艺理念，有侧重宝玉石和侧重整体设计的不同取向，高价值的宝玉石，其设计以宝玉石为主，先设计宝玉石的琢型，再根据琢磨成型的宝玉石设计贵金属承托；

而价值中低水平的宝玉石，可根据首饰整体造型琢磨宝玉石，以追求首饰的造型完美性。

若以色彩艳丽、纯净度高、切磨工艺完美并“起莹”的优质逊克红玛瑙素件作主石，完全可以选择使用K金或硬千足金等贵金属进行镶嵌（图9-3-14，图9-3-15），专业的设计加上精湛的镶嵌工艺可以大幅度提升逊克玛瑙首饰的经济价值和艺术价值。

图9-3-14 逊克玛瑙K金镶嵌戒指
（德龙火玉玛瑙艺术馆供图）

图9-3-15 逊克玛瑙硬千足金镶嵌戒指
（德龙火玉玛瑙艺术馆供图）

尽管逊克玛瑙镶嵌首饰目前还处于初级阶段，但其发展前景可观。未来可将逊克玛瑙与贵金属、单晶体宝石有机结合起来，由简单的镶嵌戒指，发展成项饰、耳饰、胸饰和链状手饰等组合套系镶嵌，在艺术性和装饰性上加以结合，拓展逊克玛瑙饰品的加工工艺类型，充分展示逊克玛瑙镶嵌首饰的独特魅力。

【章结语】

逊克玛瑙成为珠宝爱好者的掌上明珠，很大程度上是大自然赋予其本身的独特魅力与工匠精湛工艺的完美结合，让逊克玛瑙在焕发自然之美的同时又展现出精妙绝伦的工艺之美。自然美与工艺美二者交相辉映构成了展现于人们眼前的美妙作品。

针对目前现有的逊克玛瑙加工工艺进行分析可知，今天的逊克玛瑙产业依旧处于高速发展时期，在设计、加工、雕刻和镶嵌工艺等方面仍然具有很大的进步空间。未来，相信伴随着市场发展和越来越多的从业人员与爱好者们数量的不断增多，逊克玛瑙产业的发展将会迎来更多的发展机遇和更迅速的发展进程，更多优秀作品也会在匠心的注入下不断涌现。

第十章 逊克玛瑙选购指南

逊克玛瑙手镯
（德龙火玉玛瑙艺术馆供图）

精品雕件《红日》
（第十四届“玉龙奖”铜奖作品，孙永供图）

玛瑙，让人充满智慧，只要你认真地读她、懂她、开悟她，她就给你带来福气、运气。逊克玛瑙是大自然给予人类的不可再生的宝贵资源，它兼具宝玉石和观赏石的特征，其审美取向和艺术造型具有自己独有的艺术特色，给广大玛瑙爱好者充分的想象空间，并逐步形成了自身的价值体系，不仅可赏玩、佩戴，也可用来投资和收藏。

如何选购到自己心仪的逊克玛瑙？以及在选购的过程中应当注意哪些问题？本章重点介绍逊克玛瑙各种产品的选购技巧，为更多新进入逊克玛瑙行业的藏家、玩家和投资者在选购逊克玛瑙时提供帮助和参考。

第一节　认知产品类型

逊克玛瑙材质独特，色彩、纹理复杂多变，根据结构和纹理的差异，可形成不同的审美倾向，主要应用于宝玉石和观赏石两个方向。宝玉石是指具有美观、耐久、稀少的特性，并可切磨、雕刻、镶嵌成首饰或经加工雕琢成为精美的工艺品；观赏石是指自然天成的，具有观赏价值、收藏价值、经济价值和科学价值的石质艺术品。宝玉石需要经过精细地加工，而观赏石更注重原生态的美。

造型奇特、色彩丰富、质地温润的逊克玛瑙原石，经过设计师和工艺师创作出的产品种类丰富，按照不同的用途可将其归为首饰成品、玉雕摆件和观赏石（奇石）三大类。不论是精致华美的首饰饰品，还是大气典雅的玉雕摆件，抑或是造型百变的观赏石摆件，都吸引着人们的目光。

一、首饰成品

逊克玛瑙首饰成品包括镶嵌和无镶嵌两种类型。

（一）镶嵌首饰

逊克玛瑙镶嵌首饰是指利用金属或贵金属将打磨抛光好的逊克玛瑙素件或雕件进行镶嵌而成的供人佩戴的饰品，主要品种有戒指、项坠、耳饰、手镯和胸针等（图 10-1-1~ 图 10-1-4）。通常用于制作镶嵌首饰的逊克玛瑙尺寸较小，市场上最为多见的是纯色透明或带有美丽条纹图案的素面镶嵌戒指和项坠，其中“起莹”的纯色镶嵌首饰非常受欢迎。

图 10-1-1　逊克玛瑙精品戒指

（德龙火玉艺术馆供图）

图 10-1-2　逊克玛瑙男士戒指

（德龙火玉艺术馆供图）

图 10-1-3　逊克玛瑙项坠
（德龙火玉艺术馆供图）

图 10-1-4　逊克玛瑙镶嵌手镯
（德龙火玉艺术馆供图）

（二）无镶嵌首饰

逊克玛瑙无镶嵌首饰是指将打磨抛光好便直接进行佩戴的逊克玛瑙素件或雕件制品（部分需要打孔穿绳），主要品种有手镯、珠串、玉牌、吊坠、手把件、扳指、手排等（图10-1-5~图10-1-10）。通常用于制作无镶嵌首饰的逊克玛瑙尺寸较镶嵌首饰的要大，能够从不同角度充分展示逊克玛瑙晶莹剔透、色彩变幻、质地润泽、沉稳厚重、工艺精湛的独特美感。

图 10-1-5　逊克玛瑙手镯
（久鸿玛瑙艺术馆图）

图 10-1-6　逊克玛瑙手串
（德龙火玉艺术馆供图）

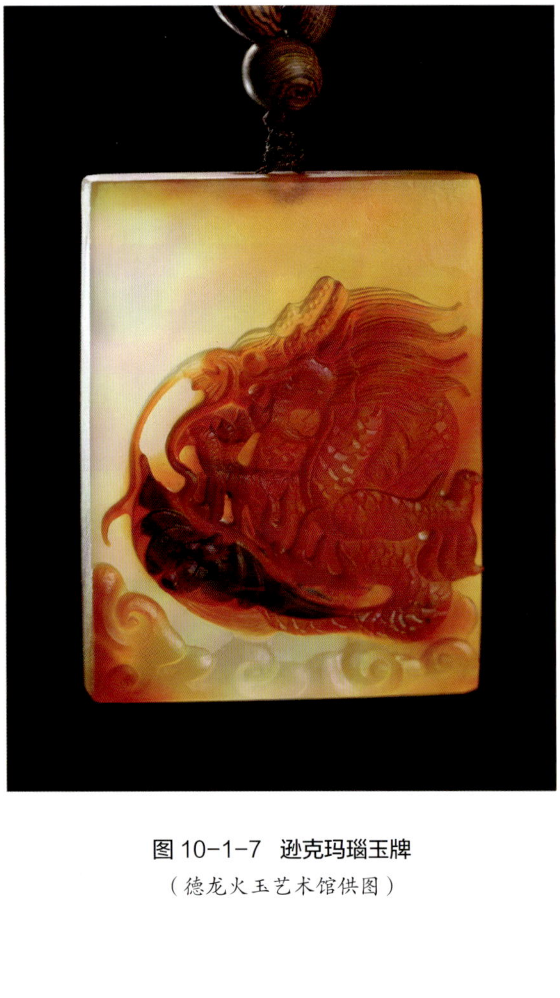

图 10-1-7　逊克玛瑙玉牌
（德龙火玉艺术馆供图）

图 10-1-8　逊克玛瑙吊坠
（溢彩轩供图）

图 10-1-9 逊克玛瑙手把件
（群一玛瑙艺术馆供图）

图 10-1-10 逊克玛瑙扳指
（北红玛瑙奇石艺术馆供图）

二、玉雕摆件

逊克玛瑙玉雕摆件是指由工艺师经过精心设计、反复琢磨加工雕琢而成，主要作为摆放装饰的逊克玛瑙工艺品。按照玉器行业传统，玉雕摆件通常可分为炉瓶器皿、山子、花鸟、动物、人物等众多题材类型，逊克玛瑙玉雕摆件也不例外，其形制大小有别，在不同题材的作品中弘扬了中国传统文化的理念，展示了玉雕工艺中的各种精湛技法，并将逊克玛瑙独特的材质美展现得淋漓尽致（图 10-1-11~ 图 10-1-16）。

图 10-1-11 逊克玛瑙镂空雕摆件《龙腾盛世》
（群一玛瑙艺术馆供图）

图 10-1-12 逊克玛瑙俏雕摆件《女娲补天》
（第十届“玉玦杯”优秀作品奖，群一玛瑙艺术馆供图）

图 10-1-13　逊克玛瑙山子《溯源》
（奚彩军作品，据孙敏，2016）

图 10-1-14　逊克玛瑙摆件《龙凤呈祥》
（曲录福供图）

图 10-1-15　逊克玛瑙镂空雕香薰
（逊克方诺玛瑙供图）

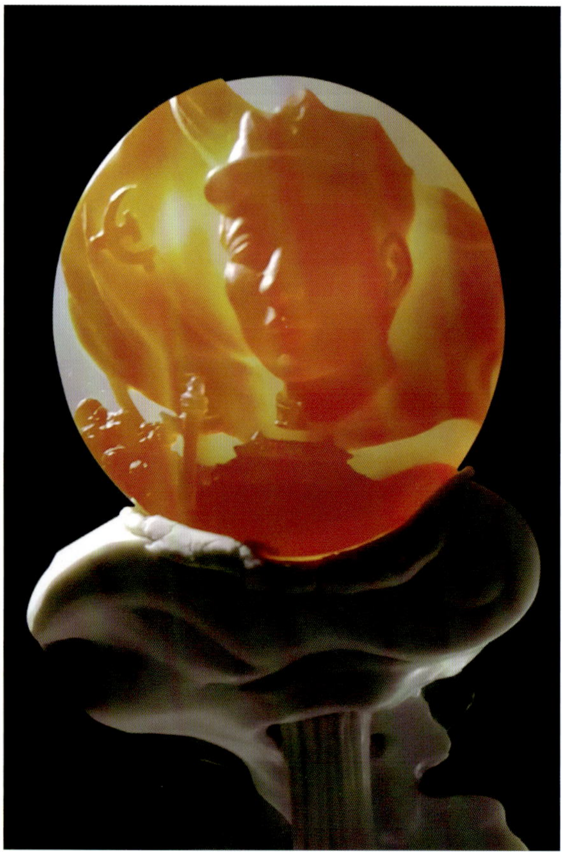

图 10-1-16　逊克玛瑙人物摆件《东方红》
（逊克方诺玛瑙供图）

三、观赏石

逊克玛瑙原石奇特的外形、多变的纹理，既可呈现出象形的造型，又可形成美丽的图案或逼真的文字、数字，具备观赏价值。逊克玛瑙用作观赏石，注重的是天然的玛瑙形状和纹理，不施过多人工，其自然天成的形状、图案，即可显现出颇具艺术价值的雅趣，因此，逊克玛瑙观赏石主要以造型石和图案石为主（图 10-1-17，图 10-1-18）。

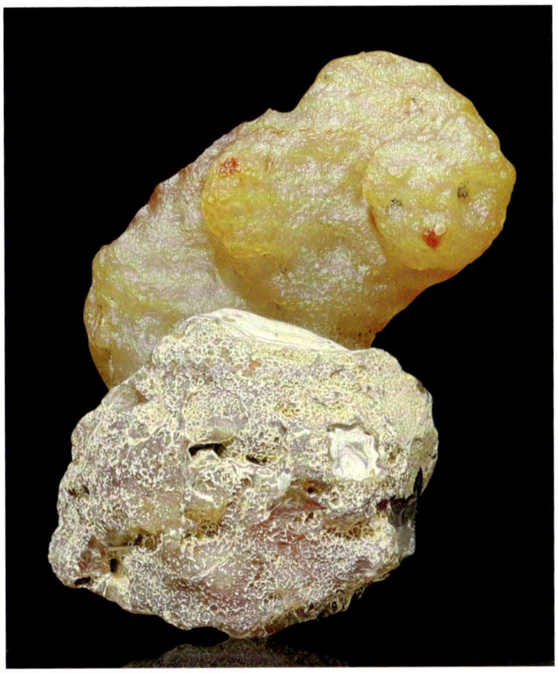

图 10-1-17 逊克玛瑙造型石
（北红玛瑙奇石艺术馆供图）

图 10-1-18 逊克玛瑙图案石
（北红玛瑙奇石艺术馆供图）

四、市场特色术语

逊克玛瑙是颇具特色的地方玉种，受当地民俗民风、传统观念的影响，逊克玛瑙制品在市场上进行交易时，有些特色品种颇受玛瑙爱好者的欢迎，因此，当地商家便为其额外进行了命名，久而久之便成了逊克玛瑙独具特色的商业用语。

（一）腰缠万贯

商业上被称为“腰缠万贯”的逊克玛瑙制品是指手镯、珠子和扳指上具有非常完整的一条或多条色带纹理，正好环绕一周，象征着富贵聚财的美好寓意。“腰缠万贯”强调色带纹理的完整性，对条带的颜色、数量和粗细没有特殊的要求，因此，无论纹理是宽如带，或是细如丝，是红色、黄色，或是紫色、黑色，是单线、双线，或是多线，都非常受欢迎（图 10-1-19，图 10-1-20）。

图 10-1-19 “腰缠万贯”手镯
（德龙火玉艺术馆供图）

图 10-1-20 “腰缠万贯”手串
（逊克方诺玛瑙供图）

需要说明的是，吊坠、玉牌等逊克玛瑙制品上有一条或多条色带纹理时，不能称为“腰缠万贯”，只能称为“带线”，可称为“彩线”，有单线、双线和多线之分。

（二）糖心

逊克玛瑙中被称为“糖心”的玛瑙，它的中心是一种颜色，外面包裹的是另一种颜色，外面的颜色通常是无色的，就像一层透明的浆皮，隐隐透出内部的颜色，似夹心软糖一般，里面的部分就被称为“糖心”。糖心有大有小，颜色也各异，深红色、橙色、黄色、黑色等色都有，但以黄色居多，优质的糖心玛瑙其糖心的颜色与外面包裹的颜色对比鲜明，糖心居于正中，不跑偏，且近似圆形，不发散，呈均匀的团状（图 10-1-21，图 10-1-22）。若糖心颜色不止一个颜色，还有其他颜色，且颜色之间过渡自然，相得益彰，也深受消费者的喜爱。

（三）混子

在当地市场上，不透明、石质感较强、成分较为混杂的原料和成品被称为“混子”。经过仔细观察分析，发现“混子”实际包括两种材质：一种是不透明的碧石，即通常人们熟知的“羊肝石”；另一种是类似“战国红”的逊克玛瑙，颜色以黄色、红色两色为主，可伴有其他过渡颜色，也可形成一定的纹理，多被加工成素件印章、茶壶和其他小型摆件等（图 10-1-23，图 10-1-24）。建议取消“混子”的称谓，改为“逊克战国红”。碧石材质的“混子”建议改为“北红彩玉”。

除了上述 3 种特殊商业用语外，还有一些商业用语如“天眼”“草花”“白冰”“灰冰”“黄冰”“红冰”和“矾”等，已在逊克玛瑙分类及质量评价的相关内容中进行了阐述，在此不再赘述。

图 10-1-21 “糖心”（正面）
（姚雨薇供图）

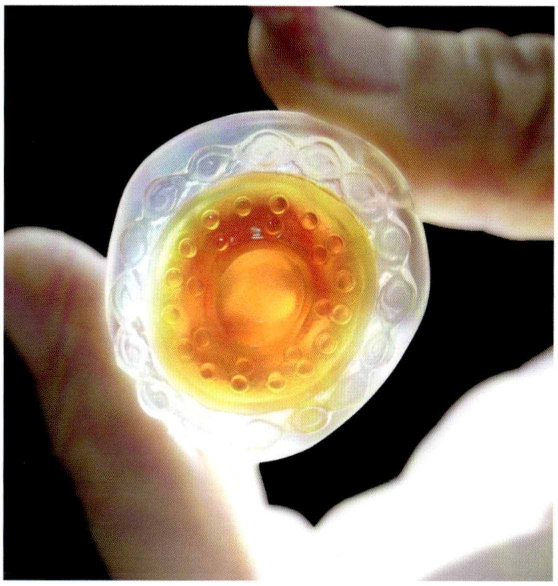

图 10-1-22 “糖心”（背面）
（姚雨薇供图）

图 10-1-23 “混子”摆件《元宝》
（赵军供图）

图 10-1-24 “混子”摆件《茶壶》
（姚雨薇供图）

第二节　选购技巧

逊克玛瑙的产品类型及品种丰富多样，各具特色。在市场上琳琅满目的逊克玛瑙产品中挑选购买时，需将逊克玛瑙的基础知识学透，熟练掌握逊克玛瑙的分类、分级、质量评价等多方面的知识，并掌握相应的购买技巧，这有助于购得自己心仪且物有所值的逊克玛瑙。

一、选购流程

购买逊克玛瑙产品时，推荐选购流程如下。

（一）确定产品类型

逊克玛瑙产品分首饰成品、玉雕摆件和观赏石三大类。不同类型的逊克玛瑙评价体系和评价标准不同，审美取向不同，受众群体也各不相同。例如，首饰成品中的镶嵌首饰多受到不同年龄段的女性青睐（图 10-2-1），无镶嵌首饰任何年龄段的男性和女性均喜欢，玉雕摆件多为中年以上男性和女性所喜爱（图 10-2-2），观赏石则多为中老年男性所钟爱。

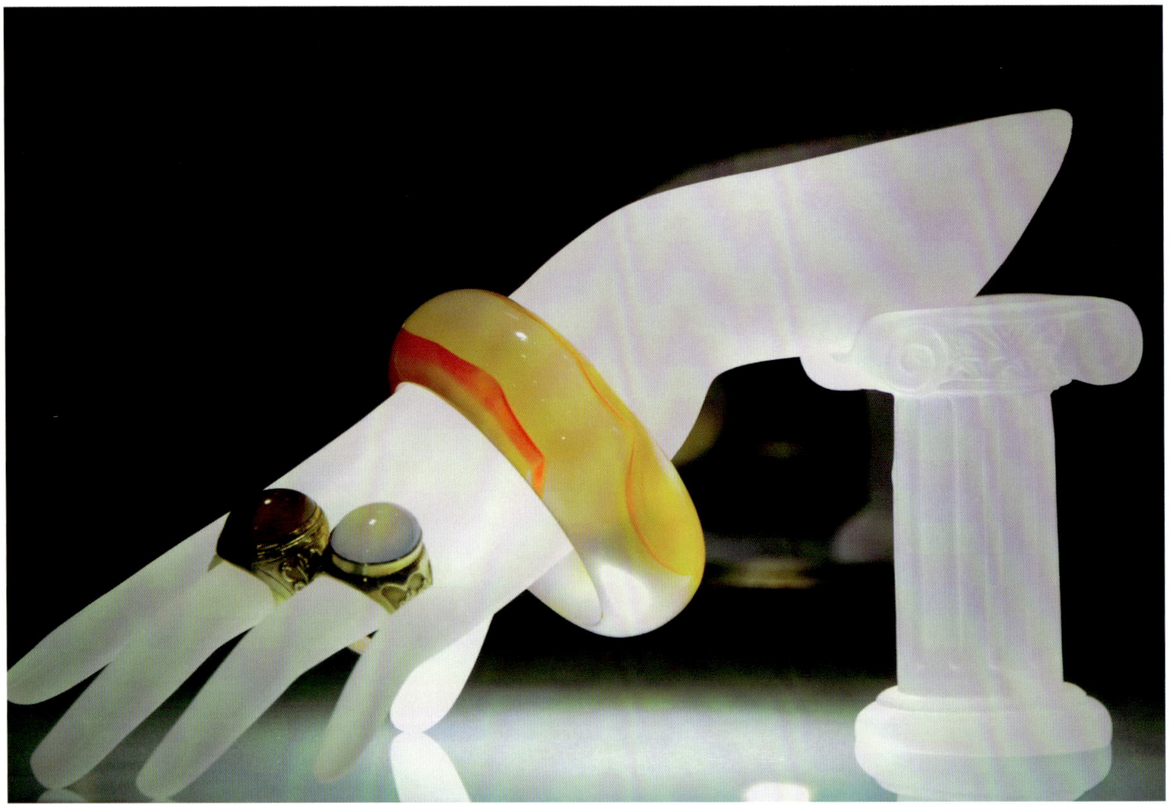

图 10-2-1　逊克玛瑙首饰成品
（北红玛瑙奇石艺术馆供图）

图 10-2-2 逊克玛瑙雕刻摆件《八骏奔腾》
（曲录福供图）

（二）明确购买用途

通常购买逊克玛瑙产品可有自用装饰、礼赠、收藏和投资等方面的用途。不同的用途对购买的品种、产品的等级和消费的金额均会产生较大的影响。

（三）在正确的渠道购买产品

宝玉石市场历来都不乏“陷阱”，选择逊克玛瑙诚信商户和可信之人进行买卖交易可以避“雷”。如果自己去不同的渠道进行淘宝（图 10-2-3，图 10-2-4），应当有一双明亮的“慧眼”，必要时可借助手电和放大镜，结合掌握的逊克玛瑙基本知识和积累的实践经验，可避免上当受骗，造成不必要的经济损失。

图 10-2-3 逊克县玛瑙早市
（王珊供图）

图 10-2-4 黑河市玛瑙早市
（何雪梅供图）

（四）以专业的水准挑选产品

针对不同类型的逊克玛瑙产品特点，运用逊克玛瑙质量分级和评价标准，从宝玉石专业的角度挑选产品，尤其要关注环境光线对逊克玛瑙颜色的影响，在无自然光环境中选购时，要注意照明设备中明显偏色灯光的影响，要用正确的光源对产品的颜色进行正确的评估。除了对材质的颜色、纹理、质地、透明度、净度进行鉴别和分级外，针对加工产品还要正确评估其工艺水平的高低。

（五）不要忽视配座和装潢的作用

配座、穿绳和装潢是逊克玛瑙产品不可或缺的一部分，是逊克玛瑙产品升级和完整性的展现。购买产品时，要审视配座和装潢是否与产品匹配，好的配座和装潢可以相得益彰，起到“锦上添花”的效果。配座和装潢工艺水平可以体现设计师和工艺师的审美情趣，为消费者带来愉悦的心理感受。

二、选购原则

当置身于市场之内，看到柜台上摆满了逊克玛瑙制品，不免会有眼花缭乱的感觉。产品虽多，但总的挑选原则不变。针对不同类型的逊克玛瑙产品，建议遵循以下挑选原则。

1）选购首饰成品侧重逊克玛瑙材质品质，首选色艳、丝纹优美、质地温润、少矾少裂无烧的精品，取其色、纹、质的高级结合；其次选自身具备突出特点的器物，如象形突出者。

2）选购玉雕摆件，要侧重产品雕刻技艺和工艺水平的精湛，重点考量是否做到了因材施艺、俏色巧用、比例得当、题材新颖、寓意美好等。优先选择材质上乘、工艺精湛的作品，其次选择材质一般、工艺优秀的作品，再次选择材质不佳、工艺精湛的作品，即所谓“化腐朽为神奇”的作品。

3）选购观赏石，运用审美眼光，优先挑选图案优美、象形出众、观赏价值突出者。可参照第八章的相关内容，按照个人情趣爱好进行挑选，所谓“仁者见仁，智者见智”，个性化选购。

逊克玛瑙的品类有高、中、低档次之分，购买逊克玛瑙的消费者群体的审美也有左、中、右之分，每位消费者都有着自己的审美、喜好、用途和消费计划。例如，有些消费者偏爱具有象形图案的逊克玛瑙首饰成品（图 10-2-5，图 10-2-6），追求宝玉石和观赏石的双重属性；也有人酷爱一些市场上少见的随形逊克玛瑙器物（图 10-2-7，图 10-2-8），讲究追求逊克玛瑙自然材质美的独特属性。

图 10-2-5 具象形图案的逊克玛瑙戒指
（李辉玛瑙供图）

图 10-2-6 具象形图案的逊克玛瑙项坠
（北红玛瑙奇石艺术馆供图）

图 10-2-7 随形贝壳状逊克玛瑙雕件
（逊克方诺玛瑙供图）

图 10-2-8 随形荷叶状逊克玛瑙笔洗
（逊克方诺玛瑙供图）

对于资金充足的逊克玛瑙爱好者，自然要收购色艳、丝美、质润、器大、无瑕的公认精品，此类精品既可收藏把玩又可投资。对于资金有限的消费者，不妨集中资金，收几件公认精品，时常把玩，赏心悦目。对于有瑕疵的逊克玛瑙，可追求其性价比，毕竟天然玛瑙无瑕者少，有瑕者多，只要其性价比高，一定程度上符合自己的审美需求和心理价位，亦可入手。

三、选购建议

根据消费者选购心理，具体到人们购买时的不同用途，可采用务实的选购技巧和合理建议。

（一）礼赠

礼赠是历史遗留下来的一种社会交往行为，馈赠的礼物往往是表达心愿或以示友好的载体。人们通常会根据不同的受礼对象选择各式礼物，在挑选逊克玛瑙产品作为馈赠时也应如此。中国的玉文化博大精深，每一件玉作品都蕴含着深厚的文化内涵，逊克玛瑙的众多玉制品也继承了中国传统文化的精髓，无论在形制还是在雕刻图案方面都代表着美好的寓意，成为馈赠亲朋好友的佳品。为了便于广大玛瑙爱好者快速了解逊克玛瑙玉礼品的种类，本书将市场上常见的逊克玛瑙玉制品分为大众通用玉件和特殊群体适用玉件两大类。

1. 大众通用玉件

大众通用玉件是指不受年龄限制，普遍适用于各个年龄段逊克玛瑙爱好者的玉制品。除了首饰作品中的戒指、手镯、珠串、耳饰等之外，最常见的带有美好寓意的饰品有平安扣、葫芦、竹节、如意、观音和佛挂件、生活富足题材的玉件及生肖题材的玉件等。这些玉制品可以是挂件，也可以是大小不等的摆件，可按需购买赠送。

平安扣：寓意“平安”“扣子”更是贴切生动，合起来象征“扣住平安”。无论性别，男女老幼均可佩戴（图 10–2–9，图 10–2–10）。

图 10–2–9　逊克玛瑙平安扣
（北红玛瑙奇石艺术馆供图）

图 10–2–10　逊克玛瑙平安扣
（赵军供图）

葫芦：谐音“福禄”，寓意“高官厚禄”，有财富、富贵、兴旺的含义（图 10–2–11）。

竹节：寓意“竹报平安”和“节节高”，竹节的“竹”字谐音“祝”，还有祝福平安的美意（图 10–2–12）。

如意：有万事如意、好事连连、吉祥驱邪、承载祈福禳安等美好寓意，是家喻户晓的吉祥物。如意的造型是由云纹、灵芝做成头部，然后衔接一个长柄，模样类似权杖，在古代是上层人物权力和财富的象征（图 10–2–13）。

图 10-2-11 逊克玛瑙葫芦挂坠

（北红玛瑙奇石艺术馆供图）

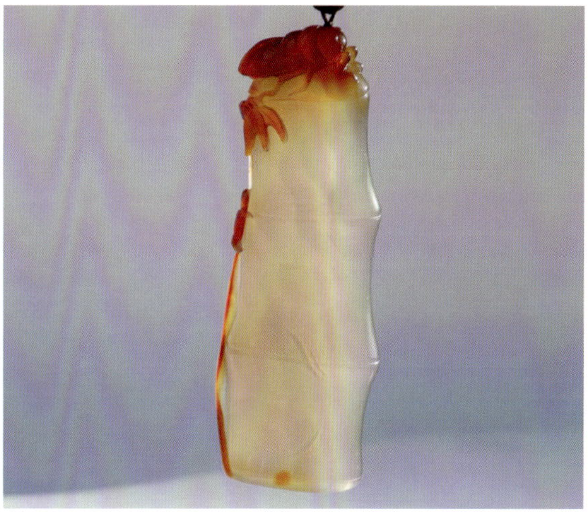

图 10-2-12 逊克玛瑙竹节吊坠

（李记玛瑙供图）

图 10-2-13 逊克玛瑙如意摆件

（北红玛瑙奇石艺术馆供图）

“男戴观音女戴佛”：玉石行业流传已久的一种说法，似乎成了大江南北人们佩戴观音、佛护佑人生保平安的护身符，其中“观音”与“官运”谐音，寓意“官运亨通”。在逊克玛瑙玉制品中有大量观音、佛的题材，可供挑选（图 10-2-14~ 图 10-2-18）。

关公：关公是仁义的化身，还是商界供奉的财神，关公玉件寓意关公能济世救民，会保佑生意兴隆，家庭富足，财源滚滚（图 10-2-19）。

含有莲花、莲藕和鲤鱼题材的玉件：寓意“连年有鱼”，生活富裕，衣食无忧，每年都是好光景（图 10-2-20）。

螃蟹：寓意“富甲天下”或八方来财、财运亨通、纵横天下，丰衣足食，代表生活富足（图 10-2-21）。

图 10-2-14 逊克玛瑙佛挂件

（红瑾阁供图）

图 10-2-15 逊克玛瑙佛挂件

（红瑾阁供图）

图 10-2-16　逊克玛瑙观音摆件
（北红玛瑙奇石艺术馆供图）

图 10-2-17　逊克玛瑙俏色观音挂件
（久鸿玛瑙艺术馆供图）

图 10-2-18　逊克玛瑙观音挂件
（久鸿玛瑙艺术馆供图）

图 10-2-19　逊克玛瑙关公挂件
（德龙火玉艺术馆供图）

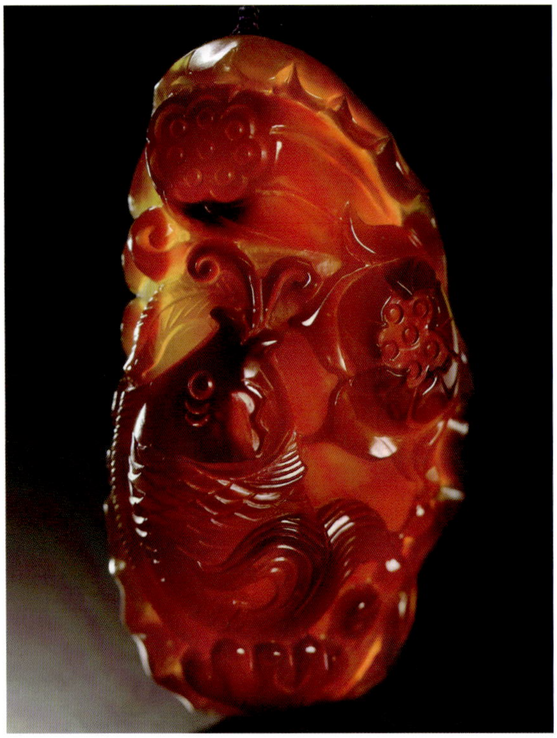

图 10-2-20　逊克玛瑙鲤鱼挂件
（德龙火玉艺术馆供图）

图 10-2-21　逊克玛瑙螃蟹吊坠挂件
（久鸿玛瑙艺术馆供图）

金蟾：又称三足金蟾，是招财的瑞兽，古语有云："家有金蟾，财运绵绵"，寓意招财进宝、镇宅、驱邪，因此，各种金蟾的造型都与金币、元宝有关。口衔金币，或身上嵌满了金钱珠宝，或脚下踩着元宝，寓意财源滚滚（图 10-2-22）。

玉米：寓意金玉满堂、多子多福，招财进宝（图 10-2-23）。

图 10-2-22 逊克玛瑙金蟾摆件
（德龙火玉艺术馆供图）

图 10-2-23 逊克玛瑙玉米摆件
（德龙火玉艺术馆供图）

每个中国人都有自己的生肖，按照传统文化的习俗，本命年佩戴属于自己的生肖玉件，可以辟邪消灾，吉祥平安，所以逊克玛瑙生肖类玉制品也是馈赠亲友的绝佳礼品（图 10-2-24~ 图 10-2-27）。

图 10-2-24 逊克玛瑙生肖猪摆件
（德龙火玉艺术馆供图）

图 10-2-25 逊克玛瑙生肖兔摆件
（德龙火玉艺术馆供图）

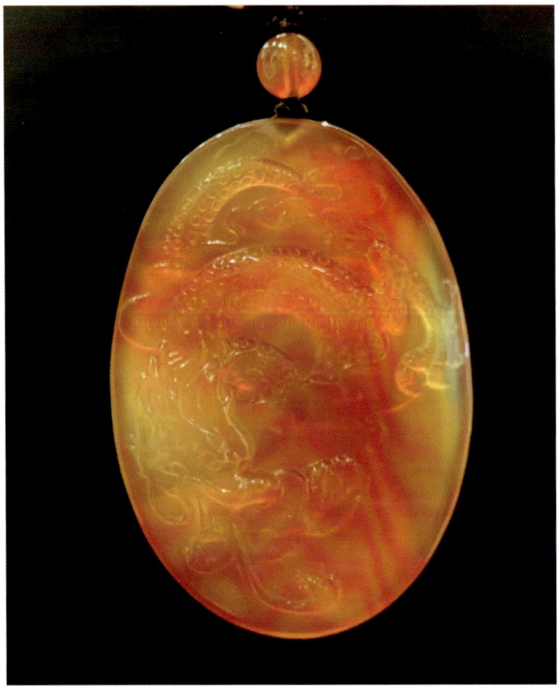

图 10-2-26　逊克玛瑙龙牌
（群一玛瑙艺术馆供图）

图 10-2-27　逊克玛瑙生肖猴挂件
（李记玛瑙供图）

2. 特殊群体适用玉件

特殊群体适用玉件通常是指受年龄限制，针对某个年龄段逊克玛瑙爱好者的玉制品。有适于学前儿童的长命锁、年少学子的蝉和鲤鱼玉件、青年男女的树叶和凤凰玉件、年长老者的寿星和神龟玉件等。同样，这些玉制品可以是挂件，也可以是摆件，可根据具体需求进行挑选购买。

长命锁是中国传统的吉祥物，又称“寄名锁”可保平安，寓意“长命百岁”。通常由长辈赠予晚辈，表达对幼儿平安长大、吉祥幸福的美好祝愿。一把长命玉锁（图 10-2-28），锁住孩子的健康，锁住幸福，从此快乐无忧，健康平安。

图 10-2-28　逊克玛瑙长命锁挂饰
（群一玛瑙艺术馆供图）

鲤鱼寓意“鱼跃龙门”，是一类传统玉雕题材（图 10-2-29）。鲤鱼在龙门之处，跃过龙门，以望化身为龙。人生路上，无人不望子成龙，唯有勤勉奋斗，才能梦想成真。

蝉的寓意是“一鸣惊人”，蝉联冠军的“蝉联”，也就是连续不断，象征位居榜首、勇夺第一。家中如果有读书的小孩，为他挑选一款玉蝉饰品是一个不错的选择（图 10-2-30）。

树叶的“叶”谐音“业”，对于正待成家立业的青年男女，寓意事业有成、大业早树、安居乐业之美好。也有人称佩戴树叶挂件的女青年为“金枝玉叶”，希望借由它可以带来好运（图 10-2-31，图 10-2-32）。

图 10-2-29 逊克玛瑙鲤鱼挂件
（孙永供图）

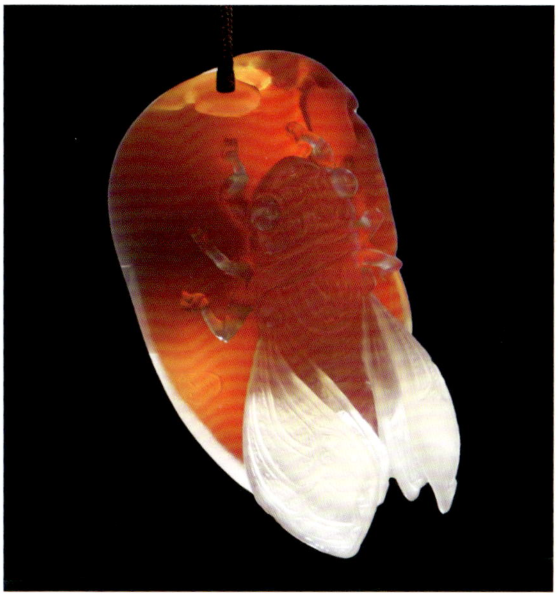

图 10-2-30 逊克玛瑙蝉挂件
（李记玛瑙供图）

图 10-2-31 逊克玛瑙树叶挂件
（姚雨薇供图）

图 10-2-32 逊克玛瑙树叶挂件
（胡燕供图）

凤凰是人们心目中的瑞鸟，是华贵、伟岸、进取、天下太平的象征。凰即皇字，为至高至上之意，凤有象征爱情的含义。购买凤凰题材的玉件（图 10-2-33）可用来祝贺婚姻美满，比喻夫妻和谐，同心相爱。

麒麟是仁义之兽，同龙凤一样都是受人敬仰的神兽。我国传统文化中，有“麒麟送子”的祈子习俗，赠送青年男女麒麟玉件（图 10-2-34），寓意早生贵子，家庭美满，幸福安康。

龙龟是龙神和灵龟的化身，相传龙生九子不成龙，其中一子头似龙，形似龟，在民间称之为龙龟。龙龟有神灵大龟之称，能为世人挡灾煞，减祸害。将龙龟玉件（图 10-2-35）赠送老年人，寓意神兽护佑，健康长寿，长命百岁。

寿星玉雕作品的形象最能诠释和表达人世间最为简单且难得的幸福，即健康长寿、寿比南山。拥有一件逊克玛瑙寿星玉件（图 10-2-36），可保佑老人心想事成、平安长寿。神话传说中，掌管寿命的仙人都会随身带着一个桃子，因此，寿桃有长命百岁、护佑安康的美好寓意。赠送寿桃玉件（图 10-2-37），祝愿老人健康长寿，福气常伴，表达了晚辈对长辈的祝福和孝心。

图 10-2-33 逊克玛瑙凤凰手把件
（群一玛瑙艺术馆供图）

图 10-2-34 逊克玛瑙麒麟印章
（北红玛瑙奇石艺术馆供图）

图 10-2-35 逊克玛瑙龙龟摆件
（德龙火玉艺术馆供图）

图 10-2-36 逊克玛瑙寿星手把件
（王林玛瑙供图）

图 10-2-37 逊克玛瑙寿桃摆件
（醉红之美玛瑙馆供图）

花生又名“长生果”，寓意长命百岁，用花生来象征长生不老是对老人身体健康最朴实的祝愿。此外，花生是一种多果实的植物，一脉下有很多的花生和籽，因此，借花生玉件（图 10-2-38）可表达多子多福、子孙满堂和福寿安康的双重美好祝愿。

图 10-2-38 逊克玛瑙花生摆件
（久鸿玛瑙艺术馆供图）

（二）收藏

以收藏为目的选购逊克玛瑙，一定要认准精品和艺术品，既要注重材质之精美，也要重视制作工艺的精湛水平，全方位考量作品的材质美、工艺美、艺术美，方可收藏。

1. 注重材质

收藏逊克玛瑙时，首先看玛瑙的颜色，要求艳丽通透，而且不含杂质、裂纹等瑕疵；其次看玛瑙的色泽图案，只有整体看来色泽分明，颜色鲜艳亮丽，纹理图案清晰的玛瑙才更有艺术观赏性，值得购买收藏。玛瑙颜色关键在于纯正，俏色利用同样占有较大的比例；最后看质地细腻程度和结构变化层次，透明度要高，晶莹剔透，温润而泽。通常而言，优质天然玛瑙呈玻璃和油脂光泽，色泽鲜亮纯正，洁净细腻，纹理流畅，尤其是玛瑙呈现渐变色，条带明显，颜色鲜明，有较强的层次感，这样的材质非常稀少和难得。

2. 重视工艺

逊克玛瑙需要经过反复雕琢才能成为一件超脱凡俗审美的珍品。从玛瑙雕刻的角度去思考，也恰恰说明玛瑙雕刻除了需要具备优秀的天然材质，也要借助雕刻者精湛的雕刻技法，通过人工雕刻为玛瑙的天然之美融入人文内涵，从而让雕刻作品展现出意蕴之美、材质之美和雕刻技法之美。正如我国的《周礼·考工记》所云：“天有时，地有利，材有美，工有巧。合此四者，然后可以为良。”传统的玛瑙玉雕技法以精湛的雕工为玛瑙的价值添加活力，在工匠的精心雕刻下，赋予了玛瑙传统寓意和含义，体现了雕之精粹、石之美丽。玉雕作品的文化底蕴之美既包含了雕刻者的个人文化内涵，也包含了传统文化和民族文化悠久历史所积淀下来的社会文化意蕴。玉雕作品最终呈现的是意与美这两方面的高度统一，又或者是雕刻者个人意志的强烈展现。在现阶段的市场环境下，我国的玛瑙玉雕作品普遍偏重传统文化内涵和民族文化底蕴，设计元素和雕刻题材以佛教造像、道教人物、花鸟走兽或是吉祥物件为主，体现了人们对美好寓意的追求和幸福生活的憧憬。在逊克玛瑙雕刻时兼顾工艺品在造型、纹饰、色彩、书法艺术方面的呈现，将一块优质的逊克玛瑙原料雕琢成精美绝伦的艺术品的同时，体现出雕刻者本身的艺术涵养和思想观念，这样的作品不失为臻品，值得被收藏（图 10-2-39）。

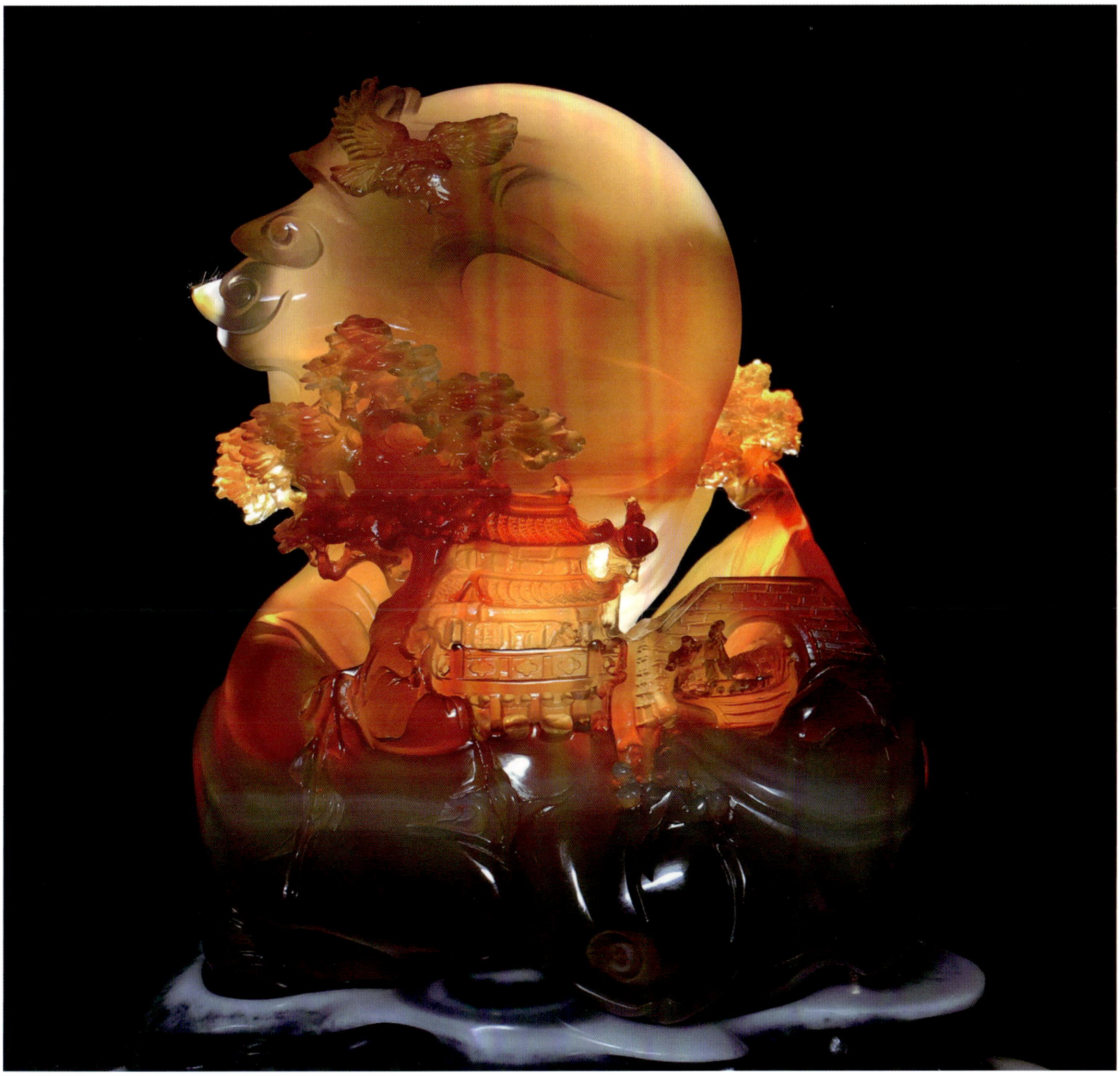

图 10-2-39 逊克玛瑙雕刻精品《山居秋暝》

（曲录福供图）

通常造型越繁复、工艺越复杂的玛瑙作品，价值相对越高。收藏逊克玛瑙作品时，要看制作工艺与造型，造型越好看，制作工艺越复杂，则越值得收藏。俏色作品应颜色分明

2019 年“天工奖”优秀奖《五谷丰登》
（李可作品，李可玉雕工作室供图）

且要注意到颜色之间的对比效果是否强烈，玛瑙俏色佳作在颜色分明的基础上还要求依料赋形，也就是能够使得形色相依吻合，形与色运用得恰到好处，这样的玛瑙作品才称得上是精美绝伦的佳品（图 10-2-40）。

图 10-2-40　逊克玛瑙俏色玉雕《燕京八景》

（2021 年“红玛瑙杯”金奖，曲录福供图）

（三）投资

俗话说“盛世珠宝，乱世黄金”，在盛世的今日，人们对逊克玛瑙的情结与日俱增。逊克玛瑙受到人们的喜爱和追捧，趋之若鹜，特别是名品。近些年来，股市低迷、楼市不稳有所加剧，越来越多的人把目光投向了玛瑙市场。在这种背景之下，玛瑙与资本结缘，成为资本追逐的对象，高品质逊克玛瑙的价格扶摇直上，而且这一趋势依然在迅猛发展，这些都是逊克玛瑙值得投资的体现。从品质上看，人们对玛瑙品质的追求是永恒的；从数量上看，玛瑙作为一种不可再生的资源，自然“物以稀为贵”，因此，高品质的逊克玛瑙才有了保值、升值的功能。

逊克玛瑙并非都是精品力作，高品质的材质加上精湛的工艺创作出的精品不断被有实力的收藏家收购珍藏，从商业贸易层面也揭示出只有具备保值、升值潜力的优秀产品和艺术作品才具有投资价值（图 10-2-41）。因此，投资者需要有一双敏锐的眼睛，要有前瞻性，能够在逊克玛瑙材质、造型、工艺某个领域发现价格洼地，开发新思路，挖掘新产品，正确评估不同类型的产品未来发展趋势，才能做到有的放矢，投资成功。

图 10-2-41　逊克玛瑙精品雕件《林都秋韵》
（2018 年“玉龙奖”最佳创意奖，孙永供图）

【章结语】

大自然的美是多姿多彩的，逊克玛瑙亦是如此，用鬼斧神工、天工开物、流连忘返等来形容逊克玛瑙的美感毫不为过。逊克玛瑙色彩缤纷、颜色多样、美观与奇特兼具，是广受人们喜爱的玉石品种。各种美丽的逊克玛瑙饰品寄托了人们的美好愿望及对美好生活的向往，也使中华民族的传统美德得以充分体现，更显示了逊克玛瑙天然美、工艺美和艺术美的完美结合。

面对眼花缭乱的各类逊克玛瑙，应当理清思路，遵循选购原则，掌握选购技巧，正确购买，谨慎投资与收藏，愿每一位热爱逊克玛瑙的消费者都能购得自己心仪的逊克玛瑙佳品。

第十一章

逊克玛瑙发展历程与未来展望

精品雕件《向佛》

（第十二届“玉龙奖”铜奖作品，孙永供图）

精品雕件《合家欢》

（2017年“天工奖”最佳专题奖，李可供图）

“花如解语应多事，石不能言最可人”，逊克玛瑙便是这样可人的存在，可惜因过去宣传力度较低，故而其“藏在深山无人知”。本章在查阅大量文献资料和考察市场的基础上，将中华人民共和国成立后逊克玛瑙的发展历程进行了详尽的梳理，并针对逊克玛瑙的市场现状、文化传承进行了分析研究，为逊克玛瑙的未来提出了抓住机遇、迎接挑战、共谋发展的愿景。

第一节　开发历程与市场概况

中华人民共和国成立后的1970年前后，当时的逊克县还是一座边境上默默无闻的小城市，逊克县宝山乡阿廷河流域玛瑙的发现与开采，给这座城市带来了新的机遇，拉开了逊克玛瑙产业的序幕，同时迎来了新的挑战。

纵观逊克玛瑙的发展历程，发现这一新兴产业与其所处的不同时代背景紧密相连，总结起来大致可分为4个阶段：1970—1988年的新生阶段、1989—995年的困难时期、1996~2011年的产业复苏及2012年至今的产业稳步发展阶段。

一、新生阶段（1970—1988年）

1970年前后，在黑龙江省逊克县的山川河流中，分布着大大小小形态各异的红色、黄色和冰白玛瑙原石。当时的反修公社（今宝山乡）社员在一支流、二支流，特别是三支流和四支流等地分别频繁不断地发现了玛瑙原石，逊克玛瑙原石的发现促进了逊克玛瑙产业的诞生与发展。由于逊克县富含铁矿资源，所以这些原石中数红色玛瑙的量最大、品质最好，受到了全国各地玉石雕刻和首饰加工人士的关注，被称为“江料”。此后四连和六连分别组织社员集体挖玛瑙出售，主要采集的都是红色、块大的玛瑙，有的特级红玛瑙板料达25kg左右，也曾开采过32.4kg的水胆玛瑙和100kg的特大玛瑙。当时省收购站设在反修供销社的玛瑙收购站，北京、辽宁、内蒙古、锦州等（省、区、市）玉器厂的收购商，以及后期县里最初成立的两个集体制玛瑙雕刻厂“民族工艺美术厂”和“工艺雕刻厂”，到宝山收购玛瑙加工原料时，只收购内外均为红色的玛瑙原石，所以当时出产的雕刻和素活工艺品大多为红色或红黄相间色。红色玛瑙石料内部颜色渐淡的部分也不会浪费丢弃，加工成工艺品，所以也有少数黄色、白色产品。当时还对加工小件的玛瑙原料采用加温优化的古法，使其内部所含的针铁矿变成赤铁矿，使颜色更红。这种烧红玛瑙现今在逊克已被摒弃。

这一时期，逊克玛瑙以井下开采为主，井深三至十几米不等，均由群众自行开采销售。逊克县兴建玛瑙厂300余家，磨球等粗加工的小作坊则更多，其中规模较大的当属逊克县工业局与外贸局筹建的“民族工艺美术厂”和劳动局筹建的“工艺雕刻厂”。

（一）民族工艺美术厂

1976年，逊克县委县县政府着力发展逊克红玛瑙加工产业，筹建了第一个规模较大的集体所有制玛瑙雕刻厂——工艺美术厂，后更名为“民族工艺美术厂”（图11-1-1）。民族工艺美术厂成立后，在社会范围内招收了37名工人，主要生产玛瑙戒面、圆珠等，圆珠最大半径可达2cm，出厂的首批产品（图11-1-2，图11-1-3）受到北京首饰厂“颜色好，水头好”的高度评价。

图 11-1-1　逊克县民族工艺美术厂正门
（于俊庆、刘洪深供图）

图 11-1-2　红玛瑙项链
（逊克宝山玛瑙博物馆供图）

图 11-1-3　红玛瑙耳钉
（逊克宝山玛瑙博物馆供图）

图 11-1-4　时任民族工艺美术厂厂长梁亚秋获奖归来
（于俊庆、刘洪深供图）

在之后的数年间，逊克县人民政府选派民族工艺美术厂学员多次赴辽宁省锦州市玉器厂，系统学习了设计、雕刻、光亮等工艺品制作技艺，培养了大批出色的青年雕刻师，使逊克县从售卖玛瑙原料向加工、雕刻、销售玛瑙工艺品迈出了坚实的一步。民族工艺美术厂还扩展外贸通道，开展玛瑙酒杯的进出口贸易，获批黑龙江省专项经费 25 万元，扩大生产规模，引进日本先进设备，并同步招聘美工人员，为逊克县玛瑙雕刻加工技艺的提高奠定了良好基础。该厂每年都参加广交会和国内各种展会，多次获得金奖和银奖，出产的玛瑙原石和工艺品销往哈尔滨、广州、北京、上海、辽宁等地，产品从高端到低档生产销售顺畅（图 11-1-4~图 11-1-7）。

图 11-1-5　逊克玛瑙花鸟作品
（逊克宝山玛瑙博物馆供图）

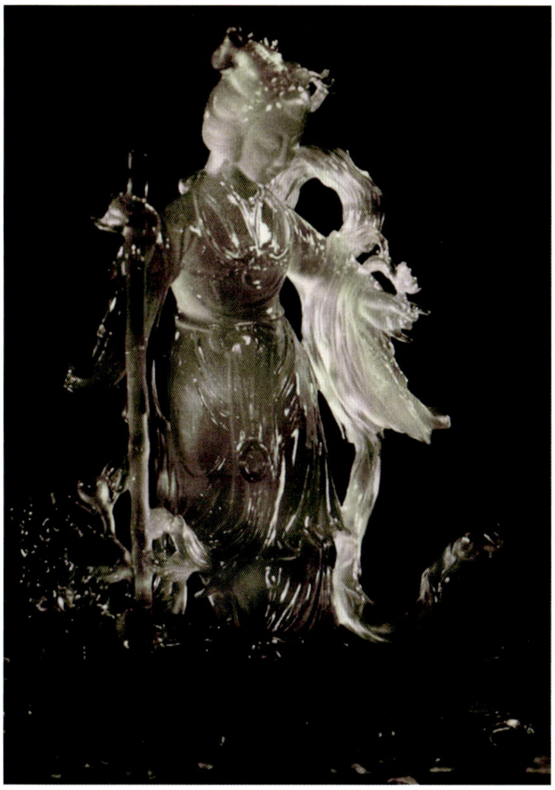

图 11-1-6 马鑫昌 1982 年作品《黛玉葬花》
（于俊庆、鞠进峰供图）

图 11-1-7 红玛瑙人物作品
（逊克宝山玛瑙博物馆供图）

（二）工艺雕刻厂

1980 年，逊克县筹建第二个集体制玛瑙雕刻厂——工艺雕刻厂（图 11-1-8），因最初考录的基本都是待业青年，所以最初取名“青年雕刻厂”，后更名为“工艺雕刻厂”。随后，为了加强技术力量，快速提升现有职工设计及雕刻水平，县人民政府从民族工艺美术厂抽调人员及聘请锦州市玉器厂雕刻师驻厂两年对招聘的第一批学徒工传授雕刻加工技艺（图 11-1-9）。同时，升级改造制作机械加工设备，当时北京第三玉器厂援助的震荡抛光机、苏州产的高速玉雕机（图 11-1-10）和最先进的日本超声波钻孔机等设备都得到了应用，大大提高了生产力。短短几年，工艺雕刻厂固定资产已经达到 36 万元有余，职工总数 63 人，共分人物、花鸟动兽、素活杂件、机械打孔、超声波打孔、手工光亮、机械抛光和烧料、木座和制盒、机修和车床、销售等 10 个部门车间，

图 11-1-8 工艺雕刻厂部分职工合照
（于俊庆、何萍供图）

出产的玛瑙工艺品品种丰富、质量好，频频参加各种大奖赛、展销会屡获好成绩（图 11-1-11~ 图 11-1-13），销售量逐年递增，固定销售网点遍布全国主要城市，并远销日本、香港，受到时任省长陈雷的赞誉并题词（图 11-1-14）。

图 11-1-9 首席雕刻师傅张春（中）在授课
（于俊庆、何萍供图）

图 11-1-10 使用苏州产高速玉雕机雕刻
（于俊庆、仝义顺供图）

图 11-1-11 逊克玛瑙人物花卉作品
（逊克宝山玛瑙博物馆供图）

图 11-1-12 逊克玛瑙动物作品
（逊克宝山玛瑙博物馆供图）

图 11-1-13　工艺雕刻厂 1981 年玛瑙工艺品：张春《大链瓶》、何萍《麒麟送书》、何秀君《小链瓶》

（于俊庆、何萍供图）

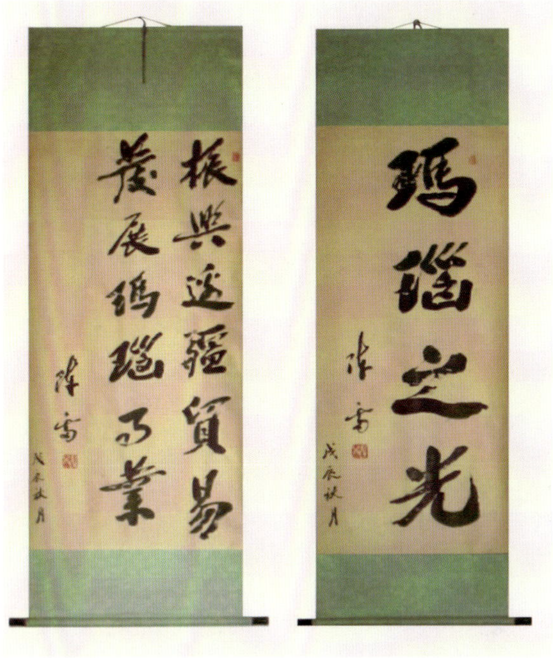

图 11-1-14　1988 年陈雷省长为工艺雕刻厂题词

（邵卫民供图）

二、困难时期（1989—1995 年）

早期的逊克红玛瑙比较出众，被业界视为一种高档玛瑙，作为出口产品远销世界，但到了 1989 年，受国际和国内经济形势影响，旅游业萧条，逊克玛瑙市场也受到很大冲击，逊克红玛瑙的生产和销售走入低谷并逐渐萎缩。1991 年，工艺雕刻厂逐步停产解体。不久之后，民族工艺美术厂也宣布停产解散。在逊克县玛瑙市场大萧条期间，由公安局筹建的“天鹅玛瑙工艺品厂”转包给了建厂人邵卫民、洪玉娟夫妇，改称“天鹅玛瑙首饰厂”。截至 1995 年，逊克县仅剩下这一家玛瑙厂（图 11-1-15）。

图 11-1-15　天鹅玛瑙首饰厂厂长洪玉娟及部分职工合影

（于俊庆、邵卫民供图）

三、复苏阶段（1996—2011 年）

1996 年，在中俄外交过程中，逊克红玛瑙工艺品（刘洪深雕刻的列宁像）由黑河驻军作为礼品送给了俄罗斯军方，受到高度赞赏。1997 年，黑龙江省旅游局、贸易厅、轻工业厅和纺织总会 4 单位联合下发的《关于公布 < 黑龙江省首批旅游商品定点生产企业名单 > 的通知》中，将逊克天鹅玛瑙首饰厂设立为“黑龙江省首批旅游商品定点生产企业”。

2000 年，21 世纪第一抹曙光照亮了逊克红玛瑙，使得产品再度受到广大收藏爱好者和消费者的热捧，市场再次出现繁荣景象。经营逊克玛瑙的有关商企逐渐超过 100 多家，年产值达到 5000 余万元。2003—2011 年，逊克玛瑙多次亮相全国各地的珠宝玉石博览会和展销会（图 11-1-16）并受到黑龙江省领导的关注（图 11-1-17，图 11-1-18）。逊克玛瑙工艺品两度被评为“黑龙江省优秀旅游纪念品”，作品《渔樵对话》获得中国工艺美术协会第九届国际艺术精品博览会“优秀奖”， 2007 年逊克玛瑙在中国东北文化产业博

图 11-1-16　逊克玛瑙参加 2008 年杭州珠宝玉石展销会
（邵卫民供图）

图 11-1-17　2011 年中央电视台《远方的家》栏目组深度报道天鹅玛瑙工艺品厂
（邵卫民供图）

图 11-1-18　原任黑龙江省委副书记马国良同志参观指导工作
（于俊庆、邵卫民供图）

图 11-1-19　原副省长孙尧于北京展会参观指导
（邵卫民供图）

览交易会中荣获“优秀产品展品奖”，作品《桃园三结义》在 2008 年黑龙江省文博会上获得金奖，2011 年，逊克玛瑙作品《西厢记》获中国珠宝玉石首饰行业协会“玉星奖”优秀奖（图 11-1-19）等……逊克玛瑙作品屡次获奖，越来越受到更多玛瑙爱好者的欢迎。2011 年，中央电视台《远方的家》栏目组来到逊克，深度报道了天鹅玛瑙工艺品厂（图 11-1-20），让电视机前的全国观众了解到了逊克玛瑙的所在和美丽。

图 11-1-20 “玉星奖”获奖作品《西厢记》
（唐飞作品，刘章雷供图）

四、稳步发展（2012 年至今）

2012 年 5 月，黑龙江省珠宝玉石产业基地在牡丹江市东宁市建立；2013 年 7 月，黑龙江省进出口宝玉石产业协会成立，开启了黑龙江省宝玉石文化产业新的里程。在省有关部门的大力扶持下，逊克红玛瑙产业也在不断发展和壮大。同年，逊克县人民政府出台了扶持玛瑙产业发展的相关政策，年轻人群成为该产业主力军，逊克“中俄玛瑙宝玉石协会”也正式成立。在黑龙江省“科学鉴宝，服务龙江”活动中，《大展宏图》《平步青云》等多件红玛瑙工艺品被评为“最有价值藏品”。

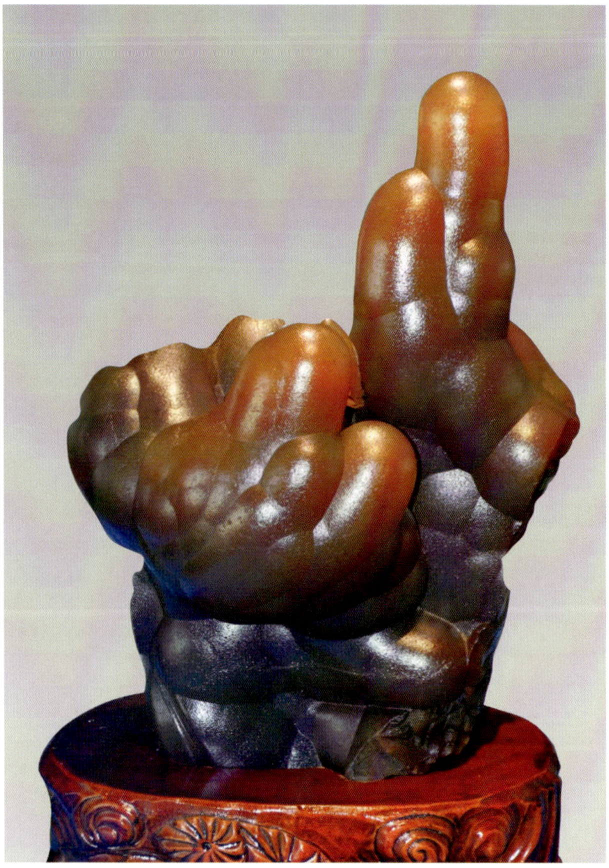

图 11-1-21　获奖观赏石《傲立群雄》
（邵卫民供图）

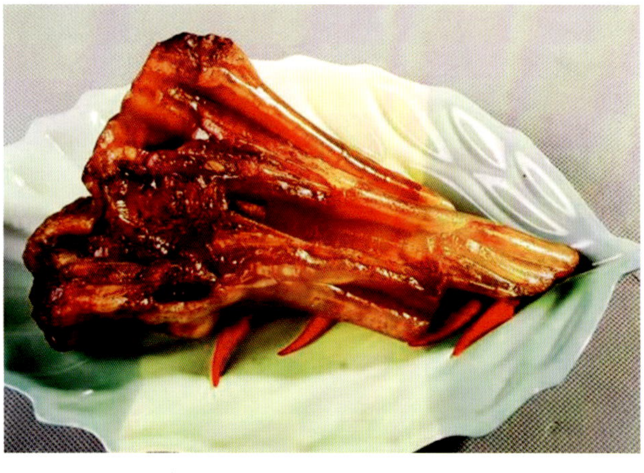

图 11-1-22　获奖观赏石《红烧骨棒》
（陶立杰供图）

2014 年，经中国观赏石协会评选，作品《傲立群雄》（图 11-1-21）、《红烧骨棒》（图 11-1-22）入围黑河市“地方十大名石”。逊克县政府与协会邀请上海海派玉雕协会会长孙敏协助谋划“逊克·北红玛瑙”产业发展规划，CCTV-7《乡土》栏目也对逊克北红玛瑙开展了专题报道。逊克玛瑙产业受到了越来越多当地政府部门与相关企业的重视，产业整体处于稳步上升阶段。

2015 年，逊克县观赏石协会成立。逊克县人民政府开始实施“走出去”和“请进来”产业发展战略，除了鼓励从业人员参加全国各地展会、民间交流活动（图 11-1-23）外，还将逊克玛瑙原料委托给国家和省级玉雕大师、工美大师精心制作出高品位的艺术精品，使逊克北红玛瑙在宝玉石行业脱颖而出，取得显著成效。自战略实施以来的数年间，逊克玛瑙雕刻精品陆续获得全国“天工奖”“百工奖”“玉龙奖”“神工奖”“玉华奖”和“陆子冈杯”“汉凤杯”“玉玦杯”“北红杯”“红玛瑙杯”等大赛的各类奖项（图 11-1-24~图 11-1-30），为打造高品质、高品位、高档次的逊克北红玛瑙地位奠定了坚实的基础。

图 11-1-23　携玛瑙制品 2016 年到台湾参与民间活动
（邵卫民供图）

图 11-1-24　2016 年“天工奖”优秀奖作品《长相依》
（杨克全作品，李萌玛瑙供图）

图 11-1-25　2018 年“百工奖”银奖作品《吉祥三宝》
（杨克全作品，李广义供图）

图 11-1-26　首届“北红杯”金奖作品《英明神武》
（杨克全作品，曲录福供图）

图 11-1-27　第九届“玉玦杯”银奖作品《童年的伙伴》
（马宝军作品，群一玛瑙艺术馆供图）

图 11-1-28 第十二届“玉龙奖”金奖作品《至凡间》

（孙永供图）

图 11-1-29　第十四届“神工奖”银奖作品《彼达之境》
（孙永供图）

图 11-1-30　2018 年“玉华奖”金奖作品《祥瑞》
（李可作品，北京博观国际拍卖有限公司供图）

2016 年，逊克县玛瑙宝玉石文化产业发展中心成立（隶属工信局），负责统筹规划全县玛瑙产业发展，先后制定了《逊克县玛瑙产业发展规划（2014—2018 年）》《玛瑙矿开发规划》《玛瑙文化宣传推广规划》《玛瑙产品加工业发展规划》《玛瑙产业扶持政策》等一系列政策。同年 5 月，逊克县最大的北红玛瑙专业大市场——“中国逊克·北红玛瑙大市场”（简称玛瑙大市场）建成开业（图 11-1-31，图 11-1-32），总投资 1038 万元，占地面积 2000m^2，包括商服区 1690m^2、检测中心 97m^2、原石展区 100m^2，其中精品屋 34 个，柜台区 54 节柜台，入驻玛瑙商铺 87 户（图 11-1-33，图 11-1-34），从业人员 160 余人，产品包括棋类、首饰、文化用品、健身保健品、雕刻工艺品等五大类 300 多个品种 50000 余件。自开业以来，接待各地客商及游客 4 万余人次，销售额 3000 余万元，不

图 11-1-31　玛瑙大市场竣工典礼

（张久武供图）

图 11-1-32　市、县领导莅临玛瑙大市场与商户合影

（赵军供图）

图 11-1-33　玛瑙大市场商铺

（邱宇轩供图）

图 11-1-34　玛瑙大市场商铺

（姚雨薇供图）

仅活跃了逊克北红玛瑙市场，更拉动了逊克县文化、旅游等相关产业发展。同年6月，文化部公共文化司巡视员周广莲与黑龙江省文化厅副厅长綦军到逊克玛瑙大市场视察（图11-1-35），称赞玛瑙大市场的建立，为逊克县多元化产业融合发展做出了积极贡献。同年7月18日，中国逊克宝山北红玛瑙大集（简称玛瑙大集），作为宝山乡扶贫产业基地，在多方支持下隆重开业（图11-1-36，图11-1-37）。玛瑙大集是宝山乡党员创

图11-1-35　时任文化部公共文化司巡视周广莲（中）、黑龙省文化厅副厅长綦军（左一）视察逊克玛瑙大市场
（于俊庆供图）

图11-1-36　玛瑙大集开集揭幕
（何雪梅供图）

图11-1-37　黑龙江省进出口宝玉石产业协会高建华会长开集致辞
（何雪梅供图）

图11-1-38　玛瑙大集加工成品摊位
（何雪梅供图）

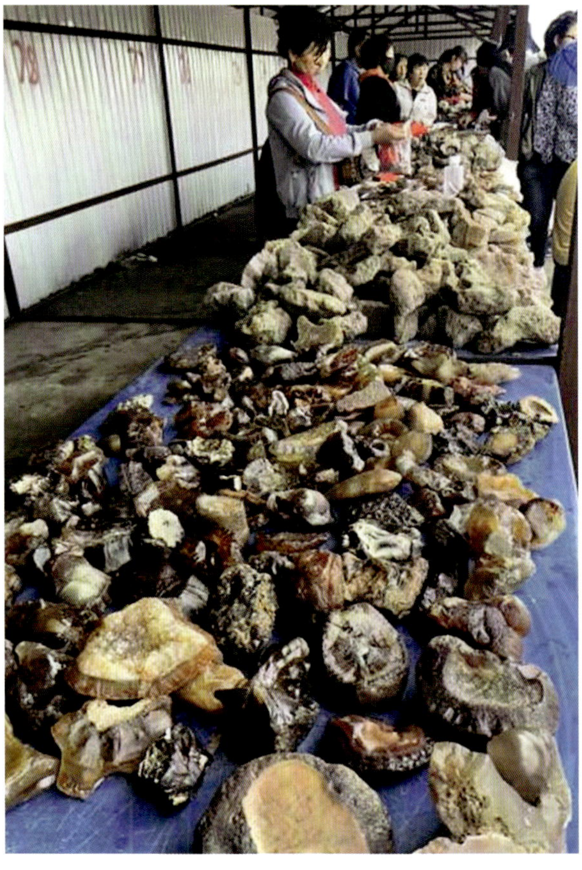

图11-1-39　玛瑙大集原石摊位
（何雪梅供图）

业基地，以免费为村民代卖玛瑙、免费提供交易摊位、免费为贫困户提供玛瑙雕刻技术等服务方式，形成以“支部＋基地＋农户”的发展模式，引领全乡百姓致富。玛瑙大集占地面积 1200m^2，拥有一个 80m^2 的生产加工车间，一个 225m^2 的玛瑙展厅，以及固定摊位 90 余个。玛瑙大集现已成为宝山乡最大的玛瑙原石贸易基地，全乡 90% 的玛瑙原石和部分加工产品在此进行交易（图 11－1－38，图 11－1－39）。

2017 年 1 月 7 日，由黑龙江省进出口宝玉石产业协会、逊克县人民政府主办，逊克县观赏石协会承办的黑龙江省首届观赏石大赛（图 11－1－40），在逊克县玛瑙大市场拉开了序幕，其中逊克玛瑙的观赏石最引人注目（图 11－1－41，图 11－1－42），受到大赛评委的一致好评。

图 11－1－40　黑龙江省首届观赏石大赛

（赵军供图）

图 11－1－41　逊克玛瑙观赏石《红石榴》

（邵卫民供图）

图 11－1－42　逊克玛瑙观赏石《美食美味》

（邵卫民供图）

2017 年 5 月 18 日，“2017 中国（哈尔滨）珠宝玉石展览会”上，逊克北红玛瑙备受关注（图 11－1－43），30 余家玛瑙企业携上万件展品惊艳亮相。本次参展的逊克北红玛瑙精品及中型工艺品数量较往年有大幅增长。从玛瑙饰品到雕刻摆件（图 11－1－44，图 11－1－45），无一不展现逊克北红玛瑙的神韵和光彩，为龙江文化产业增添了一抹亮色。同年度，时任省委副书记、省长陆昊和省委常委宣传部部长张效廉分别实地考察了逊克北红玛瑙大市场、玛瑙加工厂、玛瑙商户及逊克玛瑙一条街（图 11－1－46，图 11－1－47），详细了解了逊克北红玛瑙文化产业发展情况，陆昊强调："要把玛瑙产业作为逊克县重要产业来抓，在游客流量大的地方集中展示，用来提升逊克玛瑙的知名度"。2017 年逊克玛瑙销售额达到 9000 万元。

图 11-1-43　2017 年中国（哈尔滨）珠宝玉石展览会
（张久武供图）

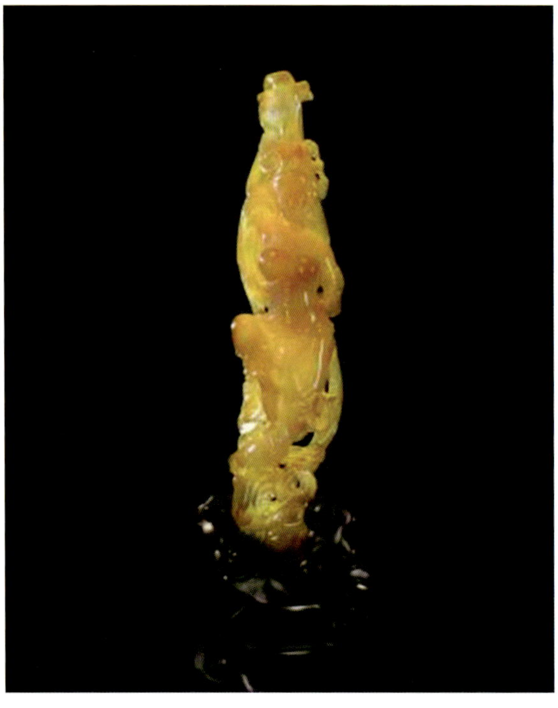

图 11-1-44　"汉风杯"银奖作品《飞天》
（魏勇刚作品，曲录福供图）

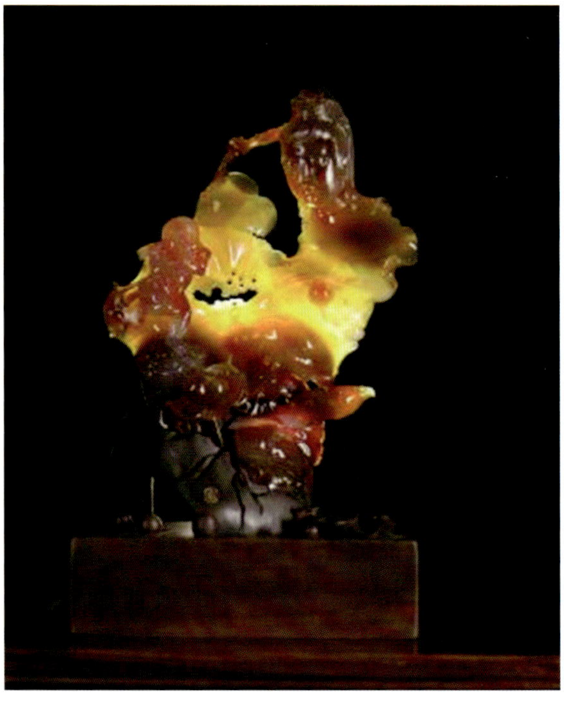

图 11-1-45　"百工奖"金奖作品《圣贤同乐》
（杨克全作品，曲录福供图）

图 11-1-46　2017 年 3 月，时任黑龙江省宣传部部长张效廉视察逊克北红玛瑙文化产业

（赵军供图）

图 11-1-47　2017 年 11 月，时任黑龙江省省长陆昊视察逊克北红玛瑙大市场

（赵军供图）

逊克县有玛瑙资源的突出优势，为真正把自身优势资源变成更多的经济活动，推动相关产业发展，带动群众持续增收。逊克县政府继续统筹、规划和推进玛瑙文化产业的发展，在组建玛瑙大市场和宝山玛瑙大集之后，引导商户开展新的商业模式，相继成立了多家“玛瑙艺术馆”和“玛瑙精品店”等（图 11-1-48，图 11-1-49），形成了集采、加、销一体化的玛瑙产业链，并在省会哈尔滨中央大街开设“逊克玛瑙文化艺术体验店”，于 2018 年 12 月 30 日正式剪彩开业（图 11-1-50，图 11-1-51）。2019 年，建成“逊克宝山玛瑙博物馆”（图 11-1-52，图 11-1-53），将逊克玛瑙文化产业推向了新的高峰。2020 年以来，受新冠肺炎疫情影响，逊克玛瑙产业年销售额有所下降，但疫情的突然造访也为逊克玛瑙的销售和宣传方式带来了新的机遇，越来越多的商家走上“云端”（图 11-1-54，图 11-1-55），在利用抖音、快手和小红书等大众自媒体平台宣传逊克玛瑙文化的同时，来自全球各地的消费者也能够在线上与供应商直接沟通，利用发达的快递运输网络直接收到心仪的“它”，这也从一定程度上改变了逊克玛瑙产业在疫情背景下的销售运输模式。随着疫情形势的不

图 11-1-48　玛瑙艺术馆

（胡燕供图）

图 11-1-49　玛瑙精品店

（胡燕供图）

断好转，目前逊克县共有玛瑙商户 127 户，加工企业 37 家，网上销售平台 44 家，从业人员 3000 余人（包括石农），玛瑙技工 170 余人，加工设备约 400 台套，年生产玛瑙能力约 40 万件。如今逊克玛瑙线下市场秩序也在持续恢复，即将迎来疫情后的又一发展高峰。

图 11-1-50　逊克玛瑙文化艺术体验店开业典礼
（张久武供图）

图 11-1-51　逊克玛瑙文化艺术体验店入驻哈尔滨中央大街
（张久武供图）

图 11-1-52　2021 年中国地质大学（北京）产学研团队参观逊克宝山玛瑙博物馆留念
（姚雨薇供图）

图 11-1-53　中国地质大学（北京）产学研团队参观逊克宝山玛瑙博物馆
（姚雨薇供图）

图 11-1-54　逊克玛瑙网络直播销售
（邱宇轩供图）

图 11-1-55　逊克玛瑙网络直播销售
（邱宇轩供图）

第二节　国标制定与产业升级

一、国家标准制定

2016年5月，黑龙江省进出口宝玉石产业协会向国家标准化管理委员会提出了制定北红玛瑙国家标准的立项申请。2016年9月，国家标准化管理委员会审查通过了立项建议书，并于2016年10月15日在网上公示，北红玛瑙国家标准正式立项。2016年10月29日，黑龙江省进出口宝玉石产业协会召集相关领导与单位在哈尔滨召开了北红玛瑙国家标准推进工作研讨会（图11-2-1），由黑龙江省政府领导挂帅成立了北红玛瑙国家标准前期推进工作领导小组，并组建了6个职能组，以确保国标工作的顺利进行。2017年4月11日，黑龙江省进出口宝玉石产业协会、逊克县人民政府领导赴北京与中国地质大学（北京）珠宝学院签订了制定北红玛瑙国家标准的三方合作项目合同（图11-2-2），何雪梅教授科研团队承担了北红玛瑙国家标准研制项目的研究工作。

图11-2-1　哈尔滨北红玛瑙国家标准推进工作研讨会专家代表合影
（时莉供图）

图11-2-2　签订制定北红玛瑙国家标准三方合同
（周彦供图）

北红玛瑙国家标准研制过程中，研制团队查阅并整理国内外有关玛瑙研究的期刊文献共计150余篇，先后赴逊克县北红玛瑙矿区10个主要矿点、伊春市乌伊岭和富裕县的多个矿区进行实地考察并采样，考察了哈尔滨市、伊春市、黑河市、齐齐哈尔市、逊克县、富裕县的玛瑙加工厂与龙头企业、批发集散地、珠宝城和零售市场等，分别与当地政府主管玛瑙产业的领导、宝玉石协会、企业代表、玉雕大师及消费者进行了多次座谈，结合以往对四川凉山南红、四川盐源玛瑙、云南保山南红、甘肃南红玛瑙、云南龙陵黄龙玉、石林彩玉、山西大同玉、桂林鸡血玉、洛南紫绿玛瑙、辽宁北票战国红和河北宣化战国红、新疆戈壁彩玉等10余个玛瑙矿区实地考察采样和对大凉山玛瑙城、厦门玛瑙村、阜新玛瑙城、东海市场、广州荔湾广场、广东四会、广东平洲市场、广东华林寺市场、南阳镇平石佛寺、江苏东海市场等诸多市场的调研和对比样品的收集，针对所选择的2000余块样品进行了常规宝石学参数、偏光显微镜下薄片观察、扫描电镜、电子探针、红外光谱、拉曼光谱、紫外—可见光谱、光纤光谱、X射线粉晶衍射分析、X射线荧光分析、等离子质谱微量元素分析、差热分析、阴极发光、显微硬度、模拟韧度等方面的测试分析，找到了北红玛瑙有别于其他产地玛瑙的独特性质，在多方征询相关部门、研究机构和行业内外专家各方面意见并多次修订后，于2019年3月提交了北红玛瑙国家标准送审稿。2019年6月，国家标准化委员会的专家们专程来到逊克进行了玛瑙矿区实地考察（图11-2-3）和召开评审会议（图11-2-4），最终北红玛瑙国家标准圆满通过了评审，并于2020年6月2日正式发布，2020年12月1日全国实施（图11-2-5）。

图11-2-3 国家标准化委员会专家赴逊克玛瑙矿区实地考察
（沈洪林供图）

图11-2-4 北红玛瑙国家标准评审会现场
（何雪梅供图）

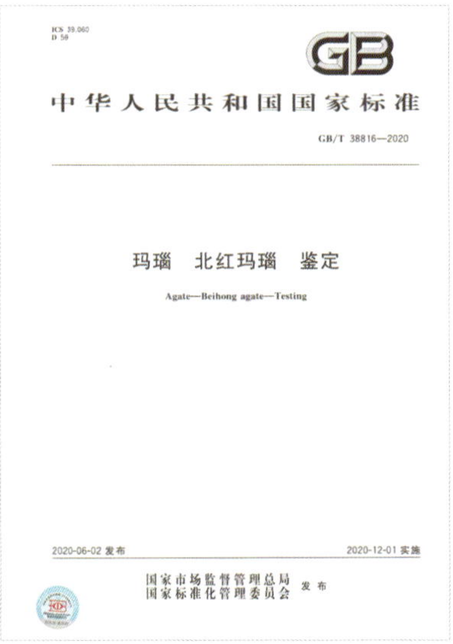

ICS 39.060
D 59

GB

中华人民共和国国家标准

GB/T 38816—2020

玛瑙 北红玛瑙 鉴定

Agate—Beihong agate—Testing

2020-06-02 发布 2020-12-01 实施

国家市场监督管理总局
国家标准化管理委员会 发布

图11-2-5 北红玛瑙国家标准正式发布实施
（张天翼供图）

北红玛瑙国家标准的发布实施将规范北红玛瑙的鉴定，丰富并完善珠宝玉石行业中对石英质玉石的研究，为北红玛瑙的质量检测提供技术依据，促进全国北红玛瑙产业健康发展，进一步规范北红玛瑙市场，可推动宝玉石产业的发展、带动国民经济的繁荣并为进出口贸易保驾护航、创造机遇。逊克玛瑙作为北红玛瑙最主要、最优质的品种，理应把握住这次国标发布实施的大好时机，完善和规范逊克北红玛瑙各级市场和贸易，开拓新的契机和发展方向，促进产业升级，让逊克北红玛瑙尽快走向全国、走向世界。

二、产业升级举措

逊克县玛瑙产业资源丰富，开发潜力巨大，产业发展前景广阔，为了贯彻落实人才强国战略，加强县校合作，推进黑龙江省“十大基地”建设，逊克县人民政府与中国地质大学(北京)珠宝学院共同协商，以大学生实习实训基地建设为载体，在产学研基地建设的基础上，充分发挥双方优势，拓展双方在宝玉石产业人才培养领域的全面深度合作，推动逊克北红玛瑙文化产业人才队伍建设，双方遵循“优势互补、互惠互利、真诚合作、共同发展”的原则，于 2016 年 11 月 10 日签署了产学研战略合作协议（图 11-2-6），拉开了校县合作的序幕，并于 2019 年 6 月举行了“中国地质大学（北京）产学研基地”正式挂牌仪式（图 11-2-7）。2020 年，逊克县政府与中国地质大学（北京）珠宝学院分别签署了“大学生实习实训合作协议”实施细则和“逊克玛瑙产业升级”科研项目。即使在新冠疫情期间，中国地质大学（北京）珠宝学院产学研团队克服重重困难，仍坚持每年赴逊克开展教学实践和科研工作，考察逊克玛瑙不同矿区、探寻北红之源、参观博物馆、考察市场、与商户交流及开展逊克玛瑙设计加工实践，并针对逊克玛瑙产业现状，开展北红玛瑙国家标准的解读（图 11-2-8）和应用指导，举办不同层次的珠宝知识培训（图 11-2-9），提高逊克玛瑙从业人员的专业素养，为实现产业升级奠定坚实的基础。

图 11-2-6　校县合作战略协议签署仪式

（周彦供图）

图 11-2-7　产学研基地挂牌仪式

（于佳琪供图）

图 11-2-8　何雪梅教授解读北红玛瑙国家标准
（姚雨薇供图）

图 11-2-9　产学研实践培训班结业式
（姚雨薇供图）

逊克县人民政府为了推动玛瑙雕刻人才培养，除了与高校合作外，还多次邀请国家级、省级工艺美术大师和玉雕大师来逊克县对当地雕刻师进行培训（图 11-2-10），并对当地的玛瑙雕刻工作室、精抛工作室、奇石艺术馆等重点产业项目进行资金扶持，出资购买四维电脑雕刻机、各类抛光机等设备赠送给商户并组织线上培训，鼓励本地商户开展雕刻创新，积极参加中国珠宝玉石首饰行业协会和各地玉石行业协会举办的各类大奖赛，为逊克玛瑙产业的可持续发展和快速升级提供重要支持。

图 11-2-10　2019 年 9 月，玉雕大师及行业专家授课后留念
（于俊庆、于霏萌供图）

第三节　文化传承与未来展望

文化是产业的灵魂，逊克县人民政府在发展玛瑙产业经济的同时，始终将文化建设放在首位，依托优势，精准发力，创建品牌，让逊克玛瑙的未来充满了美好和希望。

一、文化传承

多年来，逊克县人民政府积极做大红玛瑙文化产业，形成了富有地方特色的红玛瑙文化品牌，传承脉络清晰，内涵丰富多彩。逊克县于 1997 年举办了第一届“红玛瑙艺术节”，直至现在已举办了 22 届（图 11-3-1，图 11-3-2），在节日期间，通过举办奇石展览、文艺汇演、体育竞赛、书法比赛及绘画展览等各种文艺活动，积极宣传逊克红玛瑙文化，推介逊克红玛瑙资源。2014 年，逊克玛瑙被批准为国家地理标识保护产品；同年，《红玛瑙文艺》期刊创刊号面世。逊克县的文人志士还为逊克玛瑙写诗作词谱曲（见附件），将自己对家乡的情感和对逊克玛瑙的热爱都融入发自肺腑的作品

图 11-3-1　首届逊克县红玛瑙艺术节开幕式
（于俊庆供图）

图 11-3-2　逊克县第二十二届红玛瑙艺术节
（姚雨薇供图）

图 11-3-3　逊克县宝山乡的“红玛瑙街”
（于霏萌供图）

中。2016 年，逊克玛瑙雕刻技艺入选省级非物质文化遗产名录。2019 年，宝山乡红玛瑙街正式命名（图 11-3-3）。2021 年，逊克县人民政府结合其他旅游资源，打造以“宝山红玛瑙特色旅游小镇”“宝山玛瑙博物馆”“玛瑙矿坑遗址”“北红之源锦旗景观”“玛瑙人家”“北红之源原生矿石景点”等一条红玛瑙旅游线路；逊克县人民政府还在江畔公园设立了“红玛瑙长廊”，将主干道“通江路”更名为“红玛瑙大街”（图 11-3-4），并在大街南端入镇口矗立起颇具民族特色的红玛瑙与鄂伦春族口弦琴相结合的

图 11-3-4　逊克县被更名为“红玛瑙大街”的主干道
（姚雨薇供图）

巨型雕塑——“北红之光”（图 11-3-5），从此“北红之光”成为了逊克县的城市文化地标，红玛瑙成为逊克最靓丽的城市名片。

图 11-3-5 红玛瑙与口弦琴雕塑“北红之光”

（姚雨薇供图）

作为我国最早开展宝石学教育和开办宝石学专业学历教育的高校——中国地质大学（北京），一直被视为我国珠宝教育的摇篮，在宝玉石鉴定、产品设计、高端产品研发、品牌建设等方面享有较高的权威。由该校珠宝学院承办的全国大学生珠宝文化节自2001 年以来，至今已成功举办了 21 届，陆续孵化出全国大学生珠宝首饰设计大赛、珠宝慈善义拍会、珠宝文化沙龙、珠宝论坛、珠宝模特大赛等形式丰富、内容精彩、影响广泛的优质板块活动。珠宝文化节的影响力逐年扩大，目前拥有合作高校超过 15 所、合作单位 20 余家，已经逐步发展成为首都高校中一档富有生命力的品牌活动。2018 年，由中国珠宝玉石首饰行业协会、国土资源部珠宝玉石首饰管理中心、共青团中国地质大学（北京）委员会、黑龙江省黑河市逊克县人民政府主办、中国地质大学（北京）珠宝学院承办的以逊克北红玛瑙为主题的第十五届全国大学生珠宝文化节于 5 月 11 日顺利开幕（图 11-3-6），历时 18 天。在此届珠宝文化节中，大学生们广开思路，设计出了颇具时代气息的时尚逊克玛瑙首饰作品（图 11-3-7）。“红玛瑙之乡”逊克的名字深深印刻在首都高校学子的心中，色彩艳丽、俏色丰富、冰透温润的逊克玛瑙首饰评比现场，来自北京 10 余所院校的学生模特佩戴着自己设计的首饰作品走秀（图 11-3-8），时任逊克县县长袁强到场亲自为获奖的年轻设计师们颁奖（图 11-3-9），全场雷鸣般的掌声不断，高潮迭起，逊克玛瑙在北京高校的舞台上大放光彩。

图 11-3-6 第十五届全国大学生珠宝文化节广告

（何雪梅供图）

图 11-3-7 大学生们设计的逊克玛瑙首饰作品

（周彦供图）

图 11-3-8 模特队展示逊克玛瑙首饰

（中国地质大学（北京）珠宝学院学生会供图）

图 11-3-9 时任逊克县县长袁强为获一等奖的大学生颁奖

（何雪梅供图）

二、 展望未来

逊克玛瑙资源丰富，开发潜力巨大，只要抓住机遇，迎接挑战，用好政策，多元合作，产业发展前景十分广阔。

（一）科学调控玛瑙产业资源

制定资源开采的科学规划，坚持“保护中开发，开发中保护”的原则，使资源高效利用及潜在价值最大化发挥。对玛瑙资源实行总量调控，保持玛瑙资源开采总量与经济社会发展需求水平相适应；出台切实可行的矿区管理措施，严厉打击私采滥挖玛瑙资源行为，确保逊克玛瑙资源合理开发，推动玛瑙产业可持续发展，最大限度将资源优势转化为经济优势。

（二）不断加快产业结构调整

坚持以市场为导向，优化产品结构，加快提升宝玉石工艺美术设计、精品加工工艺，从开采玛瑙初级原料单一的产品结构现状，向高技术含量、高附加值的宝玉石精品加工方向转变，对玛瑙原料和加工成品进行合理分级和正确质量评估，进一步提升产品价值；深挖逊克县玛瑙加工自主研发升级改造潜力，引进国内外企业集团与本地龙头企业培育相结合，加快建设集设计、雕刻、镶嵌于一体的“精、特、新”逊克北红玛瑙精品加工产业基地。

（三）全力打造玛瑙文化品牌

依托逊克红玛瑙历史文化基础，深入研究和挖掘中华玛瑙文化精髓，与逊克雾凇、漂流、民族风情等旅游产业深度融合，设计打造具有鲜明时代特点的玛瑙艺术品和具有逊克特色的玛瑙旅游产品，提高逊克玛瑙的文化品位；借助玛瑙贵为佛教七宝之一的历史文化，引导加工企业生产逊克玛瑙佛教用品系列产品，借助佛教文化汇聚人气，培育逊克北红玛瑙消费市场；最终将逊克打造成为集玛瑙历史文化、玛瑙旅游文化、玛瑙宗教文化于一体的玛瑙文化基地。

（四）着力推动产业提档升级

全力推动北红玛瑙国家标准的实施，成立北红玛瑙鉴定中心和玛瑙文化推广中心，提升逊克玛瑙在宝玉石产业中的地位。继续加强逊克北红玛瑙产学研基地建设，邀请专家开展教学培训，分梯次、分层次培养本地玛瑙设计、雕刻、鉴赏、营销人才，规范和健全电商销售平台，增强品牌意识，着力打造逊克玛瑙雕刻大师工作室、玛瑙精品店和多功能玛瑙博物馆；同时，充分发挥网络、报纸杂志、电视等媒体的宣传作用，积极参加各类玛瑙展会，健全信息化服务体系，建立集资讯、交易于一体的综合性服务平台，促进逊克玛瑙产业高质量发展。

【章结语】

逊克孕育北红，北红成就逊克。在逊克这片美丽的土地上，逊克北红玛瑙的发现为这个默默无闻的边陲小城带来了新的机遇与挑战。作为北红之源的逊克玛瑙经历了新生阶段、困难时期、产业复苏和稳步发展 4 个阶段，经政府搭台，协会助力，校县合作，文化创意，国标制定，产业升级 ..... 如今逊克玛瑙开发潜力巨大，产业发展前景广阔，未来将依托优势，精准发力，创造更多的机遇和财富。逊克玛瑙，沧海桑田的结晶，经过亿万年的孕育和沁染，吸纳山川日月之精华，展现出独一无二的美，加之逊克玛瑙人不懈的追求和勤劳奋进，未来必将大放异彩，葳蕤蓬勃！

2021 年第十三届“玉龙奖”银奖《江南情韵》

（孙永作品，天一孙永玉雕艺术工作室供图）

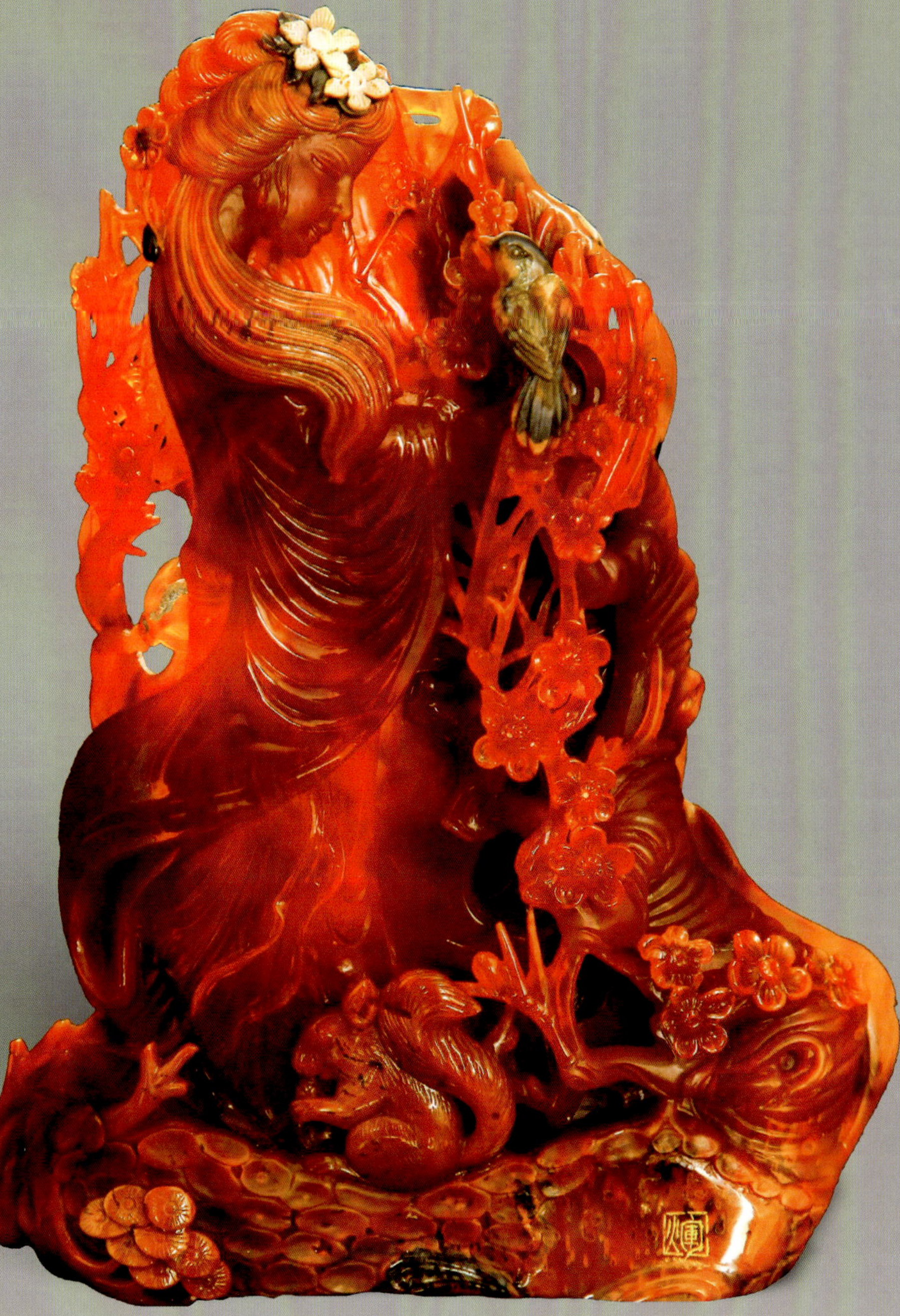

2019 年“天工奖”优秀奖《梅香伊人》

（杨辉作品，李萌玛瑙供图）

附录

2021 年第十五届“神工奖”特别金奖《梅鹤争春》

（孙永作品，天一孙永玉雕艺术工作室供图）

附录Ⅰ　逊克玛瑙首饰设计作品

《腊梅》
（罗家正楷作品）

《合悦》

（梁渝作品）

《锦》

（梁渝作品）

《盛》
（罗倩作品）

《园寂》

（罗倩作品）

《园影》
（罗倩作品）

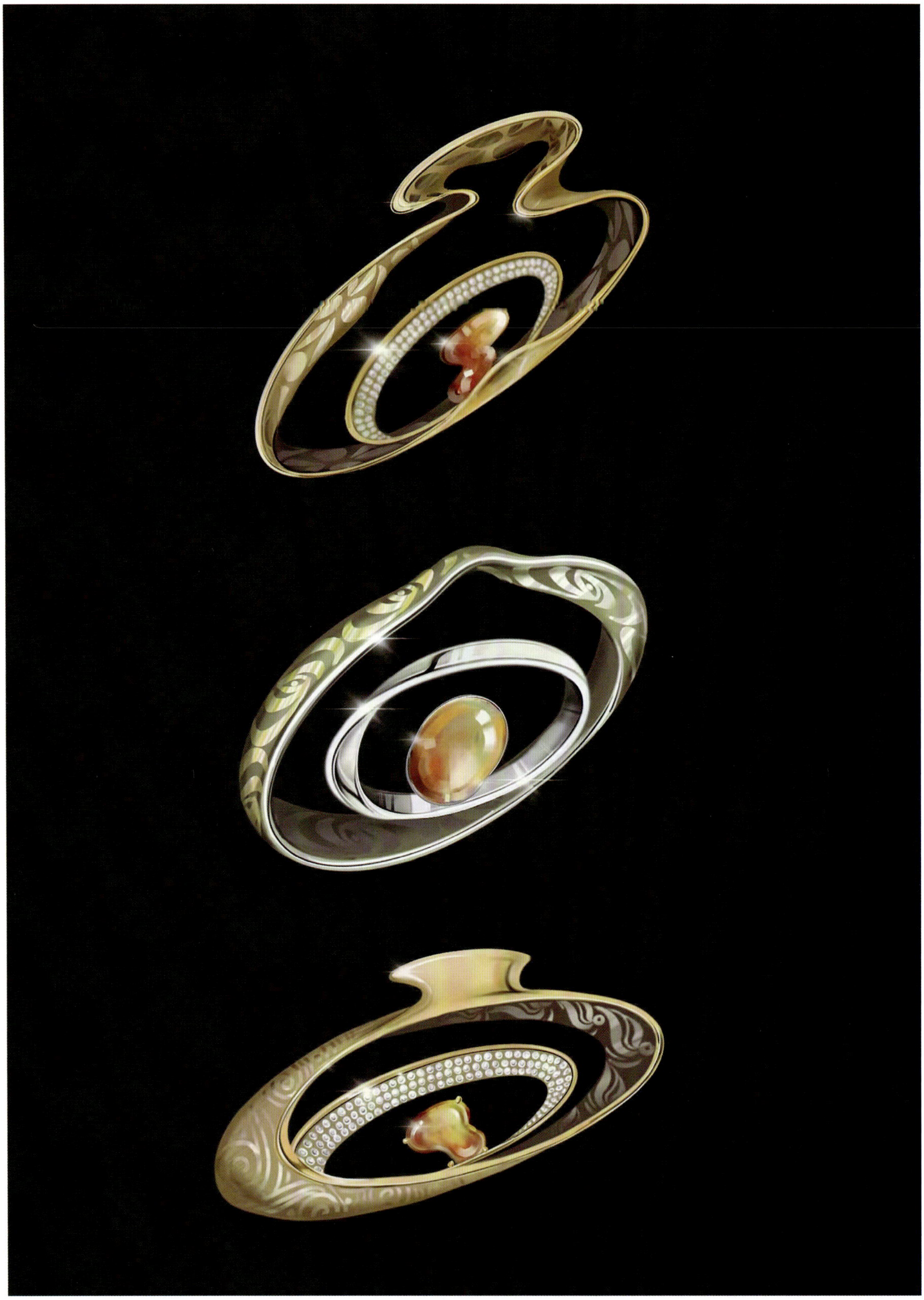

《回望》

（马隽琪作品）

《柔光》

（马隽琪作品）

《亭亭》
（马隽琪作品）

《红日》

（施宣屹作品）

《落霞》

（施宣屹作品）

《秋山》

（施宣屹作品）

《初心》

（赵傅作品）

《初摇曳》

（赵傅作品）

《冬日赠礼》
（王树园作品）

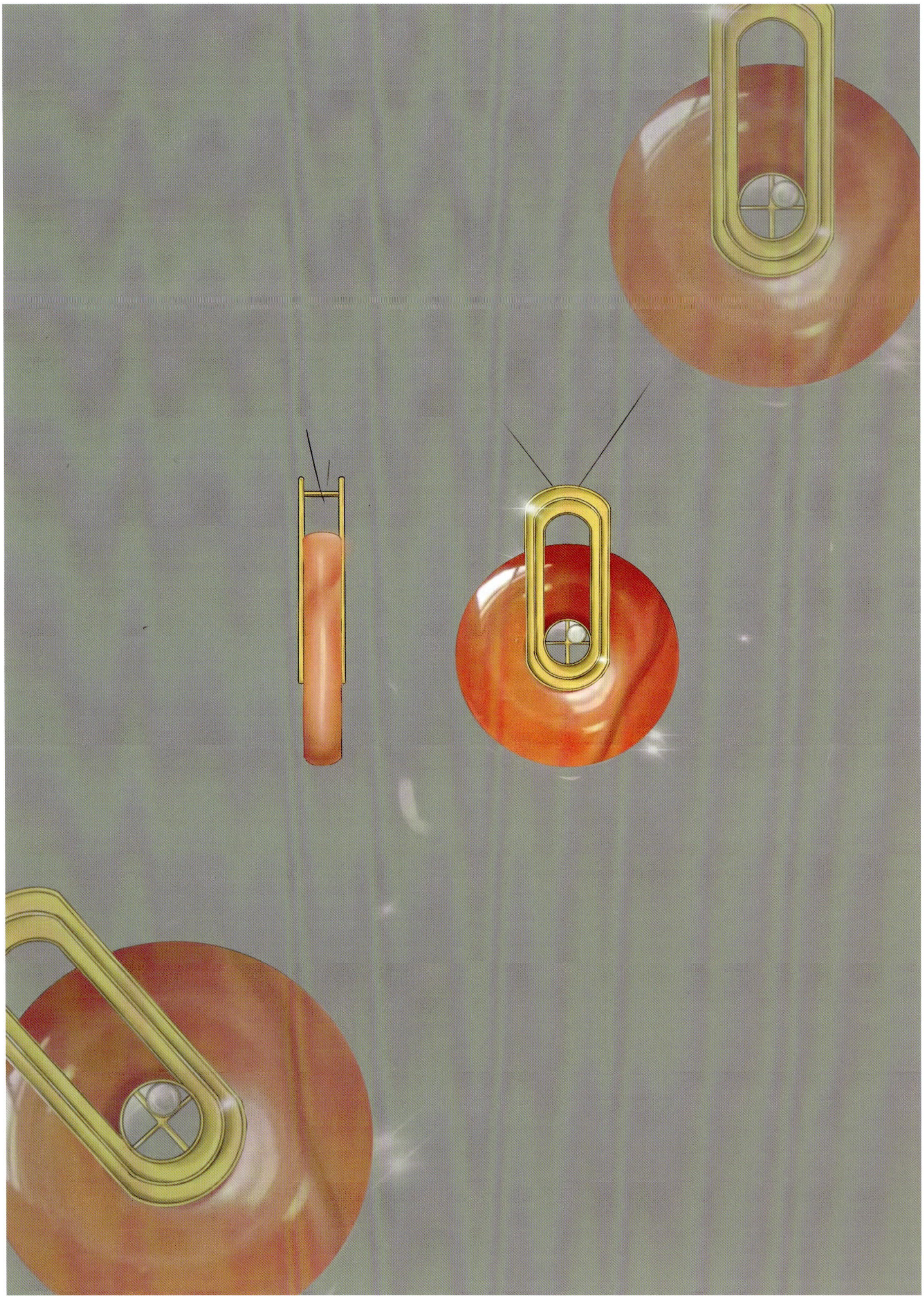

《平安》

（徐德华作品）

《时光》

（徐德华作品）

《守望春天》

（徐德华作品）

《荣光》

（罗家正楷作品）

《山居秋暝》

（段莹作品）

《洛阳女儿》
（赵元琦作品）

附录 II 北红玛瑙国家标准

ICS 39.060
D 59

中华人民共和国国家标准

GB/T 38816—2020

玛瑙 北红玛瑙 鉴定

Agate—Beihong agate—Testing

2020-06-02 发布 2020-12-01 实施

国家市场监督管理总局
国家标准化管理委员会 发布

前　言

本标准按照 GB/T 1.1—2009 给出的规则起草。

本标准由全国珠宝玉石标准化技术委员会(SAC/TC 298)归口。

本标准起草单位:中国地质大学(北京)珠宝学院、黑龙江省进出口宝玉石产业协会、哈尔滨海关技术中心、黑龙江省逊克县人民政府、金红珠宝有限公司。

本标准主要起草人:何雪梅、徐铁英、袁强、祁丙连、石耀辉、王晓华、沈洪林、李铁柱、时莉、郭俊久、房大民、王春生、张勇、鲁智云、吴帆、金芯羽、王心辰、张平、潘彦玫。

玛瑙　北红玛瑙　鉴定

1　范围

本标准规定了北红玛瑙的鉴定特征及鉴定方法。

本标准适用于北红玛瑙的原料及产品。

2　规范性引用文件

下列文件对于本文件的应用是必不可少的。凡是注日期的引用文件，仅注日期的版本适用于本文件。凡是不注日期的引用文件，其最新版本(包括所有的修改单)适用于本文件。

GB/T 16552—2017　珠宝玉石　名称

GB/T 16553—2017　珠宝玉石　鉴定

3　术语和定义

下列术语和定义适用于本文件。

3.1

北红玛瑙　Beihong agate

以α-石英为主要矿物，次要矿物为斜硅石、针铁矿，外观以深红色、棕红色为主，常带有黄色调的半透明至透明隐晶质集合体。其代表产地位于黑龙江省黑河市逊克县境内阿廷河流域、伊春市汤旺河流域、嫩江流域、松花江流域、大小兴安岭区域等地。

3.2

谱峰面积比值　peak area ratio

A_{501}/A_{463}

玛瑙拉曼光谱中斜硅石 501 cm^{-1} 特征峰的面积与α-石英 463 cm^{-1} 特征峰的面积的比值。

3.3

水晶芯　crystal core

玛瑙中存在有自形石英晶体的结构。

4　鉴定

4.1　鉴定项目

鉴定项目及选择原则依据 GB/T 16553—2017 中 4.2 执行。

4.2　鉴定特征

4.2.1　矿物组成

主要矿物：α-石英。

次要矿物：斜硅石、针铁矿。

微量矿物:赤铁矿、铬铁矿、黄铁矿、重晶石、锡石等。

4.2.2 化学成分

主要为 SiO_2,并含有 Ti、Al、Cr、Fe、Mn、Mg、Ca、Na、K 等微量化学元素。

4.2.3 结晶状态

隐晶质集合体,呈致密块状、皮壳状,也可呈球粒状、放射状或微细纤维状集合体,部分样品局部可见水晶芯。

4.2.4 颜色

棕红色至深红色,局部可见其他颜色,颜色常呈条带状、环带状、浸染状或渐变过渡状分布。

4.2.5 光泽

抛光面呈玻璃光泽,断面可见油脂光泽。

4.2.6 透明度

透明至半透明。

4.2.7 解理

无。

4.2.8 光性特征

非均质集合体。

4.2.9 硬度

摩氏硬度:6.7～7.0。

4.2.10 密度

多为 2.57 g/cm^3～2.67 g/cm^3。

4.2.11 折射率

1.53～1.54(点测)。

4.2.12 荧光观察

通常无。

4.2.13 红外光谱

中红外区具有石英质玉石的典型光谱特征,参见附录 A 中 A.1。

4.2.14 拉曼光谱

可见特征的α-石英 463 cm^{-1}、斜硅石 501 cm^{-1} 谱峰,其中斜硅石与α-石英的特征峰面积比值 A_{501}/A_{463} 大多在 15%～36%,参见 A.2 和附录 B。

4.2.15 紫外可见光谱

在 200 nm～436 nm 均为强吸收，其强吸收减弱的起始位置在 436 nm～493 nm，参见 A.3。

4.2.16 放大检查

隐晶质结构和纤维状结构，具条带、环带或同心层状构造，部分可见水晶芯。基底细腻均一，无颗粒感，颜色呈浸染状，深浅过渡自然，也可见零星分布的粒状致色矿物。致色矿物以针铁矿为主，含少量赤铁矿，颗粒大小通常为 5 μm～20 μm。

4.3 鉴定方法

依据 GB/T 16553—2017 中 4.1 执行。

4.4 鉴定步骤

4.4.1 肉眼观察

根据颜色特征，排除无红色调的黄色、白色、灰色、紫色、绿色等石英质玉石。
根据透明度排除不透明的红色石英质玉石。

4.4.2 放大检查

具典型的北红玛瑙显微特征（见 4.2.16），据此可排除半透明的其他天然红玛瑙及染色红玛瑙。

4.4.3 光谱分析

红外光谱、拉曼光谱及紫外可见光谱具有北红玛瑙的典型光谱特征（检测时需避开水晶芯位置）。

4.4.4 定名

依据 GB/T 16552—2017 中 5.1.1。
结合 4.2 鉴定特征，在相关质量文件中的显著位置标注“玛瑙　北红玛瑙”名称。

附　录　A
（资料性附录）
北红玛瑙的典型光谱特征

A.1　北红玛瑙的典型红外光谱

A.1.1　测试条件

测试方法：反射法。
测试范围：2 000 cm^{-1}～400 cm^{-1}。
扫描次数：32 次。
分辨率：4 cm^{-1}。

A.1.2　红外光谱

北红玛瑙的典型红外光谱见图 A.1。

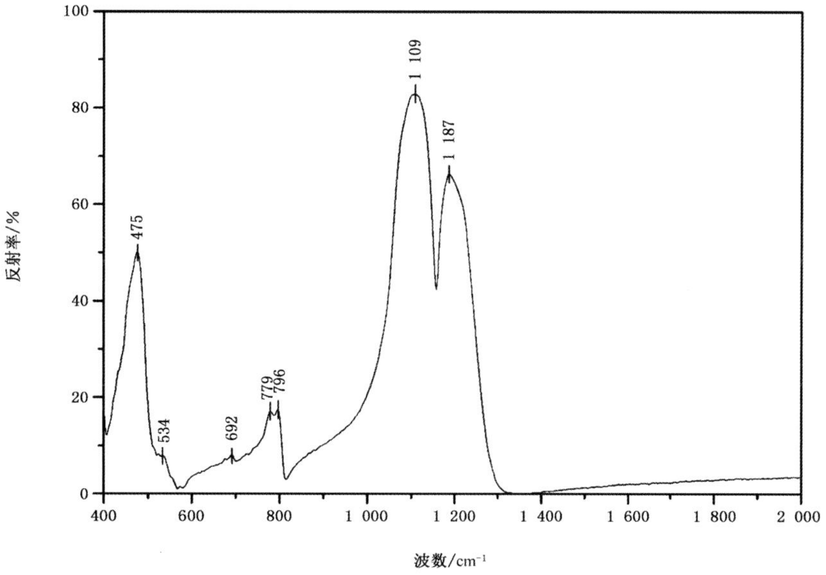

图 A.1　北红玛瑙的典型红外光谱

A.2　北红玛瑙的典型拉曼光谱

A.2.1　测试条件

测试范围：100 cm^{-1}～1 800 cm^{-1}。

激发光源波长:532 nm。

扫描时间:5 s。

A.2.2 拉曼光谱

北红玛瑙的典型拉曼光谱见图 A.2。

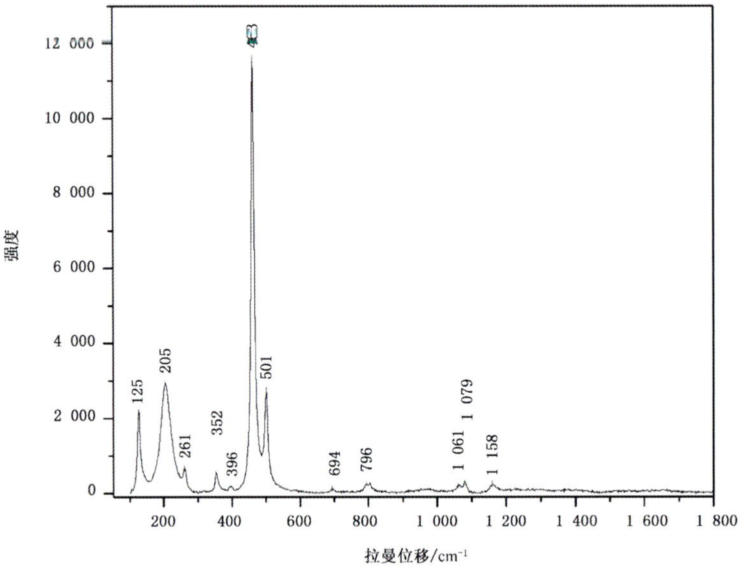

图 A.2 北红玛瑙的典型拉曼光谱

A.3 北红玛瑙的典型紫外可见光谱

A.3.1 测试条件

测试方法:反射法。

测试范围:200 nm～900 nm。

扫描速度:高速。

采样间隔:0.5 nm。

A.3.2 紫外可见光谱

北红玛瑙有 2 种典型的紫外可见光谱,见图 A.3、图 A.4。

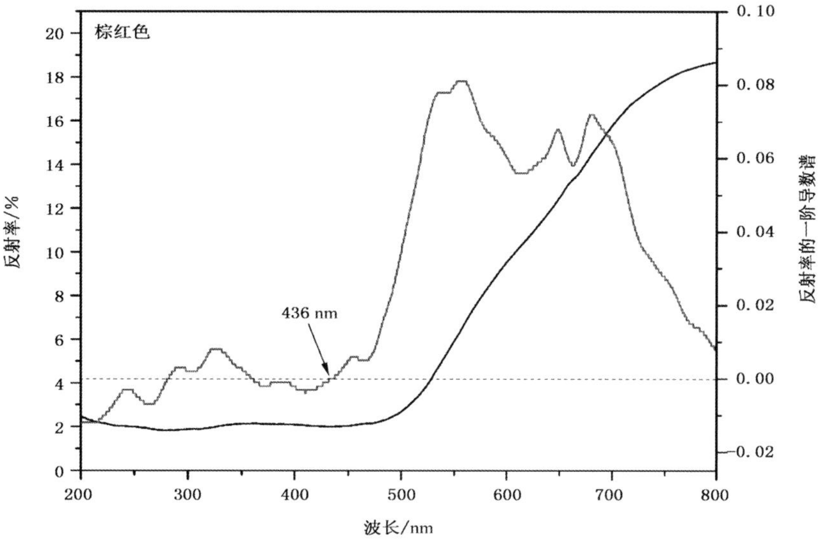

图 A.3　棕红色北红玛瑙的典型紫外可见光谱

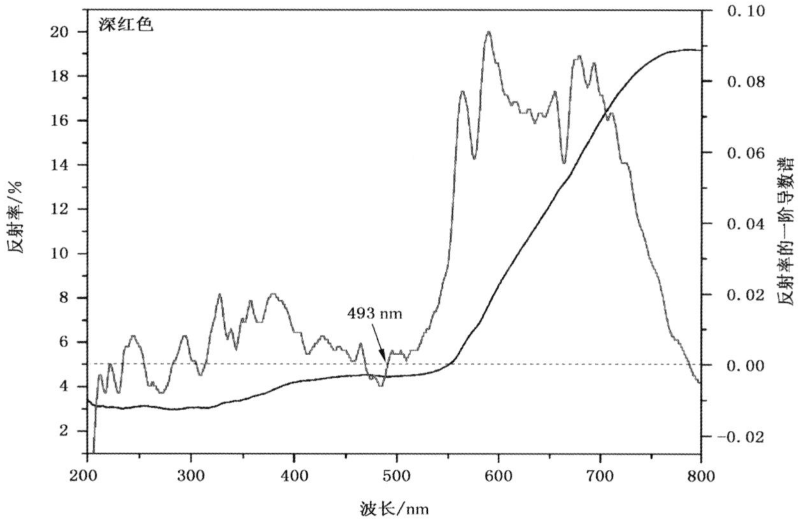

图 A.4　深红色北红玛瑙的典型紫外可见光谱

附 录 B
（资料性附录）
谱峰面积比值 A_{501}/A_{463} 测量方法示意

谱峰面积比值 A_{501}/A_{463} 测量方法及报告见图 B.1 及表 B.1。

图 B.1 为北红玛瑙典型拉曼光谱中的 501 cm^{-1}（斜硅石特征谱峰）、463 cm^{-1}（α-石英特征谱峰）积分面积测量示意图，表 B.1 为 501 cm^{-1}（斜硅石特征谱峰）、463 cm^{-1}（α-石英特征谱峰）吸收峰的谱峰面积比值报告。

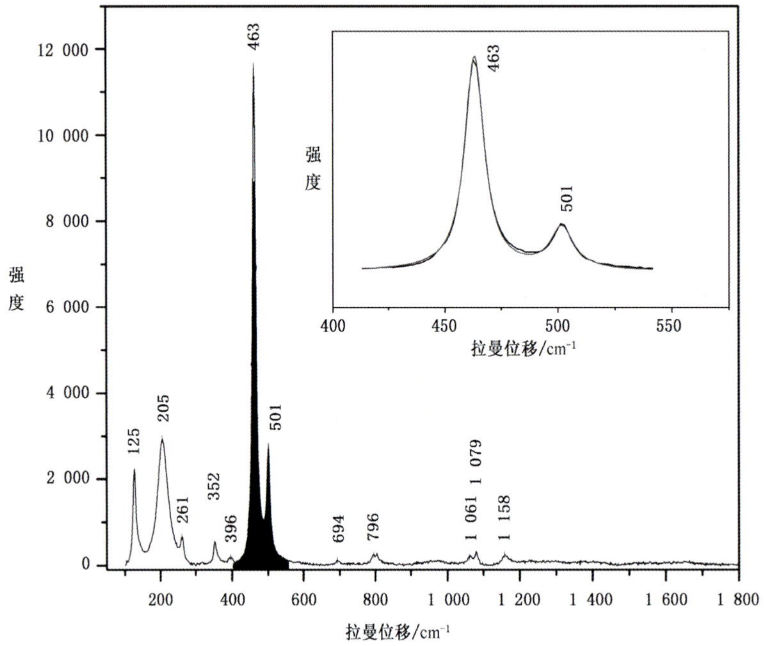

图 B.1 谱峰面积比值 A_{501}/A_{463} 测量方法示意图

表 B.1 α-石英与斜硅石的谱峰面积报告

振动模式	频率范围/cm^{-1}	峰位/cm^{-1}	积分面积	谱峰面积比值
α-石英的 Si—O—Si 对称伸缩-弯曲振动	460～465	463	185 637.17	25%
斜硅石的 Si—O—Si 对称伸缩-弯曲振动	500～503	501	45 873.04	

逊克玛瑙精品雕刻摆件《涅磐重生》

（曲录福供图）

附录 III　逊克玛瑙诗词欣赏

玛瑙箭镞

文 / 祁丙连

该属于哪位王后王妃
属于哪位公主
属于雪白的手腕
丰腴的胸脯
属于香车宝马
美酒花烛

可满脸横肉的绳索
绑架于狼烟的狂舞
欲望生出翅膀
飞出嘴角翘起的弧儿
冰冷的石头
握在燥热的手里
也就有了燥热的温度

膨胀的力
从燃烧的胸腔喷出
耳畔呼啸的风
是笑还是在哭
笑是降服
哭也是降服

吃不饱的虎
搜寻流淌着的血
鲜活着的肉
支撑着心跳的骨
殷红的颜色填充肚皮
涂抹牙齿上鲜艳的威武

血腥和救赎
荣光和哭诉
都静静地躺在那儿
像岁月的一块遗骸
行将就木
孕育的是泥土
埋葬的也是泥土

一块玛瑙，走进了目光

文 / 祁丙连

像一轮明月
挣脱乌云的捆绑
高三的学生抖落重负
走进了考场
一块玛瑙石
熬过漫漫长夜
冷却了火山熔岩的滚烫
浸泡过地下永冻层的寒凉
如今，顺着挖石人的汗流
邂逅了一束束目光

嘴丫子上
挂着一层淡淡的鹅黄
一抹胭红
镀浓了羞赧的容妆
一条暗藏的绺裂
躲闪着一丝心跳
伤后的疤痕
凹陷了没有规则的沧桑

翻过来调过去的眼睛
扒拉来扒拉去的目光
估摸着长短
咂摸着分量
是一条虫
还是龙在云里翱翔
雕一束花儿
还是立地顶天的脊梁

一块玛瑙石
在目光的扫射中
敞开了胸膛
在目光的沐浴中
袒露了坦荡

一块玛瑙
一脸阳光

一块玛瑙石的前世今生

文 / 祁丙连

难忘的终会忘
不朽的也会朽
而一块玛瑙
闯过滚烫的烈焰
蹚过冰冷的河流
熬过沉沉黑夜
捱过默默等候
吸吮大地透明的滋养
饱食黑土多彩的灵秀
第一声啼哭
就唤醒了泣血的日头
第一抹微笑
就震撼了惊艳的眼球
迎面走进犀利的目光
直面一双双挑剔的手
做一块普普通通的石头
要用热情点燃眼眸
做一只百灵
就要亮出婉转的歌喉
做一件饰品
就要牢牢守护跳动的胸口
做一朵小花儿
就要绽放五彩香飘四季
做一棵大树
就要顶天立地绿染春秋
即使做一个小丑儿
也要清清亮亮
通通透透

红玛瑙之恋（组诗）

文 / 张久武

原　石

一个憨厚朴实的表情
掩饰了绚丽斑斓的内涵
深情如血
却忍受着被埋藏
亿万年的等待
当爱绽放的那一刻
还依然炽热如火

俏　色

紧紧的，紧紧的
小鸟一样的依附
时而升起一轮圆圆的橘红
时而羞涩成一弯残月
时而幻化成大漠孤烟
时而突显森林莽莽
所有的爱恋
都在不舍的明眸里升华

设　计

只因爱得太痴
对你才如此倾心
在僵化的躯体上
孵化出奇迹
一个鲜活的灵魂

雕　刻

不用说爱得有多深
锋刃，刀刀刻骨铭心
在疼痛和割舍中
重塑新的生命

抛　光

无数遍缠缠绵绵的爱抚
千万次重重叠叠的相拥
只为剥去陈腐的外装
让娇艳的胴体
引爆目光的惊奇

玛瑙石（一）

文 / 张久武

那一年
只为了一次爱的冲动
一声地动山摇的呐喊
刹那间的灵光
激情如柱冲天
辉煌被亿万年埋藏
亿万年爱的执着
你痴心不改
尽管血脉已固化成坚体
鲜红却依然如初
虽然体内的精髓
不在流动华润
但仍如水一样玉洁
在看不到阳光的厚土下
亿万年遥遥无期的等待
等待那份爱
一次邂逅的缘

玛瑙石（二）

文 / 张久武

你把亿万年的阅历
都告诉了
投在你身上的目光
相知才有依依不舍
懂得才会形成共鸣
你从冰冷的深宫
走到奢华富丽的殿堂
任愿意和思索
把你雕塑成
美的不可思议

冬天采玛瑙的石场

文 / 张久武

看不到人间的炊烟
听不到鸡鸣狗吠
空旷的雪野
穿透到远山
采石人的脚印
像一把剪刀
把洁白的画面裁成两半
变矮了的树丛下
曾经一条条滚烫的红流
在深深的泥沙中
凝固成亿万年
色彩斑斓的爱情
静静地等候着
一次缘的邂逅
憨厚的采石人
用自己的方式欣赏
火山最年轻时的冲动
让亿万年的修炼
升华为空灵

与逊克玛瑙书

文 / 张凯月

聆听你的声音
跨过亿万年轮
涅槃熔岩之间
巧得天光三分

诞于北地边疆
天地钟秀蕴养
凌然寒风作桨
徜徉山地龙江

一击一琢一磨
细腻坚韧明澈
起舞光影之火
玉之精神铭刻

恰是惊鸿一面
相逢北红结缘
祝福心手相传
守护岁久依然

附录IV 逊克玛瑙歌曲

红 玛 瑙

（女声独唱）

1=G $\frac{2}{4}$

稍慢、深情亲切地

祁丙连 词

卢政国 曲

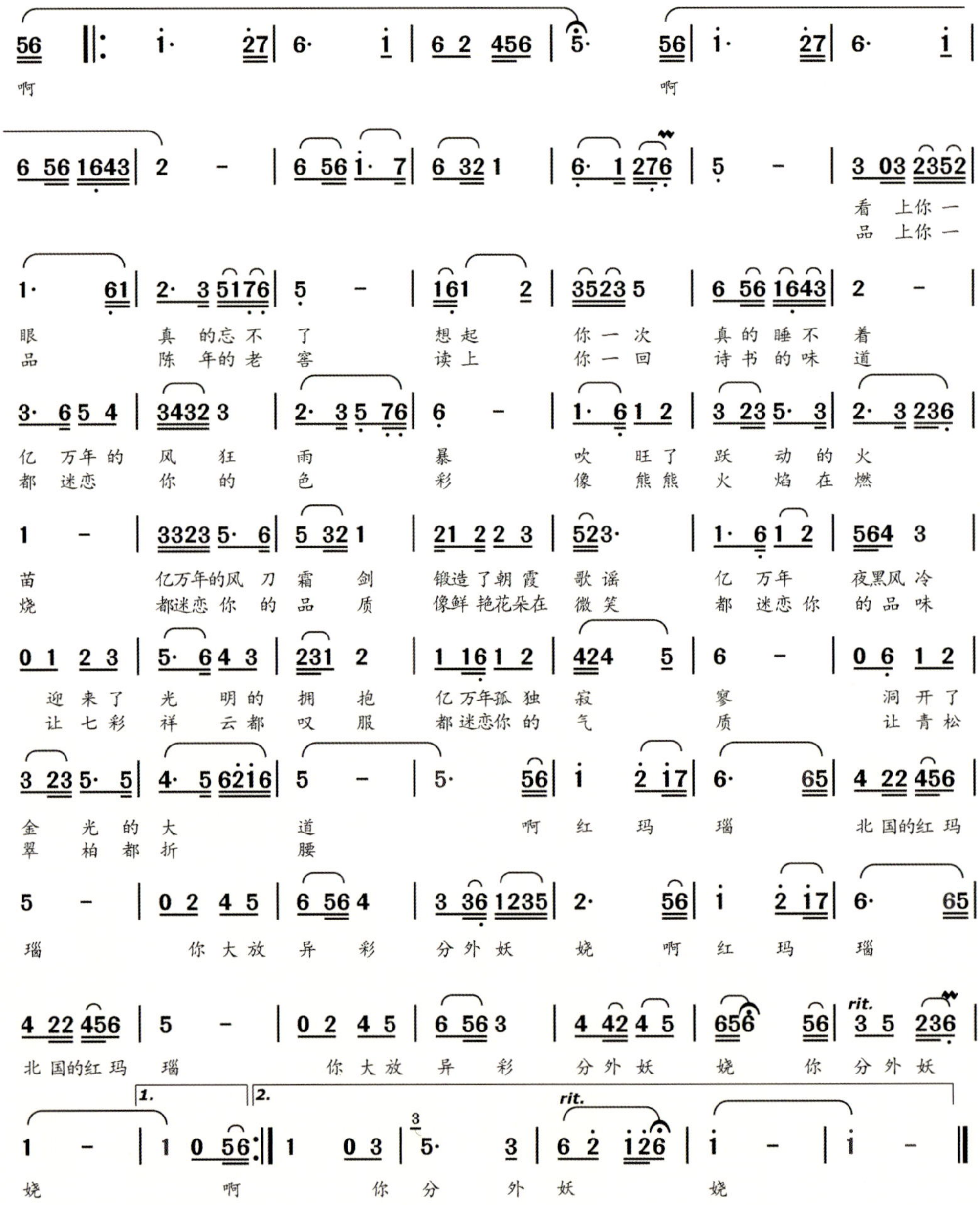

附录Ⅴ　逊克玛瑙产业发展概况简表

年份	大事记
1970—1975	★ 宝山乡（原反修公社）一支流、二支流、三支流和四支流发现玛瑙 ★ 省收购站在宝山乡设立玛瑙收购站
1976	★ 逊克县人民政府组建民族工艺美术厂（原名工艺美术厂），生产戒面，抽调逊克县工业科人员为玛瑙厂干部 ★ 民族工艺美术厂迁址：通江路15号 ★ 民族工艺美术厂圆珠产品在北京首饰厂获“颜色好，水头好”等赞誉
1977	★ 选派民族工艺美术厂学员赴锦州市玉器厂学习设计、雕刻等制作技艺
1978—1979	★ 黑龙江省外贸工艺科委托民族工艺美术厂加工玛瑙件，以鸟类、龟类小件为主 ★ 招聘美工人员，在锦州玉器厂参加人物、花草、动物、锦缎盒等技术培训 ★ 开始扩展外贸通道 ★ 哈尔滨友谊宾馆作为合作方开始代言逊克玛瑙 ★ 参加中国进出口商品交易会，开始加工玛瑙酒杯
1980	★ 民族工艺美术厂开始引进日本先进技术，提升加工工艺 ★ 工艺雕刻厂（原名青年雕刻厂）成立
1981	★ 工业局向民族工艺美术厂下发采购证 ★ 工艺雕刻厂新厂房建立，占地面积约1100 m^2 ★ 外聘辽宁锦州玉器厂雕刻师，抽调民族工艺美术厂雕刻能手开展内部培训
1982	★ 民族工艺美术厂学员王维德学成归来，雕刻的逊克玛瑙作品《唐马》获黑龙江省玉雕评比一等奖；制作的高脚酒杯在全国工艺美术“百花奖”中获奖
1983	★ 民族工艺美术厂与日本客商达成首批玛瑙酒杯外贸订单
1984—1987	★ 逊克玛瑙工艺品获得中华人民共和国轻工业部金奖 ★ 工艺雕刻厂代表团参加首届“全国劳动服务公司产品展销会”
1988	★ 玛瑙集团总公司在逊克成立 ★ 日本客商采购频率增加，龟类雕刻件成为热销产品
1989	★ 逊克玛瑙工艺品被评为“黑龙江省优秀旅游纪念品”
1990	★ 工艺雕刻厂职工达100余人，订单销往香港，出口日本，效益良好
1991—1994	★ 受经济冲击，工艺雕刻厂解体，与哈飞合资专营酒店业务 ★ 民族工艺美术厂宣布停产解散 ★ 天鹅玛瑙工艺品厂转包个人运营，更名“天鹅玛瑙首饰厂”
1995	★ 逊克县玛瑙产业仅有天鹅玛瑙首饰厂仍在运营
1996	★ 逊克红玛瑙工艺品（刘洪深雕刻的列宁像）由黑河驻军作为礼品送给了俄罗斯军方，受到高度赞赏
1997	★ 首届“逊克县红玛瑙艺术节”开幕 ★ 天鹅玛瑙首饰厂被确立为“黑龙江省首批旅游商品定点生产企业”

续表

年份	大事记
1998—2002	★ 经济复苏，企业突破100家，年产值超5000万元
2003	★ 逊克玛瑙工艺品被评为“黑龙江省优秀旅游纪念品”
2004—2007	★ 作品《渔樵对话》获中国工艺美术协会第九届国际艺术精品博览会“优秀奖” ★ 逊克玛瑙在中国东北文化产业博览交易会中荣获“优秀产品展品奖”
2008—2010	★ 逊克玛瑙工艺品被评为“黑龙江省优秀旅游纪念品” ★ 作品《桃园三结义》在2008年黑龙江省文博会上获得金奖
2011	★ 逊克玛瑙作品“西厢记”获中国珠宝玉石首饰行业协会 “玉星奖”优秀奖 ★ 中央电视台《远方的家》节目深度报道天鹅玛瑙工艺品厂的发展历程
2012	★ 黑龙江省珠宝玉石产业基地在牡丹江市东宁市建立
2013	★ 黑龙江省进出口宝玉石产业协会成立 ★ 逊克“中俄玛瑙宝玉石协会”成立 ★ 黑河市观赏石协会成立 ★ 逊克县出台政策吸引年轻人投入玛瑙产业发展 ★ 《大展宏图》和《平步青云》等玛瑙作品被评为黑龙江省“科学鉴宝，服务龙江”活动“最有价值藏品”
2014	★ “逊克玛瑙”被批准为国家地理标识保护产品 ★ 作品《傲立群雄》和《红烧骨棒》入选黑河市“地方十大名石” ★ 海派玉雕文化协会会长孙敏协助谋划“逊克·北红玛瑙”产业发展规划 ★ 中央电视台《乡土》栏目对逊克玛瑙做专题报道 ★ 《红玛瑙文艺》期刊创刊号面世
2015	★ 逊克县“走出去”和“请进来”产业发展战略实施 ★ 逊克县观赏石协会成立
2016	★ “中国逊克·北红玛瑙大市场”建成开业 ★ “中国逊克宝山北红玛瑙大集”开业 ★ 逊克县玛瑙宝玉石文化产业发展中心成立 ★ “逊克玛瑙雕刻技艺”入选省级非物质文化遗产名录 ★ 经国家标准化管理委员会批准，北红玛瑙国家标准制定项目正式立项 ★ 北红玛瑙国家标准推进工作研讨会在哈尔滨召开 ★ 逊克县与中国地质大学（北京）珠宝学院签署产学研战略合作协议 ★ 参加北京“2016年中国国际珠宝展”，5件逊克玛瑙作品获“天工奖”优秀作品奖 ★ 《三阳开泰香炉》《九尊》等逊克玛瑙作品获中国玉石雕刻“神工奖”金奖 ★ 《九龙杯》逊克玛瑙作品被国家博物馆收藏 ★ 逊克县人民政府资助“久鸿玛瑙艺术馆”建成开业
2017	★ 黑龙江省首届观赏石大赛在逊克县玛瑙大市场隆重举行 ★ 北红玛瑙国家标准制定项目三方合同签署，中国地质大学（北京）珠宝学院何雪梅教授科研团队承担此项工作 ★ 逊克玛瑙产业被列为黑龙江省“十三五”规划中的重大文化产业项目 ★ 时任黑龙江省省长陆昊同志考察逊克玛瑙产业发展情况并提出期望：要把玛瑙产业作为逊克县重要产业来抓 ★ 逊克玛瑙作品在中国（哈尔滨）珠宝玉石展览会精彩亮相